답만 외우는 바리스타
2급 기출예상문제집

KB210576

시대에듀

Always
with you...

사람이 길에서 우연하게 만나거나 함께 살아가는 것만이
인연은 아니라고 생각합니다.
책을 펴내는 출판사와 그 책을 읽는 독자의 만남도 소중한 인연입니다.
시대에듀는 항상 독자의 마음을 헤아리기 위해 노력하고 있습니다.
늘 독자와 함께하겠습니다.

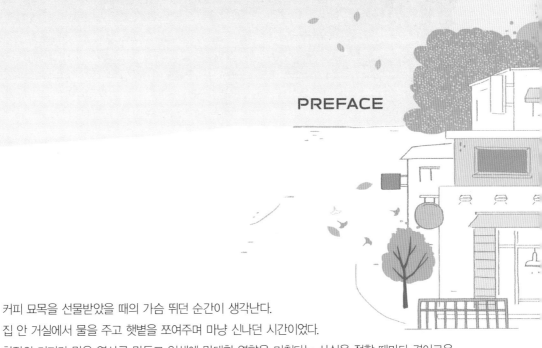

PREFACE

커피 묘목을 선물받았을 때의 가슴 뛰던 순간이 생각난다.
집 안 거실에서 물을 주고 햇볕을 쪼여주며 마냥 신나던 시간이었다.
한잔의 커피가 많은 역사를 만들고 인생에 막대한 영향을 미친다는 사실을 접할 때마다 경이로운
마음을 감출 수 없다.

오전의 나른함을 커피 향과 함께하는 짧은 순간이 행복을 느끼게 해주는 걸 보면 커피는 감미롭고
매력적인 최고의 기호식품임을 확인할 수 있다. 이젠 최고의 식음료에는 커피가 함께하고 있다.

물안개가 피어나는 이른 아침과 저녁노을이 너무나 예쁜 야외 잔디와 빈백이 있어 삶의 에너지가
저절로 충전되는 Earth17, 소나무의 피톤치드와 소나무 사이사이에서 휴(休)와 안(安)을 가득 느끼
게 되는 소울로스터리, 769st 등 커피의 효능과 라이프스타일(Life Style)을 파악하는 마케팅 활동
은 학교와 자격증 심사에서는 얻을 수 없는 소중한 경험을 만들어 주고 있다.

매일 아침 원두를 분쇄할 때마다 달려와 꼬마 소녀 바리스타를 흉내 내던 막내 혜인이와 아직은
커피 맛을 모르겠다며 의혹의 눈빛을 보내는 큰아들 정원이 그리고 둘째 정우도 자라면서 알차고
도움이 되는 지침서가 될 수 있도록 심혈을 기울였다.

아직 부족하고 채워야 하는 부분이 많겠지만 지속적으로 수정하고 보완하면서 최고의 지침서가
되도록 노력하겠다. 이 책이 커피의 향기와 함께 바리스타를 꿈꾸고 카페 창업을 펼치고자 하는
많은 분들에게 소중한 자료가 되길 간절히 기원하면서 많은 지지와 성원을 부탁드린다. 끝으로 꼼
꼼히 잘 살펴주시고 이끌어 주신 편집부를 비롯해 시대에듀 관계자 분들께 깊은 감사를 드린다.

커피 한 잔에 꿈을 꾸며 커피 한 모금에 추억을 만들고 함께하는 순간이 삶의 가치로 이어지길
간절히 기원하며…

저자 류중호

(사)한국커피협회

1. 시험의 목적

전문 직업인으로서의
위상 제고

커피산업 발전 공헌

커피문화 발전과
서비스 질 향상

커피산업체와 산학협력을
통한 발전적 방향 제시

2. 응시자격

응시자격에 대한 제한은 없다.

3. 전형방법

① 일반전형

필기시험	실기시험
• 출제위원 : 정회원 중 회장이 위촉 • 출제범위 : 커피학개론, 커피 로스팅과 향미 평가, 커피 추출 등 바리스타(2급) 자격시험 예상문제집 포함 • 출제형태 : 4지선다형, 50문항 • 시험시간 : 50분 • 시험감독 : 시험이 공정하고 원활하게 운영될 수 있도록 지원할 수 있는 사람 중에서 회장이 위촉하며, 필기시험 감독 전 사전 교육을 받고 서약서를 제출한다.	• 평가위원 : 정회원 중 능력이 인정되는 자를 회장이 위촉하며, 위촉된 평가위원은 실기 평가 시 서약서를 제출한다. • 시험의 범주 : 준비 평가, 에스프레소 평가, 카푸치노 평가, 서비스 기술 평가 • 시험방식 : 기술적 평가와 감각적 평가로 구분하며, 1인의 피평가자를 2인의 평가자가 평가 • 시험시간 : 준비 및 시연시간 15분 • 시험준비 : 실기고사장 책임자는 원활한 시험이 진행될 수 있도록 기계점검, 비품 및 소모품 준비에 최선을 다해야 한다.

② 특별전형(필기시험 면제)

특별전형에 응시하고자 하는 자는 시험 접수 전, 기간 내에 구비서류를 사전 제출하여야 하며, 검정의 면제심사에 통과한 경우 특별전형으로 접수 가능하다. 사전심사 서류 제출기간과 제출방법은 별도 공지한 내용에 따른다.

　㉠ 전공특별전형
　　• 대학교전공학과 학점이수자 : 협회에서 인증한 대학교(인증학과에 한함) 및 교육기관(학점은행 제도를
　　　시행하는 대학교부설 평생교육원, 직업전문학교 및 평생교육시설 포함)에서 커피교과목 9학점 이상을
　　　이수한 자
　　• 바리스타사관학교 수료자
　　• WCCK 심사위원
　㉡ 희망특별전형
　　• 외국인(귀화인 포함) : 출입국 관리사무소에서 허가를 득한 국내에 체류 중인 외국인 또는 귀화인으로,
　　　다음 항목 중 하나에 해당하는 자
　　　– 협회에서 인증한 대학교(인증학과에 한함) 및 교육기관(학점은행 제도를 시행하는 대학교부설 평생교
　　　　육원, 직업전문학교 및 평생교육시설 포함)에서 커피교과목 6학점 이상을 수료한 자
　　　– 협회에서 인증한 교육기관(대학교부설 평생교육원 또는 커피아카데미)에서 54시간 이상의 교육을 이
　　　　수한 자(단, 커피학개론 9시간, 커피 로스팅 9시간, 에스프레소 추출 14시간, 카푸치노 9시간 이상을 포
　　　　함하여야 하고, 교육은 1일 4시간을 초과할 수 없음)
　　• 장애인 : 응시 가능한 장애종류 및 장애등급에 관한 사항은 별도로 정한 규정에 따르며, 다음 항목 중 하
　　　나에 해당하는 자
　　　– 협회에서 인증한 대학교(인증학과에 한함) 및 교육기관(학점은행 제도를 시행하는 대학교부설 평생교
　　　　육원, 직업전문학교 및 평생교육시설 포함)에서 커피교과목 6학점 이상을 수료한 자
　　　– 협회에서 인증한 교육기관(대학교부설 평생교육원 또는 커피아카데미)에서 54시간 이상의 교육을 이
　　　　수한 자(단, 커피학개론 9시간, 커피 로스팅 9시간, 에스프레소 추출 14시간, 카푸치노 9시간 이상을 포
　　　　함하여야 하고, 교육은 1일 4시간을 초과할 수 없음)

③ **바리스타 3급 전형(필기시험 면제)**
　협회 인증 바리스타 3급 자격증 취득자는 자격증 발급일로부터 2년간 바리스타 3급 전형으로 응시 가능하다.

4. 사정원칙
　① 필기시험, 실기시험 모두 60점 이상을 합격으로 하며, 항목 간 과락은 없다.
　② 필기시험 합격자에 한하여 실기시험 응시자격을 부여하며, 필기시험 합격자는 합격일로부터 2년간 실기시험
　　응시 자격을 갖는다.

> ※ 기타 시험에 관한 자세한 사항은 (사)한국커피협회 홈페이지(www.kca-coffee.org)에서 확인할 수 있다.

(사)한국커피바리스타협회

1. 개요

고용노동부와 한국산업인력공단이 개발하고 있는 국가직무능력표준(NCS)에 따라 산업현장이 필요로 하는 직무능력에 근거하여 객관적인 자격 기준을 권위있는 심사위원의 평가로 인정받은 자격자를 양성 · 배출하는 자격이다.

2. 응시자격

응시자격에 대한 제한은 없다.

3. 전형방법

구분	검정과목	검정방법			합격기준
필기	• 커피학개론 • 커피기계학 • 커피추출원론 • 매장관리서비스	• 객관식 4지선다형 • 50문항 • 시험시간 : 50분			100점 만점 기준, 60점 이상 합격 (30문제 이상)
실기	• 에스프레소 1잔 • 카푸치노 1잔 • 카페 아메리카노 1잔 • 카페라떼 1잔	총 25분			100점 만점 기준, 60점 이상 합격
		준비	조리	정리	
		10분	10분	5분	

※ 실기시험은 필기 검정에 합격한 자에 한하여 응시할 수 있다.

4. 합격자 조회

① 필기 : 당일 오후 14시 이후 인터넷을 통해 확인 가능
② 실기 : 검정일 이후 한주 지난 돌아오는 월요일 14시 전후에 확인 가능

※ 기타 시험에 관한 자세한 사항은 (사)한국커피바리스타협회 홈페이지(www.caea.or.kr)에서 확인할 수 있다.

구성 및 특징

핵심이론

(사)한국커피협회 출제 범위에 맞추어 제1장 커피학개론, 제2장 커피 로스팅과 향미 평가, 제3장 커피 추출 등으로 구성하였습니다. 시험에 꼭 나오는 핵심이론만을 엄선하여 수록하였으며, **더 알아보기**를 통해 중요 출제 포인트를 파악할 수 있습니다.

핵심예제

시험에 자주 출제되는 문제와 필수적으로 풀어보아야 할 문제들을 선정하여 수록하였습니다. 핵심이론으로 기본 지식을 쌓고 핵심예제를 통해 앞서 공부한 내용을 점검할 수 있습니다.

최종모의고사

최종 마무리를 위하여 답이 보이는 최종모의고사 15회분을 담았습니다. 문제의 정답과 해설을 한눈에 보며 이론을 정리하고 보충학습하는 방법을 추천합니다.

목 차

PART 1

핵심이론 + 핵심예제

회독체크

구분	과목	1회독	2회독	3회독
제1장	커피학개론	☐	☐	☐
제2장	커피 로스팅과 향미 평가	☐	☐	☐
제3장	커피 추출 등	☐	☐	☐

☐ 칸에 학습진도를 체크하세요.

행운이란 100%의 노력 뒤에 남는 것이다.

– 랭스턴 콜먼(Langston Coleman)

01 커피학개론

핵심이론 01 커피의 발견

(1) 커피의 어원

① 커피의 원산지인 에티오피아 짐마의 옛 지명인 '카파(Kaffa)'에서 유래되었다는 설이다. 카파는 아랍어로 '힘'을 뜻한다.

② 아랍어 '카와(Kahwa)'에서 유래되었다는 설이다. 카와는 '기운을 돋우는 것'이라는 뜻이고, '쿠와(Qahwah)'는 술을 마셨을 때와 비슷하다 하여 와인을 칭하는 용어이다.

③ 터키에서는 '카베(Kahve)'라고 하였다.

④ 1650년 영국의 블런트 경(Henry Blount)에 의해 'Coffee'라는 단어가 사용되었다.

(2) 커피의 기원

① 칼디의 전설 : 에티오피아의 목동 칼디(Kaldi)는 어느 날 기르던 염소들이 풀숲에서 붉은 열매를 먹은 후 흥분하여 밤에는 잠을 자지 못하는 것을 발견하였다. 이에 칼디는 붉은 열매를 따먹어 보았는데 기분이 상쾌하고 기운이 솟았다. 이 사실을 전해 들은 수도원 승려는 악마의 열매라며 불태워 없애려고 했지만, 그윽한 향기에 매혹되어 결국 먹게 되었고, 그날 기운이 넘치고 머리가 맑아지면서 밤에 잠을 쫓는 효과가 있음을 발견하였다. 그 뒤로 커피는 여러 사원으로, 전 세계로 퍼져 나갔다.

② 오마르의 전설 : 1258년 아라비아의 수도승인 오마르(Sheik Omar)는 성지순례 중 예멘의 모카마을의 역병환자들을 치료하였다. 그러나 수호성주 딸의 불치병을 치료하면서 사랑에 빠졌다는 모함을 받아, 오우삽(Ousab) 산으로 추방당하였다. 그는 배가 고파 산속을 헤매다 우연히 새 한 마리가 붉은 열매를 쪼아 먹는 것을 보고 그 열매를 따먹었는데, 온몸의 피로가 풀리고 심신에 활력이 되살아났다. 오마르는 이 열매의 효능으로 많은 환자들을 구제하였다. 이에 그를 추방했던 영주는 죄를 사하여 다시 마을로 불러들였고, 오마르는 성자로 추대받고 존경받으면서 커피를 전파하였다.

③ 모하메드의 전설 : 모하메드(Mohammed)가 병으로 앓고 있을 때 꿈속에서 천사 가브리엘이 나타나 빨간 열매를 주면서 먹어 보라고 해 커피를 발견하게 되었다.

핵심예제

01 인류가 커피를 처음 접한 역사적 기록은 없지만 커피에 관한 전설이 전해져 내려오고 있다. 다음 중 커피의 전설이 아닌 것은?

① 오마르의 전설
② 모하메드의 전설
③ 칼디의 전설
❹ 에티오피아의 전설

02 커피의 전설 중 자신이 기르던 염소들이 빨간 열매를 먹은 후 그날 밤에 잠을 자지 않고 흥분해 있는 모습을 보고 커피를 발견하게 되었다는 전설은?

① 천사 가브리엘의 전설
② 모하메드의 전설
❸ 칼디의 전설
④ 오마르의 전설

03 오우삽(Ousab) 산으로 추방된 뒤 우연히 새 한 마리가 붉고 아름다운 열매를 쪼아 먹는 것을 보고, 그 열매의 효능을 이용해 많은 환자를 구하고 성자로 추대받았다는 전설은?

① 루시퍼의 전설
❷ 오마르의 전설
③ 모하메드의 전설
④ 알 샤드힐리의 전설

04 다음 중 Coffee의 어원이 된 아랍어는?

① Cafe   ❷ Kaffa
③ Caffe   ④ Chaube

해설 에티오피아 짐마의 옛 지명인 '카파(Kaffa)'는 아랍어로 '힘'을 뜻한다.

05 커피에 대한 역사적 사실 중 틀린 것은?

① 커피를 최초의 현대 음료로 즐기기 시작한 나라는 터키이다.
❷ 커피는 처음부터 음료로 인기가 많았다.
③ 커피의 어원은 에티오피아 지명에서 유래되었다.
④ 커피의 전설은 정확히 확인할 수 없다.

해설 커피는 처음에는 약용으로 사용하였다.

핵심이론 02   커피의 전파

> **커피의 전파 경로**
> 에티오피아 → 예멘 → 터키 → 유럽 → 인도 → 이탈리아 → 네덜란드 → 실론 → 인도네시아 → 영국 → 프랑스 → 마르티니크 → 기아나 → 콜롬비아 → 브라질

① 에티오피아의 야생에서 자라던 커피는 1500년경 예멘 지역에서 대규모 경작이 처음 시작되었다.

   ㉠ 이슬람 세력의 확장으로 오스만 제국(지금의 터키)에서 많은 수도승들이 즐기는 음료로 활용되었다. 이는 밤새 기도를 하고 맑은 정신을 유지해야 했던 수도승들에게 각성효과로 인해 몹시 유용한 음료가 되었다.

   ㉡ 1517년 오스만 제국의 술탄 셀림(Selim) 1세는 콘스탄티노플(Constantinople, 이스탄불의 옛 이름)에 커피를 소개하고, 전문 커피하우스를 만들어 많은 사람들이 커피를 기호음료로 즐기게 되었다.

② 예멘 남쪽의 모카 항을 통해 유럽으로 수출되었고, 커피 재배는 이슬람 제국에 의해 독점되었다.

   ㉠ 이슬람 세력의 강력한 보호

   ㉡ 외부인의 커피농장 방문 금지

   ㉢ 원두를 수출할 경우 생두에 열을 가해 발아가 되지 않도록 한 후 승인

   ㉣ 모카 항을 통해서 수출된 커피를 '모카'라고 함

③ 1600년경 인도 출신 이슬람 승려 바바 부단(Baba Budan)이 아라비아로 성지순례를 왔다가 예멘의 모카항에서 7개의 씨앗을 인도의 카르나타카 언덕까지 밀반입하면서 인도 남부 마이소르(Mysore) 지역으로 퍼져 나갔다.

   ㉠ 먹지도 않고 밤새 기도하는 수피(Sufi : 이슬람 신비주의자)들은 커피를 성수처럼 마셨다.

      ※ 커피의 각성작용과 식욕을 억제하는 효용이 들어맞았기 때문에 커피는 수피에게 있어 신앙생활을 돕는 음료였다.

   ㉡ 해발 1,800m의 찬드라기리(Chandragiri : 찬드라 언덕)에 생두를 심었다.

ⓒ 후에 인도 남부 말라바르(Malabar) 지역까지 퍼져 1670년부터 유럽에 수출되기 시작하였다.

ⓓ 말라바르 해안에서 출발한 목선은 아프리카 최남단을 돌아 유럽에 도착하기까지 6개월이 걸렸다. 생두는 열악한 환경 속에 적도의 해풍을 만나 습하게 되며 자연발효되었다. 유럽에 도착한 인도산 커피는 굉장히 독특한 향미를 품게 되었고 꿉꿉한 곰팡이 냄새가 나면서 약간 톡 쏘는 듯한 이 특유의 독특함을 유럽인들은 사랑했다.

ⓔ 수에즈 운하 개통으로 유럽 수출항로의 거리가 단축되고 빠른 증기선이 도입되어 더 이상 이 독특한 커피의 맛을 볼 수 없었던 유럽인들은 이를 매우 그리워하였다. 인도 커피농장에서는 커피의 생두를 인도의 남서 계절풍 몬순(Monsoon)에 의도적으로 노출시켜 숙성한 생두를 수출했다. 이 커피의 이름이 몬순커피이다.

④ 1605년 일부 보수적인 가톨릭신자들은 이슬람교도들이 즐겨 마셨다는 이유로 커피를 비난하였다. 이에 교황 클레멘스 8세(Clemens Ⅷ)가 조사차 커피를 마셨다가 커피에 반하게 되었다. 교황은 이교도만 마시기에는 너무 훌륭한 음료라고 하여 커피에 세례를 주고 가톨릭신자도 마실 수 있도록 공인하였다.

⑤ 1615년 중동과 활발한 무역을 하던 베니스의 무역상들이 커피를 소개하면서 유럽에 빠른 속도로 퍼져 나갔다.

⑥ 1616년 네덜란드 동인도회사의 상인 피터 반 덴 브뢰케(Pieter van den Broecke)는 모카에서 커피 묘목을 밀반출하여 암스테르담 식물원에서 재배에 성공하였다.

⑦ 1650년 유태인 야콥(Jacob)에 의해 옥스퍼드에 영국 최초의 커피하우스가 개설되었다.

⑧ 1652년 파스콰 로제(Pasqua Rosee)에 의해 런던 최초의 커피하우스가 문을 열었다.

※ 로열 소사이어티(The Royal Society, 왕립학회) : 옥스퍼드 타운의 커피하우스에서 결성되어 현존하는 최고의 사교클럽이 되었다.

⑨ 1658년 네덜란드인들이 인도의 실론 섬에 소규모 커피농장을 경영했다.

⑩ 1668년 미국에 커피가 소개되어 뉴욕, 필라델피아 등 동부 지역을 중심으로 유행하였다.

⑪ 1670년 독일에 커피가 처음 소개되었다.

⑫ 1671년 프랑스 최초의 커피하우스가 마르세유(Marseilles)에 문을 열었다.

⑬ 1679년 독일 최초의 커피하우스가 함부르크에 문을 열었다.

⑭ 1683년 게오르그 콜시스키(Georg Kolschizky)가 오스트리아 비엔나에 커피하우스 '푸른병 아래의 집'을 열었다.

⑮ 1686년 현존하는 가장 오래된 카페인 '카페 드 프로코프(Cafe de Procope)'는 파스칼 밑에서 종업원으로 일하던 이탈리아 출신 프로코피오 콜텔리(Procopio Coltelli)가 파리에서 개장하였다.

⑯ 1687년 군인이었던 게오르그 콜스치스키(Georg Kolschitsky)가 비엔나에 커피하우스를 오픈하였다. 그는 비엔나를 점령하고 있던 터키군을 물리친 공로로 터키가 남겨두고 간 커피 500포대를 받았다.

⑰ 1688년 에드워드 로이드(Edward Llyod)가 영국 런던의 타워스트리트에 위치한 커피하우스에서 첫 모임을 갖고 오픈한 로이드 커피하우스(Lloyd Coffee house)는 세계적인 보험회사 중 하나인 로이드 보험회사의 모태가 되었다.

⑱ 1691년 미국 최초로 보스턴에 커피하우스 '거트리지 커피하우스'가 개장했다.

⑲ 1696년 인도 마이소르의 커피 묘목을 네덜란드 동인도회사의 감독관이었던 니콜라스 위트슨이 네덜란드로 가져와 온실재배에 성공하였다. 이를 네덜란드의 식민지였던 인도네시아 자바 섬에 이식하여 재배하였고, 이것이 자바커피의 시작이다.

⑳ 1696년 미국 뉴욕 최초의 커피숍 '더 킹스 암스(The King's Arms)'가 문을 열었다.

㉑ 1706년 자바의 커피나무를 암스테르담 식물원에 이식하여 재배에 성공하였다. 이를 유럽의 유명 식물원에 배포하였고, 이슬람이 독점하던 커피 교역이 유럽인의 손에 넘어가게 된다.

㉒ 1714년 암스테르담 시장이 프랑스 루이 14세에게 커피나무를 선물하였다.

㉓ 1720년 이탈리아에서 가장 오래된 카페 플로리안(Caffe Florian)이 오픈하였다. 카사노바가 즐겨 찾던 카페로, 나폴레옹이 세상에서 가장 아름다운 응접실이라고 불렀던 산 마르코 광장에 위치해 있다.

㉔ 1723년 루이 14세의 정원에서 노르망디 출신의 군인 클리외(Clieu)가 커피 묘목 몇 그루를 구해와 자신이 근무하던 카리브해의 마르티니크(Martinique) 섬에 이식하였다.
ㄱ 중남미 최초의 티피카(Typica)종이 되었다.
ㄴ 프랑스령 기아나로 옮겨져 번성하였다.
ㄷ 중남미 지역인 기아나, 아이티, 산토도밍고 등으로 전파되었다.
ㄹ 중앙아메리카, 남아메리카 멕시코 지역까지 커피 재배지가 확산되었다.

㉕ 1727년 브라질 출신의 포르투갈 장교 프란치스코 드 멜로 팔헤타(Francisco de Mello Palheta)는 당시 네덜란드와 프랑스 사이 영토분쟁의 중재 임무를 맡아 프랑스령 가이아나로 파견되면서 커피를 접하였다. 커피의 가치를 발견하고 의도적으로 수리남 총독의 부인에게 접근하였고, 신뢰를 얻어 커피 묘목이 숨겨진 커다란 꽃다발을 선물 받아 브라질 파라(Para)에 심으면서 오늘날 세계 최대의 커피 생산국이 되었다.

㉖ 1732년 바흐의 커피 칸타타(Coffee Cantata)가 탄생하였다. 당시 바흐가 활동하던 독일 라이프치히에서 커피가 유행하기 시작하였고, 여러 카페 하우스가 생겼다. 바흐와 친분이 있던 한 카페 주인이 카페 음악회에서 연주할 만한 음악을 만들어 달라고 제안하여 탄생된 곡이다. 커피에 심하게 빠져버린 딸과 그것을 말리는 아버지의 대화체로 이루어져 있다.

㉗ 1773년 보스턴 차 사건(Boston Tea Party)은 미국 독립전쟁의 발단이 되었으며, 사건 이후 북미에서도 차를 대신해 커피가 보편화되었다.

㉘ 1828년 프랑스의 대문호 발자크(Balzac)는 생전에 "커피는 내 삶의 위대한 원동력"이라고 극찬했다.

㉙ 1840년 영국인들이 인도를 자국에서 소비하는 커피의 공급지로 삼았다.

㉚ 1867년 실론(지금의 스리랑카) 전역에 커피녹병이 발생하였다. 커피 재배를 대신하여 영국은 중국의 차 기술을 빼내어 인도의 아쌈 지방에 차나무를 심었다. 1867년 제임스 테일러(James Taylor)에 의해 NO.7이라 불리는 밭에 그 묘목을 심어 최초의 실론티가 탄생했다. 홍차의 나라 영국에서는 "영국이 지금 차를 마시는 사람들의 나라가 된 것은 커피녹병 덕분이다"라고 한다.

㉛ 1888년 일본 동경에 커피점이 생겼다.

㉜ 1896년 아관파천으로 인해 러시아 공사관으로 피신했던 고종황제가 러시아 공사 베베르를 통해 커피를 접하고 즐겨 마시게 되었다.
ㄱ 영어 Coffee는 중국식 발음으로 가배차다.
ㄴ 한약을 달인 탕국과 같다고 하여 양탕국이라고 불렸다.
ㄷ 고종황제가 덕수궁 내에 우리나라 최초의 로마네스크풍 건물(정관헌)을 지어 커피와 다과를 즐겼다.
ㄹ 손탁호텔 : 우리나라 최초의 서양식 호텔로 1층에 커피하우스(정동구락부)가 등장했다.

㉝ 1970년 우리나라 최초로 인스턴트 커피가 생산되었다(동서식품).

핵심예제

01 다음 중 맨 처음 커피를 경작한 나라는 어디인가?
① 브라질
② 프랑스
❸ 예멘
④ 모카

해설 1500년경 예멘 지역에서 대규모 커피 경작이 처음 시작되었다.

02 이슬람 문화권의 커피가 전파된 유럽 최초의 도시는?
① 바르셀로나
② 부다페스트
③ 파리
❹ 베니스

해설 커피를 유럽에 전파한 것은 중동과 활발한 무역을 하던 베니스의 상인들이다.

03 커피에 세례를 주어 이슬람교도뿐만 아니라 가톨릭신자도 마실 수 있도록 공인한 사람은?

① 요한 6세

② 엘리자베스

③ 알렉산더

❹ 클레멘스 8세

해설 악마의 음료라고 비난받던 커피를 교황 클레멘스 8세가 직접 커피 맛을 본 후 이교도만 마시기에는 너무 훌륭한 음료라고 하여 커피에 세례를 주었다.

04 1686년 프랑스 파리에 최초로 개설된 커피하우스는?

① 카페 드 베니스(Cafe de Venice)

❷ 카페 드 프로코프(Cafe de Procope)

③ 카페 드 마르세유(Cafe de Marseilles)

④ 로이드 커피하우스(Lloyd Coffeehouse)

해설 1686년 현존하는 가장 오래된 카페인 '카페 드 프로코프(Cafe de Procope)'는 파스칼 밑에서 종업원으로 일하던 이탈리아 출신 프로코피오 콜텔리(Procopio Coltelli)가 파리에서 개장하였다.

05 영국 식민지배의 영향으로 미국 독립전쟁의 발단이 되었으며, 차를 대신해 커피를 마시게 된 결정적인 사건은?

❶ 보스턴 차 사건

② 남북전쟁

③ 십자군 전쟁

④ 종교전쟁

해설 1773년 보스턴 차 사건(Boston Tea Party)은 미국 독립전쟁의 발단이 된 사건으로, 북미에서 차를 대신해 커피가 보편화되었다.

핵심이론 03 커피나무

(1) 커피나무 개요

적도를 중심으로 남위 25°에서 북위 25° 사이의 열대, 아열대 지역이 커피 재배에 적합하다. 지도상에서 생산국가를 펼쳐 보면 벨트 모양으로 위치하고 있어서 이를 커피 벨트(Coffee Belt) 또는 커피 존(Coffee Zone)이라 부른다.

(2) 커피나무 성장의 조건

① 연평균 기온이 15~24℃ 정도로, 30℃를 넘거나 5℃ 이하로는 내려가지 않아야 한다.
   ㉠ 기온이 높으면 녹병이 잘 번성하고, 광합성 작용이 둔화된다.
   ㉡ −2℃ 이하에서 약 6시간 이상 노출 시 치명적인 피해를 입을 수 있다. 커피의 생육에 가장 치명적인 영향을 끼치는 것은 서리이다.
   ㉢ 일교차는 19℃ 미만이어야 한다.
   ㉣ 일조량은 연평균 2,200~2,400시간이 적당하다(커피체리 수확을 위해서는 하루 6~6.5시간 정도의 일조량이 필요).
② 열대성 기후의 강우량이 많은 곳에서 재배한다. 열매를 맺을 때까지는 우기, 열매를 맺고 나서는 건기가 계속되어야 품질이 좋다.
③ 커피의 재배 지형은 표토층이 깊고 물 저장능력이 좋으며, 기계화가 용이한 평지나 약간 경사진 언덕이 좋다.
   ㉠ 배수가 잘되는 지형이 좋다.
   ㉡ 해발 1,000~3,000m의 고지대에서 좋은 품질의 커피가 생산된다(재배가 쉽지 않으나 단단하고 밀도가 높아 맛과 향이 풍부함).
      • 아라비카 : 비교적 고지대에서 재배
      • 로부스타 : 비교적 저지대에서 재배
   ㉢ 화산성 토양으로, 뿌리가 쉽게 뻗을 수 있는 다공질의 토양이 적합하다.
      • 점토는 70% 이하, 굵은 모래는 20~30% 이하가 좋다.

- 표토층은 깊이 2m 이상으로 깊고 투과성이 좋아야 한다.
- 약산성(pH 5~6)이 적합하다.
- 화산지역의 토양은 미네랄이 풍부하여 커피 나무의 성장에 좋은 영향을 준다.

더 알아보기
- 테라로사(Terra Rossa)
  - 기반암석이 석회암으로 되어 있는 지역에서 석회암의 풍화 결과 형성된 토양
  - 라틴어 Terra(Soil) + Rossa(Rose)로 '붉은 장밋빛 토양'이라는 뜻
  - 이탈리아, 유고슬라비아에 넓게 분포하던 석회암 지역의 적색 토양에 붙여진 이름
- 라테라이트(Laterite) : 사바나 기후지대에서 널리 분포하는 적갈색 토양

④ 커피나무는 열대성 상록수이며 꼭두서니과 코페아속의 다년생 쌍떡잎식물이다.
⑤ 커피의 원산지는 아프리카의 에티오피아다.
⑥ 커피의 과실은 형태학적으로 분류하면 핵과(核果)에 속한다.
⑦ 커피나무의 수명은 50~70년 정도이지만 경제적인 수명은 20~30년이다.
⑧ 커피나무의 뿌리는 원활한 수분 흡수를 위해 대부분은 30cm 깊이 안에 자리 잡는다.
⑨ 커피나무는 심은 지 2년 정도가 지나면 1.5~2m 정도 성장하여 첫 번째 꽃을 피우고 3년 정도가 지나면 수확이 가능하다.
  ㉠ 안정적인 수확은 5년부터 가능하다.
  ㉡ 꽃이 피고 지는 개화기간은 2~3일 정도로 짧다 (개화 전까지 충분한 수분이 공급되어야 함).
  ㉢ 커피나무의 꽃가루는 가벼운 편이라 바람에 의한 수분이 90% 이상을 차지하고 곤충에 의한 수분은 5~10% 정도이다.
  ㉣ 꽃봉오리는 개화 자극까지 2~3개월의 휴면기를 보내다가 갑작스러운 수분 스트레스나 기온의 하강에 의해 휴면기를 멈춘다. 건기가 끝나고 우기를 알리는 첫 번째 비가 내리면 개화 자극이 발생한다. 비가 그치고 5~12일이 지나면 꽃을 피운다.

  ㉤ 커피꽃의 개화를 위해서는 짧은 기간의 건기가 꼭 필요하다.
  ㉥ 수확이 이루어지는 시점에서도 건조한 기후가 필요하다.
⑩ 커피나무는 자연상태에서는 10m 이상 자라기도 하지만 재배가 용이하도록 2~2.5m 정도로 유지해 준다.
  ㉠ 나무의 활기찬 생명력 유지와 수확의 용이성을 위해, 열매가 열리는 가지의 성장을 촉진시키기 위해, 격년 결실을 완화시켜 주기 위해, 주기적으로 가지치기를 해 주어야 한다.
  ㉡ 강한 바람을 막기 위해 방풍림을 조성하고 커피 수확이 쉽도록 높은 곳의 가지를 잘라 준다.
⑪ 잎은 타원형이고 두꺼우며 잎 표면은 짙은 녹색으로 광택이 있다.
⑫ 꽃잎은 흰색이고 재스민 향이 나며, 꽃잎의 수는 아라비카와 로부스타는 5장, 리베리카는 7~9장이다.
⑬ 커피꽃이 떨어지고 나면 그 자리에 열매를 맺는데, 초기에 녹색이었다가 익으면 빨갛게 변한다. 빨갛게 익은 열매가 체리와 비슷하다 하여 커피체리라 부르며 길이는 15~18mm 정도이다.
⑭ 직파는 구덩이에 3~5개의 커피 씨앗을 직접 심는 방법을 말하는데, 잘 사용하지 않는다.
⑮ 파치먼트(Parchment) 상태로 심은 후 묘목 상태에서 이식해야 한다.
⑯ 묘포에서 묘목을 기르고 30cm 정도 자라면 재배지에 이식하는 방법을 가장 많이 사용한다.
⑰ 발아 후 약 6개월이 경과한 시점에 양호한 상태의 나무들을 골라 옮겨 심는다.
  ㉠ 이식은 보통 우기가 시작될 때 하는데, 지표면 아래 50cm까지 충분히 촉촉해진 상태가 좋으므로 습도가 높고 흐린 날에 이식한다.
  ㉡ 이식하기 전에는 묘포(Nursery)에서 묘목을 뽑아내기 몇 시간 전에 물을 충분히 준다.
  ㉢ 폴리백 사용 시 파종에서 이식까지 아라비카종은 12개월, 로부스타종은 6~9개월 정도 소요된다.

⑱ 이외에도 접목이나 꺾꽂이, 시험관 등의 무성생식도 가능하다.

⑲ 햇볕이 강한 시간에는 물을 주지 않는다.
　㉠ 강한 햇볕에 물을 주면 잎에 맺힌 물방울이 돋보기 역할을 하여 잎과 나무를 더 건조시키고 태울 수 있다.
　㉡ 물주기는 해가 진 뒤에 한다.

⑳ **지속가능 커피(Sustainable Coffee)** : 커피 재배 농가의 삶의 질을 개선하고 토양과 수질 그리고 생물의 다양성을 보호하며, 장기적인 관점에서 안정적으로 생산 가능한 커피를 말한다.
　㉠ 공정무역 커피(Fair Trade Coffee)
　　• 다국적 기업이나 중간 상인을 거치지 않고 제3세계 커피농가에 합리적인 가격을 직접 지불하여 사들이는 커피이다.
　　• 커피의 최저가격을 보장하고, 생산자와의 장기간 거래 등 국제무역에서 보다 공평하고 정의로운 관계를 추구하자는 취지로 맛이나 향이 중심이 아닌 생산자에게 제값을 주고 유통되는 커피이다.
　　　예 아름다운 가게의 아름다운 커피, 착한 커피
　㉡ 유기농 커피(Organic Coffee)
　　• 농약이나 화학비료를 전혀 사용하지 않고 재배한 커피로, 오가닉 커피(Organic Coffee)라고 한다.
　　• 바나나 나무같이 잎이 넓은 나무를 심어 그늘 아래(Shade Grown)에서 재배한다.
　㉢ 버드 프렌들리 커피(Bird-friendly Coffee)
　　• 다른 식물들과 함께 공생하는 환경에서 자라난 커피로, 새들도 날아와 쉴 수 있는 친환경적인 재배로 이루어진다.
　　• 유기농법을 사용하는 셰이드 그로운 커피농장에서 생산되는 커피이다.

(3) 셰이드 그로운 커피와 선 그로운 커피

① 셰이드 그로운 커피(Shade Grown Coffee)
　㉠ 그늘막 경작법을 활용하여 커피나무의 일조시간을 줄여 줌으로써 밀도 높은 커피를 생산하며, 맛과 향이 풍부하다.
　㉡ 전통적인 농작법으로 자연을 크게 훼손시키지 않는다.

더 알아보기

그늘막 경작법
• 바나나 나무나 아보카도 나무와 같이 잎이 넓고 큰 나무를 사이사이에 함께 심어 직사광선, 서리, 강한 바람으로부터 커피나무를 보호하는 경작법을 말한다.
• 이렇게 재배되는 농작법을 셰이딩(Shading, 그늘재배), 커피나무 이외의 나무를 셰이드 트리(Shade Tree), 셰이딩 농작법으로 자란 커피를 셰이드 그로운 커피(Shade Grown Coffee)라 한다.

　㉢ 셰이딩 트리는 지면의 수분 증발을 막아주고 일교차를 완화시켜 준다.
　㉣ 햇볕이 차단되는 효과로 인해 오히려 커피녹병이 더 많이 발생할 수도 있다.
　　• 커피녹병에 걸리면 수확량이 감소하고 성장이 방해되어 나무가 죽을 수 있다.
　　• 커피녹병은 현재까지 알려진 커피나무 질병 중 가장 치명적인 질병이다.
　㉤ 커피열매가 천천히 성장하기 때문에 밀도가 높아 좋은 품질의 커피를 얻을 수 있다.
　　• 나무의 마디 사이가 길어져 수확량이 감소할 수도 있다.
　㉥ 셰이딩은 병충해와 토양 침식을 막아주고 잡초의 성장을 억제하며 토양을 비옥하게 해 주는 효과도 있어 화학비료 및 제초제 사용량을 줄일 수 있다.

② 선 그로운 커피(Sun Grown Coffee)
　㉠ 셰이딩을 하지 않고 햇살 아래에서 그대로 재배하는 방식으로 브라질에서 널리 재배하는 방식이다.
　㉡ 직사광선을 받아 성장이 빠르며, 수분 공급과 농약, 비료주기 등 많은 관리가 필요하다.
　㉢ 대규모 농장의 대량 수확(기계수확) 시 유리하다.
　㉣ 그늘재배 방식보다 품질이 떨어진다.

01 커피나무에 대한 설명으로 틀린 것은?

① 잎은 타원형이고 두꺼우며 잎 표면은 짙은 녹색으로 광택이 있다.
② 커피나무의 수명은 50~70년 정도이다.
③ 커피나무는 심은 후 3년이 지나면 처음 수확이 가능하다.
❹ 커피나무는 일년생 쌍떡잎식물이다.

해설 커피나무는 다년생 쌍떡잎식물이다.

02 커피 열매를 형태학적으로 분류했을 때 올바른 명칭은?

① 연과   ② 유과
③ 종자과   ❹ 핵과

해설 커피의 과실을 형태학적으로 분류하면 핵과(核果)에 속한다.

03 다음 중 커피를 잘 경작하고 풍부한 수확을 위해 필요하지 않은 것은?

① 가지치기
② 방풍림 조성
❸ 햇빛이 강한 시간에 물 주기
④ 묘목 상태로 이식

04 커피 재배와 관련된 내용으로 옳지 않은 것은?

① 발아 후 약 6개월이 경과한 시점에 건강 상태가 양호한 나무들을 골라 옮겨 심는다.
② 개화 전까지 충분한 수분이 공급되어야 하며, 수확이 이루어지는 시점에서는 건조한 기후가 필요하다.
❸ 원활한 광합성 작용을 위해 강렬한 햇볕이 많이 필요하다.
④ 배수가 잘되는 지역이 좋다.

해설 그늘막 경작법으로 커피나무의 일조시간을 줄여 줌으로써 밀도 높은 커피를 생산할 수 있고 맛과 향이 풍부해진다.

핵심이론 04   커피열매

(1) 커피열매의 정의

① 무르익은 커피열매는 체리와 비슷하게 생겼다 하여 커피체리라고도 한다.
② 생두는 커피콩을 말하며, 그린빈(Green Bean)이나 그린커피(Green Coffee)라고 한다.
③ 열매는 녹색 – 주황색 – 빨간색 혹은 노란색 순으로 익어간다.
④ 피베리(Peaberry)
    ㉠ 납작한 일반 생두와는 달리 둥근 모양이다. 스페인어로 카라콜(Caracol), 카라콜리(Caracoli)라고 하며, 이는 달팽이 모양의 콩이라는 뜻이다.
    ㉡ 일반 체리보다 크기가 작다.
    ㉢ 커피나무 가지 끝에서 많이 발견된다.
    ㉣ 온전한 커피체리에는 두 알의 씨앗이 있는 것이 정상이지만 피베리는 한 알의 씨앗만 있는 경우를 말한다.
    ㉤ 전체 생산량의 5~10% 정도로, 높은 가격에 거래되기도 한다.
    ㉥ 발생 원인 : 불리한 환경적 조건, 불완전한 수정, 유전적 결함 등

(2) 커피의 구조

① 외과피/겉껍질(Outer Skin) : 체리의 바깥 껍질로 잘 익은 커피체리는 대부분 빨갛다.
   ※ 아마레로(Amarelo) : 브라질 품종으로 키가 작고 체리 색깔이 노랗다.
② 펄프(Pulp) : 당과 수분이 풍부한 과육으로 단맛이 나며 중과피에 해당한다.
③ 파치먼트(Parchment) : 펄프 안에 생두를 감싸고 있는 단단한 껍질의 점액질로 내과피에 해당한다.
④ 실버스킨(Silver Skin, 은피) : 파치먼트 내부에 있는 생두를 감싸고 있는 얇은 막이다.
⑤ 생두(Green Bean) : 커피콩을 말하며 커피체리에서 과육을 제거한 상태이다.

⑥ 센터 컷(Center Cut) : 생두 가운데 나 있는 S자 형태의 홈을 말한다.
⑦ 플랫빈(Plat Bean) : 한 개의 체리 안에 평평한 면으로 마주 보고 있는 2개의 생두를 말한다.

[커피체리의 구조]

(3) 그 밖의 명칭

① 커피열매의 정제된 씨앗 : 그린커피(Green Coffee)
② 분쇄하지 않은 상태의 원두 : 홀빈(Whole Bean)
③ 원두를 분쇄한 것 : 그라운드 빈(Ground Bean)

01 커피열매에 대한 설명으로 잘못된 것은?

① 파치먼트(Parchment)는 펄프 안에 생두를 감싸고 있는 단단한 껍질의 점액질로 내과피에 해당한다.
② 빨갛게 익은 열매가 체리와 비슷하다 하여 커피체리(Coffee Cherry)라 부른다.
③ 분쇄하지 않은 상태의 원두는 홀빈(Whole Bean)이라 한다.
❹ 센터 컷(Center Cut)은 커피체리에 생두가 단 한 개 들어 있는 경우를 말한다.

해설 센터 컷(Center Cut) : 생두 가운데 나 있는 S자 형태의 홈

02 피베리(Peaberry)에 대한 설명으로 틀린 것은?

① 환경적인 요인에 의해 커피체리 안에 한 알의 씨앗만 있는 경우가 있다.
❷ 피베리는 결점두로 취급된다.
③ 납작한 일반 생두와는 달리 둥근 모양으로 일반 체리보다 체리의 크기가 작다.
④ 커피나무 가지 끝에서 많이 발견된다.

해설 피베리는 전체 생산량의 5~10%를 차지할 정도로 희귀해 별도로 구분하여 높은 가격에 거래된다.

03 커피의 단계별 명칭을 설명한 것으로 틀린 것은?

① 커피열매 – 생두
❷ 생두를 볶은 것(배전두) – 그린빈
③ 분쇄하지 않은 상태의 원두 – 홀빈
④ 분쇄한 가루 상태의 원두 – 그라운드 빈

04 커피나무의 경작에 보편적으로 이용되고 있는 방법은?

① 접붙이기 파종 ❷ 파치먼트 파종
③ 품종교배 파종 ④ 씨앗파종

05 다음 중 커피열매의 명칭을 안쪽부터 순서대로 올바르게 나열한 것은?

① 파치먼트 – 실버스킨 – 펄프 – 점액질 – 겉껍질 – 생두
② 겉껍질 – 펄프 – 점액질 – 실버스킨 – 파치먼트 – 생두
③ 생두 – 파치먼트 – 실버스킨 – 펄프 – 점액질 – 겉껍질
❹ 생두 – 실버스킨 – 파치먼트 – 점액질 – 펄프 – 겉껍질

(1) 커피의 3대 원종

① 커피는 약 70여 종이 있으며 현재는 아라비카와 카네포라 두 종만 주로 재배되고 있다.

② 커피의 3개 원종 : 아라비카(Arabica), 로부스타[(Robusta) = 카네포라(Canephora)], 리베리카(Liberica)

(2) 아라비카(Arabica)

① 에티오피아 고원 삼림지대에서 발견되었다.

② 1753년 스웨덴 식물학자 칼 폰 린네(Carl von Linne)에 의해 처음으로 학계에 등록되었다.

③ 대체로 열대, 아열대의 고지대에서 재배된다.

    ㉠ 높은 지역(800~2,000m)에서 재배되어 밀도가 높기 때문에 품질이 우수하다.

    ㉡ 아라비카는 로부스타에 비해 가뭄을 더 잘 견딘다.

④ 재배조건

    ㉠ 건조한 기후, 서리, 병충해에 약하고 고온에 취약하여 기온이 30℃ 이상으로 올라가면 불과 며칠 사이에 해를 입고 생산량도 떨어진다.

    ㉡ 나무의 성질이 예민해 생산지의 기후환경과 토양 조건에 따라 독특한 개성을 지닌다.

    ㉢ 연평균 기온 15~24℃, 강수량 1,500~2,000mm로 충분한 일조량이 있어야 한다.

⑤ 성장속도는 느리지만 향미가 풍부하다.

⑥ 단맛, 신맛, 감칠맛이 뛰어나 가격이 비싸다.

⑦ 카페인 함량이 0.8~1.4%로 낮다.

⑧ 세계에서 생산하는 생두 생산량의 약 70%를 차지하고 있다.

⑨ 마일드 커피(Mild Coffee)는 질 높은 아라비카종에 사용하는 무역용어로서, 커피 특유의 향이 잘 조화되어 부드러운 맛을 지닌다.

(3) 로부스타[(Robusta) = 카네포라(Canephora)]

① 1862년에 아프리카 우간다에서 처음 발견되었고, 그 뒤 1898년 콩고에서 재발견되어 세상에 알려지게 되었다.

② 무덥고 습도가 높은 열대지역의 저지대(800m 이하)에서도 잘 자란다.

③ 병충해에 강하고 나쁜 기후환경에서도 잘 자란다.

④ 아라비카종에 비해 향기가 부족하며 신맛이 거의 없고 쓴맛이 강하다.

    ㉠ 아라비카와 배합하거나 인스턴트 커피로 제조한다.

    ㉡ 다른 커피와 배합하여 가격이 저렴한 레귤러 커피(Regular Coffee)의 재료로 많이 쓰인다.

⑤ 카페인 함량이 1.7~4.0%로 높다.

⑥ 번식은 타가수분으로 대부분 바람에 의해 수분이 이루어진다.

⑦ 콩의 모양은 동그랗고 센터 컷이 일자이며, 위가 평평하다.

⑧ 품질과 맛이 뛰어난 일부 로부스타 생두는 아라비카보다 비싼 가격에 거래되기도 한다.

(4) 리베리카(Liberica)

① 아프리카 라이베리아가 원산지이다.

② 나무의 키가 5~10m 정도로 큰 편으로 재배가 곤란하고 과육이 두꺼워 가공이 어렵다.

③ 로부스타에 비해 품질도 낮아 거의 자국에서 소비된다.

④ 아프리카 서부지역(기니)과 말레이시아, 필리핀 등 아시아의 일부 지역에서만 소량 생산한다.

(5) 아라비카와 로부스타의 비교

구분	아라비카	로부스타
원산지	동아프리카의 에티오피아	빅토리아 호수 근처 콩고
분류등록 기록연도	1753년	1895년
염색체 수	44개(4배체)	22개(2배체)
번식	자가수분	타가수분
열매가 익는 기간	6~9개월	9~11개월
뿌리	깊게 내림	얕게 내림
연평균 기온	15~24℃	24~30℃
재배고도	800~2,000m	800m 이하
병충해	약함	강함
연강수량	1,500~2,000mm	2,000~3,000mm
대기습도	60%	70~75%
토양	• 유기질이 풍부한 화산성 토양 • 배수가 잘되고 미네랄이 풍부한 토양 • 동쪽이나 동남쪽 방향으로 약간의 경사가 있는 곳 • 아열대 기후	고온다습한 지역 (일반적인 토양에서도 잘 자람)
생산량	60~70%	30~40%
주요 생산국	콜롬비아, 엘살바도르, 케냐, 에티오피아, 탄자니아, 멕시코, 브라질, 코스타리카, 온두라스, 자메이카, 예멘, 파나마, 과테말라 등	베트남, 콩고, 우간다, 인도네시아, 필리핀, 가나, 미얀마, 나이지리아 등
맛	• 향미가 우수 • 단맛, 신맛, 감칠맛이 뛰어남	• 향미가 약함 • 쓴맛이 강함
카페인 함량	0.8~1.4%	1.7~4.0%

(6) 커피녹병(Coffee Leaf Rust)

① 잎의 윗면에 황백색 반점이 생기고 감염이 진행되면 반점이 점차 커져 잎 뒷면에 오렌지색의 곰팡이가 자란다. 감염된 잎은 떨어지고 자연히 커피 생산량이 줄어든다.

② 곰팡이에 의한 질병으로 커피나무 질병 중 가장 피해가 크다.

③ 바람을 타고 날아간 균이 커피나무 잎에 달라붙어 뒷면의 기공으로 침투 후 감염시킨다. 잠복기에는 육안으로 확인이 불가능하며 잎이 서서히 마르고 나무가 죽게 되는 시점에야 확인이 가능하다.

ⓐ 1867년 실론(Ceylon, 지금의 스리랑카)에서 발견되었다.
  • 녹병으로 스리랑카 전역의 커피나무가 괴사하였다.
  • 1890년 영국인 토마스 립톤이 차 재배를 권유해 스리랑카는 오늘날 차 생산 대국이 되었다.

ⓑ 1868년 인도 전역의 커피나무가 전멸하였다.

ⓒ 1970년대 중반 중남미 일대 피해로 2012년에는 커피 생산량이 15%가량 줄어들어 40만 명이 일자리를 잃고, 중남미 국가에 10억달러(약 1조원) 이상의 손해를 끼쳤다.

④ 커피는 음지 식물이었지만 상업적 대량 재배로 양지에서 고밀도로 재배되기 시작하면서 문제점이 나타났다. 직사광선에 따른 기온 상승으로 곰팡이가 잘 번식하고 지구 온난화의 영향으로 커피 묘목이 급격히 감소하고 있다.

01 아라비카종 커피에 대한 설명으로 틀린 것은?

❶ 커피나무의 원종이며, 병충해에 강하다.
② 카페인이 카네포라보다 적게 함유되어 있다.
③ 주로 고지대에서 재배된다.
④ 원산지는 동아프리카의 에티오피아이다.

해설 아라비카는 병충해에 약하다.

02 로부스타에 대한 설명으로 잘못된 것은?

❶ 비교적 서늘한 고지대에서 재배되지만 병충해에 약하다.
② 카페인 함량이 평균 1.7~4% 정도로 아라비카보다 두 배 정도 높다.
③ 로부스타 커피의 최대 생산국은 베트남이다.
④ 주로 인스턴트 커피 제조에 이용된다.

해설 로부스타는 병충해에 강하다.

03 아라비카종의 특징으로 옳은 것은?

① 번식 방법은 타가수분을 통해 이루어진다.
❷ 고지대에서 재배되기 때문에 밀도가 높고 품질이 우수하다.
③ 센터 컷이 일반적으로 일직선 형태이다.
④ 맛과 향이 단순하기 때문에 주로 인스턴트 커피용으로 사용된다.

해설 아라비카는 밀도가 높아 향미가 우수하다.

04 커피의 3대 원종에 대한 설명으로 옳지 않은 것은?

① 로부스타종은 습도가 높은 열대지역의 저지대에서도 잘 자란다.
❷ 로부스타종의 품질이 가장 뛰어나며 아라비카종에 비해 카페인 함량도 거의 없다.
③ 리베리카종은 나무의 키가 8m 이상으로 커서 재배가 곤란하고 과육이 두꺼워 가공이 어렵다.
④ 리베리카종은 일부 지역에서만 생산되고 양이 많지 않아 자국에서 거의 소비된다.

해설 로부스타는 아라비카에 비해 향기가 부족하며 신맛이 거의 없고 쓴맛이 강하다. 카페인 함량도 높다.

핵심이론 06 | 아라비카 주요 품종

(1) 아라비카 주요 품종

아라비카종은 자연변이나 교배로 인해 특색 있는 다양한 종으로 나누어진다.

① 티피카(Typica)

  ㉠ 아라비카 원종에 가장 가깝고 현존하는 품종들의 모태가 된다.

  ㉡ 콩은 긴 타원형으로 끝이 뾰족하고 좁다.

  ㉢ 질병과 해충 등 녹병(CLR)에 취약하며, 그늘재배가 필요하고 생산성은 매우 낮다.

  ㉣ 고지대에서도 잘 자라서 밀도가 강하고 상큼한 레몬 향, 꽃 향 등의 뛰어난 향이 나며 신맛을 가지고 있다.

  ㉤ 블루마운틴, 하와이 코나가 대표적이다.

② 버번(Bourbon)

  ㉠ 아프리카 동부 레위니옹(Reunion) 섬에서 발견된 티피카의 돌연변이종이다.

  ㉡ 생두는 작고 둥근 편이며 센터 컷이 S자형이다.

  ㉢ 수확량은 티피카보다 20~30% 많다.

  ㉣ 새콤한 맛, 달콤한 뒷맛 등 와인과 비슷한 맛이 나는데 이것을 버번 플레이버(Bourbon Flavor)라고 부르기도 한다.

  ㉤ 콜롬비아, 중앙아메리카, 아프리카, 브라질, 케냐, 탄자니아 등에서 주로 재배되고 있다.

③ 문도노보(Mundo Novo)

  ㉠ 버번과 티피카의 자연 교배종이다.

  ㉡ 1950년 브라질에서 재배하기 시작하여 카투라, 카투아이와 함께 브라질의 주력 상품이다.

  ㉢ 이 종이 처음 등장했을 때 많은 희망을 걸어 '신세계'를 뜻하는 문도노보(Mundo Novo)라고 이름 붙였다.

  ㉣ 환경 적응력이 좋고 생산량도 버번보다 30% 이상 많으나 성숙기간이 오래 걸린다.

④ 카투라(Caturra)

  ㉠ 1937년 브라질에서 발견된 버번의 변이종이다.

  ㉡ 녹병에 강해 비교적 생산성이 높고 레몬과 같은 신맛과 약간 떫은맛을 지니고 있다.

© 티피카나 버번보다 단맛이 적으며 생두의 크기가 작고 단단하다.

⑤ 카투아이(Catuai)
　㉠ 문도노보와 카투라의 교배종이다.
　㉡ 병충해와 강풍에 강하다.
　㉢ 브라질 재배 면적의 50%를 차지한다.
　㉣ 생산기간이 10년 정도로 짧은 것이 단점이다.

⑥ 마라고지페(Maragogype)
　㉠ 1870년 브라질의 한 농장에서 발견된 티피카의 돌연변이종이다.
　㉡ 아라비카와 리베리카의 교배종이다.
　㉢ 생두의 크기가 스크린 사이즈(Screen Size) 20보다 크다.
　㉣ 다른 종에 비해 잎, 체리, 생두가 모두 커서 코끼리 콩(Elephant Bean)으로 불린다.
　㉤ 나무 키가 크며 맛이 연하고 향이 풍부하지만 생산성이 낮다.
　㉥ 브라질, 멕시코, 나이지리아, 콩고, 니카라과 등지에서 재배된다.

⑦ 켄트(Kent)
　㉠ 인도의 고유품종이다.
　㉡ 생산성이 높으며 병충해에 강한 품종으로 커피 녹병에 특히 강하다.

⑧ 몬순커피(Monsooned Coffee)
　㉠ 인도의 대표적인 커피이다.
　㉡ 몬순 계절풍에 약 2~3주 노출시키므로 몬순커피라는 이름이 붙었다.
　㉢ 건식가공 커피를 습한 계절풍에 노출시켜서 숙성하여 바디가 강하고 신맛은 약하며 독특한 향을 가지고 있다.
　㉣ 말라바르(Malabar) AA가 가장 대표적인 몬순 커피이다.

⑨ 아마레로(Amarello) : 보통 커피체리는 익을수록 붉은색으로 변하는데, 이 종은 노란색으로 익는다.

⑩ CoE(Cup of Excellence)
　㉠ 품질 높은 커피를 생산하는 나라들은 제대로 된 보상을 받고 소비자는 질 좋은 커피를 구매할 수 있는 시스템이다.
　㉡ 1999년 브라질에서 처음 시작되었다.

㉢ 참가국의 커피를 국제심사위원들이 평가하고, 그 결과에 따라 상위 등급을 받은 커피들은 경매를 통해 회원들에게 판매된다.

(2) 품종 개량의 목적
① 생산성을 높이기 위함이다.
② 내병성이 강한 품종을 만들기 위함이다.
③ 종래에는 3년 이후 수확하던 것을 1~2년에 수확이 가능하도록 하기 위함이다(조기 수확).
④ 가뭄과 서리에 강한 높은 환경적응력을 지닌 품종을 만들기 위함이다.
⑤ 맛과 향이 뛰어난 품종을 만들기 위함이다(미각적 우수성).
⑥ 생두의 사이즈가 가능한 커지도록 하기 위함이다 (외견적 우수성).

핵심예제

01 다음 중 브라질에서 발견된 돌연변이종으로 콩의 크기가 커서 '코끼리 콩'으로 불리는 것은?
① 티피카(Typica)
② 카티모르(Catimor)
❸ 마라고지페(Maragogype)
④ 카투아이(Catuai)

|해설| 마라고지페는 나무 키가 크며 맛이 연하고 향이 풍부하지만 생산성이 낮다.

02 다음 중 문도노보(Mundo Novo)와 카투라(Caturra)의 교배종인 것은?
① CoE(Cup of Excellence)
② 문도노보(Mundo Novo)
③ 버번(Bourbon)
❹ 카투아이(Catuai)

|해설| 카투아이는 문도노보와 카투라의 교배종으로, 병충해와 강풍에 강하다.

03 다음 중 그늘 경작법(Shading)이 필요하며 좋은 향과 신맛을 가지고 있지만 생산성이 낮은 아라비카 원종에 가장 가까운 품종은?

① 마라고지페(Maragogype)

② 카투라(Caturra)

③ 버번(Bourbon)

④ 티피카(Typica)

04 인도의 몬순커피에 대한 설명으로 틀린 것은?

① 몬순 계절풍에 약 2~3주 노출시키므로 몬순커피라는 이름이 붙었다.

② 독특한 향미와 강한 바디가 특징이다.

③ 인도의 대표 품종으로 말라바르 AA가 가장 대표적인 몬순커피다.

❹ 신맛이 강하고 단맛은 약한 특성을 가지고 있다.

해설 바디가 강하고 신맛은 약하며 독특한 향을 가지고 있다.

05 아프리카 동부 레위니옹(Reunion) 섬에서 발견된 티피카의 돌연변이종으로 콩은 작고 둥근 편이며 수확량은 티피카보다 20~30% 정도 많은 품종은?

① 켄트(Kent)

❷ 버번(Bourbon)

③ 마라고지페(Maragogype)

④ 카투라(Caturra)

핵심이론 07 커피 수확

붉게 잘 익은 체리를 수확하는 것이 중요하다. 더위를 피해 이른 아침 또는 오후 늦게 수확한다.

(1) 핸드 피킹(Hand Picking, Selective Picking)

① 잘 익은 체리만을 선택적으로 골라서 수확하는 방법이다(체리가 균일하고 품질 좋은 커피 생산 가능).

② 커피열매가 익는 시점이 달라 커피나무 한 그루에서도 여러 번 반복해서 수확해야 하므로 인건비 부담이 크다.

③ 기계를 이용한 수확이 불가능한 지역에서 이용하는 방법이다.

④ 습식법으로 가공하는 국가에서의 생산방법이다.

⑤ 아라비카 커피를 생산하는 지역에서 주로 사용된다.

(2) 스트리핑(Stripping)

① 체리가 어느 정도 익었을 때 나뭇가지 전체를 손으로 훑어 내려 한번에 수확하는 방법이다.

② 나무에 손상을 줄 수 있다.

③ 핸드 피킹에 비해 대량 수확이 가능하다.

④ 익지 않은 체리와 나뭇가지, 잎 등의 이물질이 포함되어 품질이 떨어진다.

⑤ 빠른 작업속도와 비용 절감의 장점이 있다.

⑥ 로부스타를 생산하는 국가에서 주로 적용한다.

⑦ 건식법으로 가공하는 국가에서의 생산방법이다.

(3) 메커니컬 피킹(Mechanical Picking)

① 기계에 달린 수십 개의 봉들이 나무에 진동을 주어 체리를 떨어뜨리면 컨테이너에 연결된 관을 타고 내려가 담기는 방식이다(기계수확).

② 나무 키와 폭을 일정하게 맞춰야 생산성이 증대된다.

③ 브라질에서 처음 개발되어 사용되기 시작했다.

④ 경작지가 편평하고 나무 줄 사이의 간격이 넓은 지역에 적합하다.

⑤ 대규모 농장이나 하와이 같이 인건비가 고가인 나라에서 사용하는 방식이다.

⑥ 평균적으로 체리가 70% 정도 익었을 때 수확하기 때문에 덜 익은 체리들이 섞여 커피 맛에 부정적인 영향을 준다.

⑦ 선별 수확이 불가능하다.

01 핸드 피킹(Hand Picking)에 대한 설명으로 틀린 것은?

① 인건비 부담이 크다.

❷ 로부스타 커피를 생산하는 지역에서 많이 사용하는 수확방식이다.

③ 습식법으로 가공하는 국가에서 주로 생산하는 방법이다.

④ 잘 익은 체리만 골라서 수확하는 방식이다.

02 다음 중 스트리핑(Stripping)에 대한 설명으로 틀린 것은?

❶ 워시드 방식으로 생산하는 지역에서 주로 이용하는 방식이다.

② 나뭇잎이나 나뭇가지 등 이물질이 포함될 수 있다.

③ 나무에 손상을 줄 수 있다.

④ 핸드 피킹 방식에 비해 인건비 부담이 적다.

03 다음 중 커피의 기계수확에 대해 바르게 설명하고 있는 것은?

① 경작지가 경사지고 커피나무 줄 사이의 간격이 좁은 지역에 적합하다.

② 베트남에서 처음 개발되어 사용하기 시작하였다.

❸ 나무의 키를 일정하게 맞추고 기계로 수확하는 방법이다.

④ 노동력이 풍부하거나 임금이 저렴한 지역에서 주로 사용하는 방법이다.

04 다음 중 커피체리를 수확하는 방식에 대한 설명으로 틀린 것은?

① 핸드 피킹(Hand Picking) 방식은 잘 익은 체리만을 선택적으로 골라서 수확하는 방식이다.

② 수확은 이른 아침이나 늦은 오후에 주로 행한다.

❸ 핸드 피킹은 주로 내추럴 커피나 로부스타 커피를 생산하는 지역에서 사용한다.

④ 가장 중요한 것은 수확시기 결정이다.

05 체리를 수확하는 방법 중 기계수확(Mechanical Picking)에 대한 설명으로 적절하지 않은 것은?

① 커피나무 키와 폭을 일정하게 맞춰야 생산성이 증대된다.

② 브라질에서 처음 개발되어 사용하기 시작하였다.

③ 경작지가 편평하고 커피나무 줄 사이의 간격이 넓은 지역에 적합하다.

❹ 아프리카처럼 노동력이 풍부한 지역에서 여러 번 반복해서 수확할 수 있는 장점이 있다.

해설 대규모 농장이나 하와이 같이 인건비가 고가인 나라에서 사용하는 방식이다.

(1) 생두

① 생두는 짙은 청록색일수록 품질이 우수하다.
② 수분 함량이 13% 정도인 것이 좋다.
③ 고지대에서 생산될수록 밀도가 크며 맛과 향이 더 좋다.
④ 크기가 균일하고 결점두가 적게 혼입되어 있어야 한다.
⑤ 동일한 지역의 생두일 경우 크기가 클수록 더 좋은 생두이다.
⑥ 생두의 수분 함량을 유지하기 위해 적정한 습도와 온도 조절이 가능한 곳에 보관한다.
⑦ 결점두 분리선별 작업이 끝난 생두는 크기가 다른 망(Screen)을 통해서 걸러진다.
⑧ 스크린 사이즈(Screen Size)
  ㉠ 생두는 크기에 따라 분류하는데 이때 생두의 크기를 스크린 사이즈로 표시한다.
  ㉡ 스크린 사이즈에 따라 분류하는 나라로 케냐, 도미니카 등이 있다.
  ㉢ 일반적으로 생두의 크기가 큰 것보다는 크기가 균일할수록 품질이 좋다고 평가한다.
    • 크기가 불균일한 경우 배전 시 일정한 맛을 낼 수 없다.
    • 크기가 굵고 좋으나 일정하지 않은 것보다 조금 작지만 무게감이 좋은 생두가 배전하였을 경우 맛과 향이 더욱 우수하다.
  ㉣ 생두 크기는 스크린 사이즈 20번부터 8번까지로 분류되며, 번호가 높을수록 크기가 크다.
    ※ 스크린 사이즈가 적혀 있는 스크리너(20~8번)를 슬슬 흔들면 크기가 작은 것들은 아래로 빠져 내려가 해당 크기의 생두만 스크리너에 남게 하는 방식으로 측정한다.

[스크린 사이즈에 따른 생두의 분류]

스크린 사이즈	구분	옆면의 두께(mm)	표기 분류 1	표기 분류 2
20	평두	7.95	Very Large Bean	AA
19		7.54	Extra Large Bean	AA
18		7.14	Large Bean	
17		6.75	Bold Bean	A
16		6.35	Good Bean	
15		5.95	Medium Bean	AB
14		5.56	Small Bean	C
13	환두	5.16	Peaberry	
12		4.76		
11		4.30		
10		3.97		
9		3.57		
8		3.17		

※ <u>스크린 사이즈 1은 1/64인치</u>로 0.4mm이다(생두의 폭).
※ 생두 옆면 두께 약 5.16mm = 피베리(Peaberry) = 환두(생두 모양이 둥글게 생김)
※ <u>스크린 사이즈 18 = 약 7.14mm</u> = Large Bean = 평두(Flat Bean)의 기준 크기

⑨ 산지 고도가 품질에 중요한 영향을 준다.
  ㉠ 밤낮의 기온차가 큰 고지대에서 재배된 커피의 품질을 더 높게 평가한다.
  ㉡ 고지대에서 재배된 커피는 열매가 더 단단하고 신맛이 많으며 향기가 뛰어나다.
  ㉢ 나라별로 재배 고도가 조금씩 차이가 있다.

재배 고도	명칭
해발 1,500m 이상	• SHG(Strictly High Grown) • SHB(Strictly Hard Bean)
해발 1,000m 이상	• HG(High Grown) • HB(Hard Bean)

⑩ 생두의 포장 단위는 국가마다 차이는 있지만 보통 60kg을 기준으로 한다(콜롬비아는 70kg).

(2) 생두 가공방법

① 건식법(Dry Method)

   ⊙ 수확한 후 펄프를 제거하지 않고 체리를 그대로 건조시키는 방법이다.
- 펄핑과정을 거치지 않는다.
- 발효나 세척과정을 거치지 않는다.

   ⓛ 전통적인 가공법으로 물이 부족하거나 햇빛이 좋은 지역에서 주로 이용한다.

   ⓒ 건조시간이 습식법에 비해 더 길다.

   ⓔ 균일한 건조가 이루어지도록 체리를 자주 뒤집어 주는 것이 좋다.
- 파티오(Patio) 건조 : 아스팔트, 타일, 땅, 콘크리트로 된 넓은 공간에 펼친 후 건조시킨다.
- 체망건조 : 선반 위에 그물을 치고 위아래로 공기가 잘 통하게 하여 건조시킨다.

   ⓜ 브라질, 에티오피아, 인도네시아에서 사용된다.

   ⓗ '수확 → 건조 → 탈곡'으로 진행된다.
- 단계별 커피 명칭 : Fresh Cherry → Dry Coffee Cherry → Green Coffee
- 허스킹(Husking) : 커피체리의 과육과 파치먼트를 한꺼번에 제거하는 것

   ⓢ 물을 사용하지 않는다 하여 언워시드 커피(Unwashed Coffee)라고도 한다.
- 예비 건조를 하는 경우 수분이 20%가 될 때까지 말린 다음 기계건조를 통해 11~13% 정도로 수분 함유율을 떨어뜨린다.
- 체리는 익은 정도에 따라 다르며 12~21일 정도 건조시킨다.

   ⓞ 생산 단가가 싸고 친환경적인 장점이 있다.

   ⓩ 품질이 낮고 균일하지 않다.

   ⓣ 과육이 그대로 생두에 흡수되면서 단맛과 바디가 더 강하다.

   ⓚ 수분 함량이 13% 이상이면 곰팡이가 번식하기 쉽고 발효될 수 있으며, 나쁜 냄새가 스며들 수 있다. 10% 미만이면 수분이 증발할 가능성이 높다.

   ⓔ 생두는 실버스킨이 노란빛을 띤다.

   ⓟ 건식법을 통해 얻은 커피를 내추럴 커피(Natural Coffee)라 한다.

② 습식법(Wet Method), 워시드법(Washed Process)

   ⊙ 일정한 설비와 물이 풍부한 상태에서 가능한 가공법이다.

   ⓛ 건식법보다 비용이 많이 들지만 좋은 품질의 커피를 얻을 수 있다.

   ⓒ 균일한 커피 생산이 가능하며, 신맛과 좋은 향이 특징이다.

   ⓔ 많은 양의 물을 사용하므로 환경오염 문제를 야기하기도 한다.

   ⓜ 수확한 커피를 무거운 체리(싱커)와 가벼운 체리(플로터)로 분리한다. 물이 담긴 수조에 넣을 때 덜 익어서 물 위에 뜨는 것은 제거한다.

   ⓗ 점액질을 제거하는 발효과정을 거치며 파치먼트 상태로 건조시킨다.

   ⓢ 수확 → 과육 제거(Pulping) → 발효(Fermentation, 점액질 제거) → 세척(Washing) → 건조(Drying) → 헐링(Hulling) → 선별작업(Grading)으로 진행된다.
- 단계별 커피 명칭 : Fresh Cherry → Pulped Coffee → Parchment Coffee → Green Coffee
- 헐링(Hulling) : 파치먼트를 제거하는 작업

   ⓞ 중남미 지역에서 아라비카 커피를 생산할 때 주로 이용된다. 콜롬비아를 비롯한 마일드 커피(Mild Coffee)가 대표적이다.

   ⓩ 아프리카 국가 중 습식법과 건식법을 동시에 하는 나라는 에티오피아이다.

   ⓣ 발효시간은 16~36시간 정도이며 미생물에 의해 아세트산이 생성되어 pH가 4까지 낮아진다. 발효과정 후 물로 다시 세척한다.

   ⓚ 건조기간은 습식법이 건식법보다 짧다. 발효가 적당히 이루어지지 않거나 오염된 물로 이루어졌다면 양파 냄새가 날 수도 있다.

   ⓔ 건식법으로 가공한 생두에 비해 보관기간이 더 짧은 단점이 있다.

③ 세미 워시드법(Semi Washed Processing)
  ㉠ 건식법과 습식법이 합쳐진 형태이다.
  ㉡ 수조에서 체리를 선별하고 과육 제거기로 점액질을 제거한 상태의 생두를 건식법으로 건조하는 방법이다.
④ 펄프드 내추럴법(Pulped Natural Processing)
  ㉠ 건식법과 습식법의 중간 형태로 브라질에서 주로 사용된다.
  ㉡ 체리 수확 후 물에 가볍게 씻고 체리의 껍질을 제거한 후 파치먼트를 그대로 건조시켜 커피의 점액질이 생두에 흡수되게 하는 방법이다.
  ㉢ 자연건조 방식보다 바디감이나 단맛은 덜하지만 향이 풍부한 커피를 얻을 수 있다.
  ㉣ 그물망을 이용하여 건조한다.
  ㉤ 체리의 껍질을 제거하는 펄핑(Pulping)과정에서 미성숙한 체리를 제거할 수 있다.
  ㉥ 워시드 가공방식보다 단맛이 높고 과일 풍미를 지닌다. → 물의 무분별한 사용 보완
  ㉦ 내추럴 가공방식에 비해 깔끔한 맛을 낸다. → 미성숙 체리 및 이물질이 들어가는 것 보완
⑤ 허니 프로세스(Honey Process)
  ㉠ 생두가 건조되기 전 남겨지는 점액질의 양을 달리하는 커피체리 가공법이다.
  ㉡ 점액질의 양을 %로 조절하기 때문에 특유의 맛과 향이 있다.
  ㉢ 점액질을 많이 남겨 둘수록 건조시간이 오래 걸리고 커피체리 특유의 달콤함과 풍미가 있다.
  ㉣ 벌레가 꼬이거나 쉽게 썩는다.
  ㉤ 이 방법으로 생산된 커피를 '허니 커피(Honey Coffee)'라고 한다.
  ㉥ 브라질에서 발전한 방식으로 니카라과, 에티오피아, 엘살바도르 등에서 시행된다.

분류	점액질 양	특징
블랙허니	점액질을 그대로 유지하면서 3주 정도 천천히 건조	검붉은 상태
레드허니	점액질을 그대로 유지하면서 1주 정도로 빠르게 건조	붉은빛이 감돌 때 건조

분류	점액질 양	특징
옐로허니	점액질을 20~50% 제거하고 건조	노란빛을 띨 때 건조
화이트허니	점액질을 90% 제거하고 건조	가장 짧은 시간 건조

(3) 폴리싱(Polishing)
① 생두의 실버스킨을 제거해 주는 작업이다.
② 생두의 외관을 좋게 하고 쓴맛을 줄여 준다.
③ 주문자의 요청이 있을 때만 시행된다. 은피는 로스팅하는 과정에서 내부 온도가 140℃ 이상이 되면 생두에서 자연스럽게 분리되기 때문에 대부분 폴리싱 작업을 하지 않는다.
④ 상품의 가치를 높이기 위한 선택과정이며 주로 고급 커피인 자메이카 블루마운틴, 하와이 코나 커피에 사용된다.

더 알아보기
생두 가공 후 수확량
커피체리 100kg을 수확하여 모든 가공과정을 거친 후 최종적으로 얻을 수 있는 생두는 워시드 20kg, 내추럴 20kg으로 두 방법 모두 양은 동일하다.

(4) 생두의 분류

명칭	수확 후 기간	수분 함량
뉴 크롭(New Crop)	수확 후~1년 이내	13% 이하
패스트 크롭(Past Crop)	1~2년	11% 이하
올드 크롭(Old Crop)	2년 이상	9% 이하

(5) 생두의 보관
① 통기성이 좋은 황마나 사이잘삼으로 만든 백에 담아 재봉하여 보관한다.
② 곰팡이 방지와 습기 제거를 위해 서늘한 곳에 보관해야 한다.
③ 워시드 커피는 내추럴 커피보다 보관기간이 짧다.

01 다음 중 고급 커피인 자메이카 블루마운틴, 하와이 코나 생두의 실버스킨을 제거하는 것으로 생두의 상품가치를 높이는 효과가 있는 탈곡방법은?

① 드라잉(Drying)
② 피킹(Picking)
❸ 폴리싱(Polishing)
④ 헐링(Hulling)

02 습식법을 이용해 가공하는 공정에서 과육을 제거한 후에 발효시키는 이유는?

❶ 물에 녹지 않는 끈끈한 점액질을 제거하기 위해
② 단맛을 강화하기 위해
③ 보관기간을 더 길게 하기 위해
④ 파치먼트가 깨지는 것을 예방하기 위해

03 바디가 강한 느낌의 내추럴 커피를 생산하는 방식은?

❶ Dry Processing
② Wet Processing
③ Semi Washed Processing
④ Semi Dry Processing

04 커피체리 100kg을 수확하여 최종적으로 얻을 수 있는 생두는?

① 워시드 30kg – 내추럴 30kg
② 워시드 30kg – 내추럴 20kg
❸ 워시드 20kg – 내추럴 20kg
④ 워시드 20kg – 내추럴 30kg

05 펄핑을 한 후에 점액질을 제거하지 않아 파치먼트가 달라붙은 채로 건조되는 방식으로 건식법과 습식법의 중간 형태인 커피 가공법은?

① 습식법
❷ 펄프드 내추럴법
③ 세미 워시드법
④ 건식법

핵심이론 09 생두의 분류와 등급평가

(1) 생두의 분류

① 스페셜티커피협회(SCA ; Specialty Coffee Association)는 미국 스페셜티커피협회 SCAA(Specialty Coffee Association of America)와 유럽 스페셜티커피협회 SCAE(Speciality Coffee Association of Europe)가 2017년 통합되면서 만들어졌다.
② 생두는 크게 생두의 크기, 재배고도, 결점두에 의한 분류로 이루어진다.
③ 국가에 따라 300g 중 결점두 수로 등급이 정해지기도 한다.

(2) 결점두(Defects Bean)

① 생두가 여러 가지 이유로 손상된 것을 결점두라 한다. 예를 들어 깨지거나 벌레 먹은 생두 등이 있다.
② 브라질, 인도네시아, 에티오피아 등의 국가는 결점두를 점수로 환산하여 등급을 분류한다.
   ※ 브라질은 No. 2~6, 인도네시아는 Grade 1~6등급을 사용하고 있다.
③ 결점두의 종류와 명칭은 국제적으로 통일된 기준이 없다.
④ 결점두가 많이 들어간 생두는 로스팅하면 맛에 중대한 결함을 유발한다.
⑤ 결점두는 생두의 재배, 수확, 가공, 보관 등의 과정에서 발생할 수 있다.
⑥ 껍질이 있는 건조된 커피콩은 석재 제거기를 통해 껍질을 제거하는 작업을 마치고 난 뒤 선별기계에 의해 선별과정을 거친다. 결점 원두를 가려내는 선별과정이 반복될수록 결점두 수가 적어진다.

(3) SCA에 따른 결점두 생성 원인

① 쉘(Shell)

   ㉠ 유전적 원인으로 발생한다.

   ㉡ 기형적 형태로 두께가 달라 로스팅 시 먼저 타 버려 다른 생두에 악영향을 준다.

② 플로터(Floater) : 잘못된 보관이나 건조에 의해 발생한다(하얗게 색이 바랜 형태).

③ 위더드 빈(Withered Bean) : 발육기간 동안 수분 부족으로 발생하며, 플로터와 비슷한 특징을 지닌다.

④ 블랙빈(Black Bean) : 너무 늦게 수확되거나 건조 과정에서 흙에 오염되어 발효된 것으로 커피 생두 가 매우 검다.

⑤ 헐/허스크(Hull/Husk) : 잘못된 탈곡이나 선별과 정에서 발생하며 껍질 같은 이물질이 함께 들어 있다.

⑥ 드라이 체리/포드(Dried Cherry/Pods) : 잘못된 펄핑이나 탈곡에서 발생하며 생두 일부 또는 전부 가 체리 껍질에 쌓여 있다.

⑦ 펑거스 데미지(Fungus Damage) : 건조 보관 혹 은 유통과정에서 곰팡이가 발생하는 것으로 생두 가 노란색이나 적갈색을 띤다.

⑧ 포린 매터(Foreign Matter) : 커피 외의 이물질을 말하며, 핸드 피킹 시 실수하는 부분으로 돌과 나 뭇가지가 섞여 있다.

⑨ 파치먼트(Parchment)

   ㉠ 내과피 상태의 파치먼트, 불완전한 탈곡으로 발생한다.

   ㉡ 건조 전 으깨어지는 경우가 있다.

⑩ 인섹트 데미지(Insect Damages) : 해충이 생두에 구멍을 파고 들어가 알을 낳은 경우 발생한다.

⑪ 브로큰/칩트/컷(Broken/Chipped/Cut)

   ㉠ 잘못 조정된 장비 또는 과도한 마찰력에 의해 발생한다(생두가 조각으로 깨지고 부서짐).

   ㉡ 쉘(Shell)과 같이 로스팅 시 다른 생두에 부정 적인 영향을 준다.

⑫ 이머추어(Immature/Unripe)

   ㉠ 미숙두, 덜 익은 콩, 주름진 콩 등 미성숙한 상 태에서 수확할 경우 발생된다.

   ㉡ 기계로 수확하는 아라비카에서 많이 발생하며 은피가 강하게 붙어 있다.

   ㉢ 작은 보트형이며 주름이 많다.

⑬ 사우어 빈(Sour Bean)

   ㉠ 너무 익은 체리, 땅에 떨어진 체리를 수확하거 나 과발효나 정제과정에서 오염된 물을 사용한 경우, 발효탱크의 위생이 좋지 않았을 때 발생 한다.

   ㉡ 노르스름하거나 어두운 적갈색을 띤다.

   ㉢ 식초와 같은 시큼한 냄새가 난다.

⑭ 퀘이커(Quaker) : 덜 익은 체리를 수확하여 로스 팅하면 다른 원두보다 색이 밝은 흰색으로 나타난 다. 커피 성분이 부족하고 향미가 떨어진다. 생두 일 때는 파악하기가 힘들다.

> **더 알아보기**
>
> **결점두가 품질에 미치는 영향에 따른 분류**
> - Primary Defect : Full Black, Full Sour, Dried Cherry/ Pods, Fungus Damaged, Severe Insect Damaged, Foreign Matter
> - Secondary Defect : Partial Black, Partial Sour, Parch- ment, Floater, Immature/Unripe, Withered, Shell, Broken/Chipped/Cut, Hull/Husk, Slight Insect Da- maged

(4) SCA에 따른 스페셜티 등급(Specialty Grade) 기준

① 샘플 중량은 생두 350g, 원두 100g이다.

② 수분 함유량은 10~13%이다.

③ 콩의 크기는 편차가 5% 이내여야 한다.

④ 퀘이커(Quaker)는 단 한 개도 허용되지 않는다.

   ※ 퀘이커 : 덜 익은 체리를 수확하여 로스팅해 일반 원두와는 색이 밝은 원두

⑤ 최상등급은 스페셜티 그레이드(Specialty Grade) 이다. 스페셜티 그레이드는 생두 350g 중 결점두 5개 이하이며, 원두 100g에 퀘이커가 0개인 커피 를 말한다.

⑥ 그 외로 외부의 오염된 냄새가 없어야 하고, 향미 특성은 커핑을 통해 샘플은 프래그런스(Fragrance)/아로마(Aroma), 플레이버(Flavor), 바디(Body), 신맛, 에프터테이스트(Aftertaste)의 부분에서 각기 독특한 특성이 있어야 한다.

❸ 알아보기

스페셜티 커피(Specialty Coffee)
품종 고유의 향과 개성이 뚜렷하며 결점두의 수가 적어야 한다. 재배지역의 고도, 기후, 토질과 생산자의 기술 수준, 그리고 가공법에 따른 맛의 차이 등을 평가해 100점 만점에 80점을 넘은 원두로 만든 커피로 세계 원두 생산량의 7%가량을 차지한다.

핵심예제

01 SCA(Specialty Coffee Association) 스페셜티 커피 등급 기준으로 ( ) 안에 들어갈 내용은?

> 스페셜티 그레이드(Specialty Grade)라 함은 ( ) 350g 중, 결점두 ( )개 이하인 커피이다.

① 생두, 1   ❷ 생두, 5
③ 원두, 5   ④ 원두, 1

02 SCA 기준 스페셜티 커피 생두의 적정 수분 함유량으로 올바른 것은?

① 5~8%   ② 8~9%
❸ 10~13%   ④ 14~16%

03 다음 중 결점두에 의한 분류법을 따르지 않는 나라는?

① 에티오피아   ② 인도네시아
③ 브라질   ❹ 탄자니아

04 SCA 기준에 따른 결점두 생성 원인 중 너무 늦게 수확되거나 흙과 접촉하여 발효된 커피 명칭은?

① Dried Cherry/Pods
② Fungus Damaged
❸ Black Bean
④ Hull/Husk

핵심예제

05 SCA의 분류에 따른 결점두의 생성 원인이 잘못 설명된 것은?

① 인섹트 데미지(Insect Damages) – 해충이 생두에 파고 들어가 알을 낳은 경우 발생한다.
② 드라이 체리/포드(Dried Cherry/Pods) – 잘못된 펄핑이나 탈곡에서 발생하며 생두 일부 또는 전부가 체리 껍질에 쌓여 있다.
❸ 위더드 빈(Withered Bean) – 너무 익은 체리, 땅에 떨어진 체리를 수확할 경우 발생한다.
④ 이머추어(Immature) – 미숙두, 덜 익은 콩, 주름진 콩 등 미성숙한 상태에서 수확할 경우 발생한다.

해설 위더드 빈(Withered Bean) : 발육기간 동안 수분 부족으로 인해 발생한다.

(1) 커피 생산국

① 커피 생산지역은 중남미, 아프리카, 아시아, 태평양 지역으로 분류된다(약 90여 개국).

② 중남미 지역이 커피 생산량의 약 70%를 차지한다(남아메리카 지역 생산량이 약 50% 정도).

③ 브라질이 최대 커피 생산국으로 베트남, 인도네시아, 콜롬비아 순으로 많이 생산된다.

④ 대부분 아라비카종으로 생산된다.

⑤ 단일 지역기준 1인당 커피 소비가 많은 지역은 유럽이다(핀란드, 스웨덴, 아이슬랜드).

⑥ 국제커피기구(ICO)는 커피 수확 기준일자가 달라 통계자료에 혼동이 생기지 않도록 10월 1일을 'Coffee Year'로 선정했다.

(2) 커피의 등급 분류

① 생산고도에 의한 분류

　㉠ 고도가 높은 곳에서 재배한 커피일수록 밀도가 높고 맛이 우수하다.

　㉡ 국가별 커피 등급체계

국가	등급체계
코스타리카, 과테말라, 파나마	SHB(Strictly Hard Bean), HB(Hard Bean)
엘살바도르, 멕시코, 온두라스, 니카라과	SHG(Strictly High Grown), HG(High Grown)

② 생두 크기에 의한 분류

　㉠ 생두의 크기가 고르고 클수록 품질이 좋은 커피이다.

　㉡ 국가별 커피 등급체계

국가	등급체계
콜롬비아	수프리모(Supremo), 엑셀소(Excelso)
케냐, 탄자니아	AA, AB

③ 결점두에 의한 분류

　㉠ 결점두 수에 따라 단계를 붙이는 방식으로, 숫자가 작을수록 좋은 등급이다.

　㉡ 국가별 커피 등급체계

국가	등급
브라질	NY.2~6
인도네시아	Grade 1~6
에티오피아	Grade 1~8

④ 기타 분류

　㉠ 자메이카 커피의 등급 분류(생두의 산지와 크기 기준)

High Quality	해발 1,100m 이상	Blue Mountain No.1	Screen Size 17~18
		Blue Mountain No.2	Screen Size 16
		Blue Mountain No.3	Screen Size 15
Low Quality	해발 1,100m 이하	High Mountain	–
	해발 750~1,000m	Prime Washed, Jamaican	–
	해발 750m 이하	Prime Berry	–

※ 자블럼(JBM/Jablum) 커피 : 자메이카 블루마운틴에서 생산된 생두를 적정 로스팅을 거쳐 완벽히 포장까지 한 후 수출하는 커피로, 블루마운틴의 하이엔드(High-end) 커피

　㉡ 하와이 커피의 등급 분류(생두의 크기와 결점두 기준)

등급	Screen Size	결점두 (생두 300g당)
Kona Extra Fancy	19	10개 이내
Kona Fancy	18	16개 이내
Kona Caracoli No.1	10	20개 이내
Kona Prime	무관	25개 이내

　㉢ 기타 고가의 커피

마우이 모카 (Maui Mocha)	예멘의 모카 개량종
마우이 블루마운틴(Maui Blue Mountain)	자메이카 블루마운틴의 개량종(일명 롤스로이스)

01 통계자료의 기준을 정하기 위해 국제커피기구 (ICO)가 정한 'Coffee Year'의 산정 기준 일자는?

① 2월 1일
② 3월 1일
③ 5월 1일
❹ 10월 1일

해설 커피 생산국마다 수확 기준 일자가 달라 통계자료에 혼동이 생기지 않도록 국제커피기구(ICO)는 10월 1일을 'Coffee Year'로 선정했다.

02 다음 중 커피 품질 등급을 나누는 기준이 다른 나라는?

① 과테말라
❷ 탄자니아
③ 엘살바도르
④ 멕시코

해설 콜롬비아, 하와이, 탄자니아, 케냐는 생두 사이즈에 의해 분류하며, 과테말라, 엘살바도르, 코스타리카, 온두라스, 멕시코 등은 생산고도에 의해 분류한다.

핵심이론 11 산지에 따른 분류

(1) 중남미

① 브라질(Brazil)

ⓐ 커피 생산량 세계 1위이다.

ⓑ 재배지역이 넓어 커피의 품종이나 기후조건, 토양 특성에 따라 생산량의 변동이 심하지만 다양한 특성의 커피가 생산된다.

  ※ 테라록샤(Terra Roxa) : 커피가 주로 생산되는 남서부 재배지역의 현무암과 휘록암이 적색 풍화 과정을 거쳐 생성된 비옥한 암자색의 토양

ⓒ 대부분 기계수확이며 생산고도가 낮아 생두의 밀도가 낮은 편이다.

ⓓ 대체로 중성적인 특징이 있으며, 스트레이트용으로도 사용하지만 블렌딩으로 사용한다.

ⓔ 생두는 황록색이며 둥글고 납작한 모양이다.

ⓕ 다양한 생두 처리방식으로 색다른 맛을 느낄 수 있다.

> **더 알아보기** •━━━━━━━
>
> 생두 처리방식
> • 건식가공법 : 자연당도를 유지하기 위해 이용한다. 산토스 커피는 향신료 향이 묵직하면서 풍부하게 느껴진다.
> • 습식법 : 기분 좋은 신맛이 난다.
> • 반건조 방식 : 부드럽고 섬세한 과일 향이 풍부하다.

ⓖ 최대 생산지역은 미나스제라이스(Minas Gerais) 주이며, 브라질 커피의 50%를 생산하고 있다.

  • 그 밖의 주요 산지로 에스피리투산투(Espirito Santo), 상파울루(Sao Paulo), 바이아(Bahia), 파라나(Parana) 등이 있다.

  • 상파울루의 산토스(Santos)는 제1의 무역항으로 산토스 커피는 이 항구 이름에서 유래되었다.

ⓗ 결점두에 의해 생두를 분류하며 가장 좋은 등급은 NY.2이다.

② **콜롬비아(Colombia)**

  ㉠ 마일드 커피(Mild Coffee)의 대명사로 워시드 가공으로 생산한다.

  ㉡ 품질 면에서 세계 1위 커피이다.

  ㉢ 향기와 신맛, 단맛이 풍부해서 스트레이트 커피(Straight Coffee)로 사용한다.

  ㉣ 안데스 산맥

  • 카페테로(Cafetero) : 수세건조법으로 고른 품질을 유지한다.

  • 비옥한 화산재 토양, 온화한 기후와 적절한 강수량으로 최고의 재배조건을 갖추었다.

  ㉤ 주요 산지

  • 마니살레스(Manizales), 아르메니아(Armenia), 메델린(Medellin)에서 70% 생산하며, 각 지역의 첫 글자를 딴 "MAM's"라는 브랜드로 수출한다.

  • 메델린 지역의 커피는 풍부한 아로마와 균일한 신맛을 가지고 있다.

  • 그 외 부카라망가(Bucaramanga), 보고타(Bogota) 등의 산지가 있다.

  ㉥ FNC

  • 1927년 설립된 콜롬비아 커피 생산자 조합이다.

  • 자국의 농부를 보호하는 것을 중요하게 생각하는 기구로 일정 품질기준 이상을 가진 커피에 대해 최저가격을 보장해 주고 보조금을 지급해 주는 방법으로 농부들의 생활안정을 도모한다.

  • 청록색을 띠며 풀 바디와 균형 잡힌 신맛, 단맛이 풍부하다.

  • 혁신적인 마케팅을 통한 인지도 상승
    – 후안 발데즈(Juan Valdez)라는 커피 상표로도 유명하다(당나귀와 커피농부).

  • 프로젝트 'Craft Coffee' 추진
    – 대량생산에 초점을 맞춘 커피가 아닌 스페셜티 커피와 그것을 생산하는 농부에게 초점을 맞춘 커피

  ※ 최근에는 콜롬비아커피생산자연맹(FNC)이 해발고도 200~500m인 아라우카(Arauca), 카소나레(Casonare), 메타(Meta), 비차다(Vichada) 등 동부 평원지역에 로부스타 품종을 심어 인스턴트 커피나 블렌딩(Blending)용으로 사용한다.

  ㉦ 생두 크기에 의한 등급 분류

  • 수프레모(Supremo) : 스크린 사이즈 17~18 사이, 스페셜티 커피

  • 엑셀소(Excelso) : 스크린 사이즈 14~16 사이, 수출용 표준 등급
    예 콜롬비아 수프레모(Colombia Supremo), 콜롬비아 엑셀소(Colombia Excelso)

③ **코스타리카(Costa Rica)**

  ㉠ 나라는 작지만 커피 재배의 최적의 조건인 화산암이 발달되어 품질을 인정받고 있다.
    ※ 고지대(1,190m)에서 재배된 커피는 우수한 커피로 평가된다.

  ㉡ HB(Hard Bean) 등 생두의 경작 고도에 따라 등급을 부여하며 SHB(Strictly Hard Bean)가 최상품이다.

  ㉢ 유기농법으로 생두는 작지만 제품의 입자는 매우 균일하며 맛과 향은 최고급이다.

  ㉣ 대표적인 커피로 '타라주(Tarrazu)'가 있다(감귤류, 베리류 등 과일류의 상큼한 산미와 초콜릿, 향신료 계열의 향미가 잘 조화되어 부드럽고 깔끔함).

  ㉤ 로부스타종의 재배가 법적으로 금지되어 있다.

  ㉥ 브룬카(Brunca), 센트럴 밸리(Central Valley), 웨스트 밸리(West Valley), 투리알바(Turrialba) 등에서도 생산된다.

  ㉦ 결점두에 의한 분류법을 따르지 않는다.

④ **과테말라(Guatemala)**

  ㉠ 국가정책적으로 우수한 품질의 커피를 생산하기 위해 노력하고 있다. 지역별 명칭을 브랜드로 사용하며 정기적으로 엄격한 품질 및 향미 테스트를 받아 일정 기준 이상을 통과하도록 하고 있다.

  ㉡ 경작지 고도에 따라 7등급을 부여한다.

등급	재배 고도
SHB	해발 1,400m 이상
HB	해발 1,200~1,400m

ⓒ 생두가 크고 산도가 높으며 중후함을 느낄 수 있어 고급 스트레이트 커피(Straight Coffee)나 블렌디드 커피(Blended Coffee)로 사용된다.

ⓔ 비옥한 화산재 토양의 고원지대로, 건기와 우기가 뚜렷하며 큰 일교차로 인해 생두의 크기가 크고 뛰어난 신맛과 감칠맛이 있다.

ⓜ 안티구아(Antigua)

- 그늘 경작법으로 재배한다.
- 부드러운 벨벳처럼 풍부하고 톡 쏘는 듯한 강한 아로마와 바디감이 좋다.
- 균형잡힌 신맛이 특징으로, 최상급 커피 중 하나이다.
- 그윽한 연기에 그을린 듯한 향이 나는 스모크 커피의 대명사이다.

ⓗ 레인포레스트 코반(Rainforest Coban) : 중부 산악지역으로, 스모크 커피가 유명하다.

ⓢ 우에우에테낭고(Huehuetenango) : 건조하고 뜨거운 바람이 멕시코의 테우안테펙(Tehuan-tepec) 고원으로부터 불어와 23℃의 기온을 유지시켜 준다. 버번, 카투라, 카투아이종이 주로 재배된다.

ⓞ 오리엔테(Oriente) : 화산지대에 속해 있으며 토양은 변성암이고 기후는 코반과 비슷하다. 산도와 바디감이 좋은 것으로 평가받는다.

ⓩ 산 마르코스(San Marcos) : 가장 덥고 강우량이 많은 지역(서부의 화산지대)으로 꽃이 가장 빨리 핀다.

ⓧ 아티틀란(Atitlan) : 아티틀란 호에 둘러싸인 지역으로 유기농 방식으로 커피를 생산하고 있다. 호수의 물을 이용하여 세척하며 햇빛이 매우 좋아 기계방식은 거의 사용하지 않는다. 강한 산도와 풍성한 바디감이 특징이다.

⑤ **자메이카(Jamaica)**

㉠ 블루마운틴(Blue Mountain)

- 블루마운틴 산맥(2,256m)의 최고봉 이름에서 유래되었다.

- 서늘한 기후와 비옥한 땅, 해발 2,000m 이상 고지대에서 재배된 세계 최고의 커피이다.
- 진한 홍차와 같은 색깔과 독특한 향미가 있다.
- 밀도가 높고 조화로운 맛과 향이 뛰어난 커피로 '커피의 황제'라 불린다.
- 신맛, 단맛, 쓴맛이 환상적으로 조화를 이뤄 인간에게 준 최상의 커피라는 별명이 있다.

더 알아보기

블루마운틴이 일본으로 독점 수출되는 사연
- 영국의 왕실 커피로도 알려져 유명세를 탔다.
  → 무차별적인 커피 양산으로 품질이 떨어지고 커피의 위신이 하락함
- 1969년 품질을 원상태로 돌리기 위한 많은 자금을 일본에서 대출해 주었고, 가치가 떨어져 좋지 않다는 평을 얻고 있던 블루마운틴 커피도 전량 인수하였다.
- 생산량을 제한하고 생두의 크기를 균일화시켜 맛의 안정을 찾았다.
  → 각 농장에서 출하된 커피는 그 농장에서 공인하는 '품질 보증서'를 첨부함
- 오크 나무통에 넣어 차별화를 시도하였다.
  → 자메이카 커피산업협의회의 엄격한 검사와 자격 기준 강화로 명예를 되찾음
- 그 결과 생산량의 90%가 일본으로 독점 수출되고 있다.

㉡ 생산량을 제한하고 엄격한 품질관리와 희소성 때문에 높은 가격으로 거래된다.
- 수출용 커피를 나무상자에 담아 고급스러움
- 자메이카산(JBM) 상표가 붙어 있음

㉢ 재배고도에 따른 분류
- 블루마운틴(Blue Mountain) : 해발 1,100m 이상
- 하이마운틴(High Mountain) : 해발 1,100m 이하
- 프라임 워시드(Prime Washed/Jamaican) : 해발 750~1,000m, 저지대 생산품
- 프라임 베리(Prime Berry) : 저지대 생산품

더 알아보기

세계 3대 커피
- 자메이카 – 블루마운틴
- 하와이안 – 코나
- 예멘 – 모카 마타리

⑥ 멕시코(Mexico)

㉠ 고도에 의해 분류하며 최상 등급은 SHG이다.

㉡ 주요 생산지역은 치아파스(Chiapas), 베라크루즈(Veracruz), 오악사카(Oaxaca) 등이다.

㉢ 습식법으로 생산하여 부드럽고 마시기 편한 커피로 평가되고 있다.
  • 저가 커피 수출에 주력하면서 저급 커피의 이미지가 있다.
  • 낮은 가격에 비해 품질이 우수하다.

㉣ 대표 커피
  • 알투라(Altura) SHB : 고지대에서 생산된 커피라는 뜻으로, 최상급 커피
  • 타파출라(Tapachula) : 유기농 커피(Organic Coffee)

⑦ 엘살바도르(El Salvador)

㉠ 비옥한 화산지대와 이상적인 기후조건을 갖추고 있어 생산 규모는 작지만 뛰어난 품질의 커피를 생산하고 있다.

㉡ 산타아나(Santa Ana) 주가 최대 생산지역으로 약 60%를 생산한다.

㉢ 재배고도에 따라 분류하는데 SHG가 최고 등급의 커피이다.

⑧ 쿠바(Cuba)

㉠ 크리스털 마운틴(Crystal Mountain)
  • 헤밍웨이가 즐겨 마셨던 커피로 신맛이 없고 초콜릿 향과 단맛이 진하다.
  • 단맛, 신맛, 쓴맛의 적절한 조화로 인해 자메이카 블루마운틴과 대적할 만한 커피로 인정받고 있다.
  • 에스캄브라이(Escambray) 산맥이 햇빛에 비춰지면 크리스털(수정)을 연상시킨다 하여 붙여진 이름이다.

㉡ 비옥한 화산토양과 열대성 기후, 연간 강수량 1,900mm, 일교차 10℃ 이상의 배수가 잘되는 땅에서 재배된다.

㉢ 엑스트라 터퀴노(Extra Turqrino) : 세계 최고급 커피로, 스크린 사이즈 18이다.

(2) 아프리카

① 에티오피아(Ethiopia)

㉠ 커피의 기원으로 천혜의 자연조건을 갖춘 아프리카 최대의 커피 생산지역이다.

㉡ 커피 생산은 소규모로 이루어져 영세하지만 맛과 향은 세계 최고의 수준이다.

㉢ 포레스트 커피(Forest Coffee)
  • 울창한 숲에서 자라는 야생커피로 비교적 병충해에 강하고 수확량도 많다.
  • Shade Grown Coffee로 풍성한 아로마와 풍미를 지닌다.

㉣ 세미 포레스트 커피(Semi-forest Coffee) : 야생 숲에서 자라지만 수확량을 늘리기 위해 1년에 한 번 가지치기나 잡초를 제거한다.

㉤ 가든 커피(Garden Coffee)
  • 집 주변 정원에서 키우는 방식으로 전체 생산량의 50%를 차지한다.
  • 1헥타르당 약 1,000~1,800그루로 전량 유기농으로 재배된다.

㉥ 플랜테이션 커피(Plantation Coffee)
  • 국가나 부농 소유의 대규모 농장으로 화학비료와 살충제도 사용된다.
  • 전체 생산량의 5%를 차지한다.

㉦ 생두 300g 중 결점두 수에 따라 G1, G2 등 총 1~8등급으로 나눈다.

㉧ 습식법과 건식법을 병행한다.

㉨ 대표 커피

하라 (Harrar)	• 거칠고 다양한 과일 향, 달콤한 단맛이 어우러져 인기가 좋음 • '에티오피아의 축복'이라 불림 • 가장 높은 고산지대에서 생산됨
예가체프 (Yirgacheffe)	• 가장 세련된 커피로 '커피의 귀부인'이라 불림 • 부드러운 신맛, 과실 향 등 특유의 향이 있음 • 야생에서 커피를 채취하여 커피의 전통과 자연이 그대로 담김
짐마 (Djimmah)	• 옛 지명은 카파(Kappa)이며, 커피의 탄생지 • 생두는 노란빛을 띠는 황색으로 부드러운 신맛과 고소한 향이 풍부

② 예멘(Yemen)
  ㉠ 아라비카 커피의 원산지로 세계 최초로 상업적 커피가 경작된 지역이다.
    • 화산암 지형, 풍부한 미네랄과 적절한 안개 등의 자연조건을 갖추었다.
    • 자연경작 : 선별작업을 거치지 않아 생두의 모양이 일정하지 않고 결점두에 따른 등급 분류가 힘들다.
  ㉡ 모카커피(Mocha Coffee)
    • 세계 최고의 커피 무역항이었던 모카 항의 이름에서 유래되어 예멘커피의 대명사가 됨
    • 초콜릿 향이 첨가된 음료 이름으로도 불림
  ㉢ 대표 커피
    • 모카 마타리(Mocha Mattari)
      - 사막 위주의 척박한 환경, 적절한 비가 내리는 지역이라 철분이 많고 풍부한 향과 맛을 지닌 커피
      - 강한 향미와 신맛, 초콜릿 향을 가진 우아한 맛이 특징
      - 최고급 커피(고흐가 좋아했던 커피)
    • 모카 히라지(Mocha Hirazi) : 신맛과 과일 향으로 부드러움
    • 사나니(Sanani) : 야생 과일의 향 등 균형이 좋음
③ 케냐(Kenya)
  ㉠ 가장 우수한 커피 생산국으로, 신뢰받는 커피 경매시스템으로 품질관리가 뛰어나다.
  ㉡ 1,500m 이상의 고산지대에서 재배된다.
  ㉢ 습식법으로 가공하며 중후한 맛과 향이 강한 신맛과 과실의 달콤함이 균형잡힌 고급커피로 과일 향, 딸기 향, 꽃향기가 난다.
  ㉣ 영화 '아웃 오브 아프리카'의 배경무대로 유명하다.
  ㉤ 생두 크기에 따른 분류
    • AA(Screen 17~18), AB(Screen 15~16)
    • 특급품은 케냐 더블에이(KENYA AA)와 이스테이트 케냐(Estate Kenya)가 있다.

④ 탄자니아(Tanzania)
  ㉠ 커피 생산지역
    • 킬리만자로 산과 빅토리아 호수 근처의 북부지역, 음베야(Mbeya)를 비롯한 남부지역
    • 북쪽의 화산지대 : 산미와 바디감의 밸런스가 좋다.
    • 남부지역 : 밸런스는 좋지만 산미가 적어 향미가 무겁다.
    • 서쪽의 고원지대
  ㉡ 킬리만자로(Kilimanjaro)
    • 깔끔하면서 기품 있고 섬세하며, 풍부한 맛과 향으로 유명함
    • 와일드하면서 날카로운 신맛을 가진 아프리카다운 커피
    • 영국 황실에서 즐겨 마신다 하여 '왕실의 커피', '커피의 신사'라는 별명이 있음
  ㉢ 아라비카와 로부스타 모두 경작
    • 셰이드 그로운(Shade Grown) : 자연적 그늘 경작으로 커피나무 사이에 키가 큰 바나나 무를 심어 커피나무가 잘 자랄 수 있도록 일조량을 조절하는 방식
    • 풍부한 일조량과 강우량으로 와일드한 아프리카다운 커피 맛을 보여줌
    • 워시드 프로세스(Washed Process)로 마일드한 향미를 지님
  ㉣ 탄자니아 AA
    • 킬리만자로 커피
    • 생두 사이즈가 18(약 7.2mm) 이상인 최상급
  ㉤ 생두 사이즈에 따라 6등급으로 분류 : AA, A, AMEX, B, C, PB
⑤ 게이샤 커피(Geisha Coffee)
  ㉠ 에티오피아 서남부 지역에서 처음 발견된 품종으로, 탄자니아, 파나마 등으로 퍼져 나갔다.
  ㉡ 해발고도 1,900m 이상 고지대에서 재배된다.
  ㉢ 커피의 산미가 좋고 꽃과 과일 향이 화사하며, 캐릭터가 선명하다.
  ㉣ 다른 품종과 섞지 않은 단종 게이샤만을 '게이샤'라고 부른다.

(3) 아시아 · 태평양

① 인도네시아(Indonesia)

㉠ 아시아 최대 커피 생산국으로, 1877년 커피녹병으로 커피농장이 초토화되면서 병충해에 강한 로부스타를 주로 재배하기 시작하였다.

㉡ 습식 가공방식으로 경작하며 커피 생산량의 90%가 고품질의 로부스타종이다.

※ 아라비카는 5~8% 정도지만 모두 고급 커피임

㉢ 결점두의 양에 따라 등급을 부여한다. 로스팅 후 커피의 향미 품질에 기준을 두고 있어 외관상 아주 저품질 커피로 보일 수 있다.

㉣ 커피 생산지

수마트라 섬	• 인도네시아 커피의 최대 생산지
	• 만델링(Mandheling)
	  – 초콜릿 맛과 고소하고 달콤한 향으로 인기가 좋음
	  – 부족 이름에서 유래된 남성적인 향미를 지닌 명품 커피
	  – 묵직하고 강렬한 바디감, 풍부한 향으로 드립 커피에 좋음
	• 가요 마운틴(Gayo Mountain)
	  – 여성적인 느낌이 나는 커피
	  – 강한 아로마와 산뜻한 바디감이 있음

자바 섬	• 초콜릿과 바닐라 계열의 풍부한 향과 부드러운 신맛, 중간 정도의 바디감이 특징 • 스트레이트 커피(Straight Coffee) • 예멘의 모카와 블렌딩한 모카자바(Mocha Java)가 유명

㉤ 코피루왁(Kopi Luwak)

• 인도네시아어로 '코피(Kopi)'는 커피, '루왁(Luwak)'은 사향고양이를 뜻한다.

• 커피 열매를 먹은 사향고양이의 배설물에서 커피 씨앗을 채취하여 가공한 커피이다.

• 캐러멜, 초콜릿, 풀 향과 쓴맛은 약하고 신맛이 적절하게 조화되어 중후한 바디감을 가진다.

② 인도(India)

㉠ 아시아의 3위 커피 생산국으로 로부스타의 비중이 60%를 차지한다.

㉡ 중후하면서 부드럽다.

㉢ 달콤한 맛과 적당한 산도와 향신료, 초콜릿 맛이 난다.

㉣ 생산 지역으로 마이소르(Mysore), 말라바르(Malabar), 마드라스(Madrass) 등이 있다.

㉤ 최고 등급은 플렌테이션 AA(Plantation AA)이며, 말라바르 AA는 세계에서 산도가 가장 낮은 커피로 알려져 있다.

🅓 더 알아보기 •

몬순커피

• 과거 인도에서 유럽으로 커피를 수출할 때 오랜 항해기간 동안 해풍으로 인한 습기에 커피가 숙성되면서 특유의 향미를 갖게 되었다.

• 습한 남서 계절풍에 커피를 건조하여 숙성한 커피이다.

• 세계 최초의 스페셜티 커피로 유명하다.

• 흙냄새와 곰팡이 핀 나무뿌리 향이 나며 단맛의 조화가 좋고 구수한 향을 가지고 있다.

③ 베트남(Vietnam)

㉠ 세계 2위의 커피 생산국으로 세계에서 가장 큰 로부스타 생산국이다.

㉡ 핀 커피(Phin Coffee) : 종이필터 대신 작은 구멍이 뚫린 커피 여과기(핀 카페, Phin Cà phê)를 이용해 원두를 추출한다.

㉢ 밀크 커피 : 우유 대신 단 연유를 넣어 마시는 베트남 커피의 대명사

• 카페 쓰어 다(Cà phê sữa dà) : 시원한 밀크 커피

• 카페 쓰어 농(Cà phê sữa nóng) : 뜨거운 밀크 커피

㉣ 위즐(Weasel)커피(족제비 커피)

• 1800년대 베트남에 커피나무가 처음 들어왔을 때 희소성으로 인해 베트남의 왕조였던 응웬 가문(Nhà Nguyên)의 일원들밖에 맛볼 수 없는 귀한 음료였다. 일반 서민이 커피를 맛보기 위해서는 족제비의 배설물에 남겨진 커피 생두를 이용할 수밖에 없었다.

• 잘 익은 커피체리를 선별해 섭취한 족제비의 배설물에서 나온 생두가 맛과 향이 감미롭고 쓴맛도 적어 최상급의 가치를 지니게 된다.

④ 하와이(Hawaii)
  ㉠ 아라비카종의 최적의 성장 조건을 갖추었다.
  ㉡ 비교적 저지대임에도 단위면적당 최대의 수확량과 우수한 품질을 자랑한다.
  ㉢ 코나(Kona) 커피
    • 빅 아일랜드(Big Island)라 불리는 코나(Kona) 지역에서 재배되는 커피가 유명하다.
    • 신맛이 적당하고 꽃 향과 과일 향이 은은하며 뒷맛이 깔끔하다.
  ㉣ 북동 무역풍이 부는 열대성 기후의 화산지대로 연간 강우량이 풍부하여 커피 재배에 적합한 조건을 갖추고 있다.

01 다음은 어떤 커피에 대한 설명인가?

> • 습한 계절풍에 노출시켜 숙성하여 만든다.
> • 바디감이 강하고 신맛은 약하다.
> • 독특한 향을 가지는 인도의 대표적인 커피이다.

① 코나(Kona)
❷ 몬순커피(Monsooned Coffee)
③ 위즐(Weasel)
④ 핀 커피(Phin Coffee)

02 커피 원산지와 대표 커피를 연결한 것으로 옳지 않은 것은?

❶ 인도네시아 – 타라주
② 자메이카 – 블루마운틴
③ 하와이 – 코나
④ 에티오피아 – 예가체프

해설 타라주는 코스타리카의 대표 커피이다.

03 모카(Mocha)의 의미로 틀린 것은?

① 예멘과 에티오피아에서 생산되는 모든 커피
② 초콜릿이 첨가된 베리에이션 음료
③ 예멘 항구의 이름
❹ 단맛이 강한 커피의 명칭

04 다음 중 커피 품질 등급을 나누는 방법이 다른 나라는?

① 코스타리카
❷ 콜롬비아
③ 과테말라
④ 멕시코

해설 콜롬비아는 생두 크기에 의해 분류하며, 과테말라, 엘살바도르, 코스타리카, 온두라스, 멕시코 등은 생산고도에 의해 분류한다.

05 다음은 커피생산국 중 어느 나라를 설명한 것인가?

> 주로 태평양 연안지역에서 커피를 생산하고 있으며 우기와 건기가 명확해 수확이 용이하다. 주요 산지는 안티구아(Antigua), 코반(Coban) 등이 있다.

① 인도네시아
❷ 과테말라
③ 예멘
④ 엘살바도르

02 커피 로스팅과 향미 평가

핵심이론 01 로스팅(Roasting)

(1) 로스팅의 개념

① 생두의 다양한 고형성분이 추출될 수 있도록 생두에 열을 가해 세포조직을 분해·파괴하여 여러 성분들을 최적의 상태로 만드는 과정이다.

※ 생두에 열을 전달하는 방식 : 전도, 대류, 복사

② 생두는 로스팅이 진행되면서 물리적 변화와 화학적 변화가 생긴다.

③ 신맛은 로스팅 초기에 강해지다가 로스팅이 강해질수록 감소한다.

④ 떫은맛은 로스팅이 진행될수록 감소한다.

⑤ 쓴맛은 로스팅이 강하게 진행될수록 증가한다.

(2) 로스팅의 물리적 변화

① 수분 함량

　　㉠ 12~13%였던 함량이 1~5%까지 줄어든다(로스팅하면서 가장 많이 줄어드는 성분).

　　㉡ 미디엄 로스트일 때 2~3% 정도이다.

　　㉢ 풀시티 이상으로 강하게 로스팅되면 약 1% 정도의 수분이 원두에 남는다.

② 생두의 무게와 밀도 감소 : 유기물 손실

③ 부피 증가

　　㉠ 2배가량 증가하며 조직이 다공성으로 바뀐다.

　　㉡ 이산화탄소가 생성된다.

　　㉢ 온도의 상승으로 원두와 실버스킨이 분리된다.

(3) 로스팅의 화학적 변화

① 탄수화물

　　㉠ 커피 성분 중 가장 많은 비중을 차지한다.

　　㉡ 가장 많은 다당류는 대부분 불용성으로 세포벽을 이루는 셀룰로스(Cellulose)와 헤미셀룰로스(Hemicellulose)를 구성한다.

　　㉢ 유리당류는 원두의 색이나 향의 형성에 큰 영향을 미친다.

　　　※ 설탕으로 불리는 자당이 가장 많다.

　　㉣ 세포조직의 파괴로 다양한 변화(맛, 향미, 색깔)와 여러 가지 성분(지방, 당분, 카페인, 유기산) 등이 방출된다.

　　㉤ 단백질이 소화제 성분으로 변하여 표면에 향기로운 식물성 휘발성 기름을 형성한다.

② 단백질

　　㉠ 원두의 향기 형성에 중요한 성분이다.

　　㉡ 유리아미노산은 로스팅할 때 급속히 소실되며 당과 반응하여 멜라노이딘과 향기성분으로 변한다.

③ 휘발성분

　　㉠ 당분, 아미노산, 유기산 등이 갈변반응을 통해 향기성분으로 바뀐다.

　　㉡ 적은 양이지만 종류는 800여 가지가 되며 가스 방출과 함께 증발, 산화되어 상온에서 2주가 지나면 커피 향기를 잃어버린다.

④ 갈변반응

　　㉠ 조리·가공과정에서 갈색으로 변하는 것이다.

　　㉡ 커피의 갈변은 열에 의한 비효소적 갈변반응으로 캐러멜화와 메일라드 반응이 원인이다.

　　　• 캐러멜(Caramel) 반응 : 당을 고온으로 가열할 때 생두에 5~10% 함유되어 있는 자당이 캐러멜당으로 변화하는 반응

　　　• 메일라드(Maillard, 마이야르) 반응 : 생두에 포함되어 있는 아미노산이 자당과 다당류 등과 작용하여 갈색의 멜라노이딘을 만드는 반응

ⓒ 로스팅하면 생두가 점점 갈색으로 변하는데, 멜라노이딘에 의한 것이다. 이 반응의 결과로 휘발성 방향족 화합물이 생성되어 커피의 향을 만들어 낸다.

☑ 알아보기 ●

퀘이커(Quaker)
- 커피의 미성숙으로 인해 생두 내 당이 부족하여 메일라드가 적절히 진행되지 못한 결과이다.
- 생두 단계에서 육안으로는 판별이 거의 불가능하고 로스팅 후 확인이 가능하다. → 로스팅 디펙트(Defect/결점)
- 미성숙 생두, 즉 익지 않은 상태에서 체리를 수확했을 때 나타나는 현상을 말한다.

⑤ **가용성분**
ⓐ 원두를 분쇄하여 뜨거운 물로 추출하였을 때 녹아나는 성분으로 가용성분이 많을수록 맛이 진해진다. 생두의 당분, 단백질, 유기산 등은 갈변반응을 통해 가용성분으로 변한다.
ⓑ 로부스타가 아라비카보다 약 2% 많고 고온에서 단시간 로스팅하면 약 2~4% 증가한다.
ⓒ 로스팅이 진행됨에 따라 쓴맛이 증가한다.

⑥ **지질**
ⓐ 커피 아로마와 깊은 관계가 있다. 로부스타보다 아라비카에 더 많이 들어 있다.
ⓑ 표면에도 왁스 형태로 소량 존재하며 열에 안정적이다.
ⓒ 로스팅에 따라 큰 변화를 보이지 않는다.

⑦ **유기산**
ⓐ 커피의 신맛을 결정하는 성분이지만 아로마와 커피 추출액의 쓴맛과도 관련이 있다.
ⓑ 클로로겐산은 유기산 중 가장 많은 성분이다. 폴리페놀 형태의 페놀화합물에 속하며 로스팅에 따라 클로로겐산의 양은 감소하는데, 분해되면 퀸산과 카페산으로 바뀌며 둘 다 떫은 맛을 낸다.

⑧ **카페인**
ⓐ 승화 온도가 178℃로 비교적 열에 안정적이다(로스팅에 의해 크게 변하지 않음).
ⓑ 생두와 나뭇잎에만 존재한다.
ⓒ 전체 커피 쓴맛의 약 10% 정도를 차지한다.

⑨ **트라이고넬린(트리고넬린)**
ⓐ 카페인의 약 25% 정도의 쓴맛을 낸다.
ⓑ 열에 불안정하기 때문에 로스팅에 따라 급속히 감소한다.
ⓒ 로부스타종, 리베리카종보다 아라비카종에 더 많이 함유되어 있다.
ⓓ 커피뿐만 아니라 홍조류 및 어패류에도 다량 함유되어 있다.

⑩ **지방산**
ⓐ 원두에 12~16% 정도 함유되어 있으며 커피의 향미에 가장 많은 영향을 준다.
ⓑ 원두의 지방산은 대부분 불포화 지방산이다.
ⓒ 철분 흡수를 방해한다.

(4) 로스팅 열원

가스(LPG), 전기, 화목(숯) 등

(5) 로스팅 과정

① **건조단계**
ⓐ 흡열반응 : 생두 내부 온도가 끓는점(100℃)에 도달할 때 일어난다.
  ※ 수분이 70~80%까지 소실된다.
ⓑ 갈변반응 : 생두가 녹색에서 황록색, 옅은 노란색으로 변한다.
ⓒ 풋내에서 점점 구수한 곡물 향이 난다.

② **열분해(로스팅)단계 : 발열반응**
ⓐ 생두의 온도가 약 170~180℃에 도달할 때 일어난다(생두에 흡수된 열이 밖으로 발산되어 커피의 향미성분이 발현되는 시점).
ⓑ 커피의 맛과 향을 내는 여러 물질들이 생성되고 캐러멜화에 의해 짙은 갈색으로 변한다.
ⓒ 로스팅 과정에서 두 번의 팽창음이 들리는데, 이를 크랙(Crack)이라 하며 팝(Pop)이나 파핑(Popping)이라고도 한다.

1차 크랙(1st Crack)
- 생두의 센터 컷이 갈라지면서 팝콘을 튀길 때 나는 소리처럼 '탁탁' 하는 팽창음이 나는 시점을 말한다.
- 생두 세포 내부에 있는 수분이 열과 압력에 의해 증발(기화)하면서 나타나는 내부 압력에 의해 발생한다.
- 생두의 조직이 팽창하고 가스성분들이 분출되면 부피가 약 2배 팽창한다.
- 생두의 온도가 약 190℃ 이상 되었을 때 일어난다.
- 색상이 갈색으로 변하고 커피의 향은 단 향에서 신 향으로 바뀌게 된다.

2차 크랙(2nd Crack)
- 원두의 온도가 약 220℃ 이상 되었을 때 일어난다.
- 1차 크랙보다 짧은 단위로 '탁탁' 하는 팽창음이 난다.
- 이산화탄소의 생성에 의한 팽창으로 발생한다.
- 원두의 표면에 오일이 배어 나온다.
- 커피의 향미가 생성되며 최고조에 이르게 된다.
- 너무 강하게 로스팅되면 향미가 약해지고 쓴맛이 강한 커피가 된다.

③ 냉각단계
  ㉠ 로스팅이 끝나면 배출구를 열어 빠르게 열을 식혀야 한다.
  ㉡ 원두 자체에 남아 있는 고온의 복사열로 로스팅이 더 진행되면 커피의 향기가 감소하며 쉽게 산패될 수 있다.
  ㉢ 찬 공기로 순화시키거나 물을 분사시켜 냉각한다.

(6) 로스팅 분류

① 로스팅 단계는 타일 넘버나 명도(L값)로 표시한다.
② 로스팅이 강할수록 원두 표면의 색상이 어두워 명도값이 감소한다.
③ SCA(Specialty Coffee Association)의 로스팅 단계는 애그트론 넘버(Agtron Number) 25~95까지 표시한다.
④ 로스팅 단계는 가열 온도와 시간의 상관관계에 의해 결정된다.
  ㉠ 로스팅 단계별 분류

타일 넘버	SCA 단계별 명칭	로스팅 단계	명도(L값)
#95	Very Light	Light	30.2
#85	Light	Cinnamon	27.3
#75	Moderately Light	Medium	24.2
#65	Light Medium	High	21.5
#55	Medium	City	18.5
#45	Moderately Dark	Full City	16.8
#35	Dark	French	15.5
#25	Very Dark	Italian	14.2

  ㉡ 로스팅 단계별 특징

로스팅 강도	로스팅 단계 색깔	특징
최약 배전	라이트 (Light) / 황색	• 커피의 맛이 생성되지 않음 • 생두가 열을 흡수하면서 수분이 빠져 나가는 단계
약배전	시나몬 (Cinnamon) / 황갈색	• 실버스킨이 가장 많이 제거되는 단계 • 향미는 약하지만 신맛은 가장 강함
중약 배전	미디엄 (Medium) / 담갈색	• 아메리칸 로스트(American Roast) • 신맛이 강하고 달콤한 맛과 향이 적절히 남
중배전	하이(High) / 연한 갈색	• 단맛과 쓴맛이 신맛보다 더 강하게 느껴짐 • 핸드드립용으로 이상적
강중 배전	시티(City) / 갈색	• 균형 잡힌 맛과 강한 향미 • 단맛과 신맛이 조화롭고 중후한 단계 • 수요층이 가장 많음 • 저먼 로스트(German Roast)라고도 함
약강 배전	풀시티 (Full City) / 진갈색	• 신맛보다 쓴맛과 진하면서 중후한 맛이 강함 • 아이스커피와 우유가 혼합되는 메뉴, 즉 에스프레소(Espresso)에 적합
강배전	프렌치 (French) / 검은 갈색	• 단맛과 신맛은 약하고 쓴맛이 강함 • 원두의 표면에 오일이 보임 • 베리에이션 커피 음료에 적합 • 에스프레소 커피 음료로 적합
최강 배전	이탈리안 (Italian) / 검은색	• 쓴맛이 정점에 달함 • 탄맛이 남

(7) 로스팅 방식

① 열전달 방식에 따른 분류

    ㉠ 직화식(Conventional Roaster, Drum Roaster) : 전도열

- 원통형의 드럼을 가로로 눕힌 형태가 가장 보편적이면서 대부분이다.
- 가스나 오일버너에 의해 가열된 드럼의 표면과 뜨거워진 내부 공기에 의해 배전된다.
- 드럼의 회전에 의해 생두를 고르게 섞어가면서 볶고, 배전이 끝나면 앞쪽 문을 열어 냉각기로 방출하여 식힌다.
- 열효율이 좋고 냉각속도가 빠르다.
- 장점 : 경제적이며 커피의 맛과 향이 직접적으로 표현되어 널리 사용된다.
- 단점 : 생두의 팽창이 적고 균일한 로스팅이 어렵다.

    ㉡ 반열풍식(Semi Rotating Fluidized Bed Roaster) : 전도열과 대류열

- 직화식 로스터의 변형 방식이다.
- 드럼 내부에 구멍을 뚫어 고온의 연소가스가 내부를 지나도록 한 원리이다.
- 장점 : 규모가 적당하고 직화식보다 균일한 로스팅이 가능하다.
- 단점 : 이동이 불편하고 비용 부담이 크며 직화형에 비해 열효율이 떨어진다.

    ㉢ 열풍식(Rotating Fluidized Bed Roaster) : 대류열

- 고온의 열풍을 불어 넣어 원두 사이로 순환시키는 원리이다.
- 시각적으로 로스팅의 진행을 확인할 수 있다.
- 고온과 고속의 열풍에 의해 생두가 공중에 뜬 상태로 로스팅이 진행된다.
- 장점 : 균일한 로스팅이 가능하며, 배전시간이 빨라 단시간에 대량 생산이 가능하다.
- 단점 : 전력 소모가 크고 생산 규모에 비해 면적이 많이 필요하며, 직화식보다 커피의 맛과 향의 개성을 표현하기가 어렵다.

② 수망 로스팅

    ㉠ 로스팅 전에 핸드 픽으로 결점두를 제거한다.

    ㉡ 수망에 생두를 넣고 (휴대용) 가스레인지에 불을 붙인다.

    ㉢ 생두에 열을 골고루 전달하기 위해 상하좌우로 흔들어 준다.

    ㉣ 원하는 포인트가 오기 전에 화력을 조절하고 포인트에 도달하면 불을 꺼 준다.

    ㉤ 복사열에 의한 로스팅이 계속 진행될 수 있으므로 신속히 냉각시켜야 한다.

(8) 로스터기의 명칭과 역할

① 사이클론(Cyclone) : 로스팅 과정에서 발생되는 체프(Chaff : 겉껍질)를 제거해 주는 장치이다.

② 호퍼(Hopper) : 생두를 담아 놓는 통으로, 깔때기 모양의 출구를 열어 생두를 드럼통으로 내보내는 장치가 있다.

③ 호퍼게이트(Hopper Gate) : 생두를 넣은 호퍼와 드럼을 연결하는 통로(문)이다.

④ 댐퍼(Damper) : 드럼 내부의 열량, 향, 공기의 흐름을 조절하는 장치로 실버스킨 배출 기능이 있다.

⑤ 샘플러(Sampler, 확인봉) : 로스팅 진행 중에 원두의 변화를 직접 확인할 수 있도록 샘플을 꺼낼 수 있는 봉이다.

⑥ 쿨링 트레이(Cooling Tray) : 로스팅이 끝난 원두를 골고루 식혀 주기 위한 곳으로 찬바람이 나오고 교반기가 있는 것도 있다.

⑦ 실버스킨 서랍 : 로스팅 과정에서 발생하는 실버스킨과 기타 불순물이 떨어져 쌓인다.

(9) 로스팅 방법

① 로스팅 프로파일을 수립하고 그에 맞게 로스팅을 진행하는 것이 좋다.

② 생두의 수분 함유량과 밀도의 차이를 분석하여 로스팅 포인트를 찾는다.

③ 배전 정도에 따라 비례적으로 감소하는 트라이고넬린(Trigonelline), 클로로겐산(Chlorogenic Acid) 성분의 함량을 측정하고 배전 정도를 파악한다.

④ **갈변반응** : 생두 표면의 색을 육안으로 관찰하며 로스팅 포인트를 찾는다.

⑤ 전자시스템으로 원두의 표면 온도를 측정하여 로스팅 정도를 조절한다.

⑥ 생두의 가공방법에 맞는 맛과 향을 찾는다.

　㉠ 단맛의 정도 : 내추럴 건조생두 > 펄프드 내추럴 건조생두 > 세미 워시드 가공생두 > 워시드 건조생두

　㉡ 신맛의 정도 : 워시드 건조생두 > 세미 워시드 가공생두 > 펄프드 내추럴 건조생두 > 내추럴 건조생두

⑦ 생두의 조밀도를 파악한다.

　㉠ 로스팅 시 중요한 판단 조건 중 하나로 초기 투입온도의 설정과 가스압력의 정도(공급 화력의 세기), 로스팅 방법의 차이에 기준점이 된다.

　㉡ 조밀도가 강한 생두는 강한 화력이 필요하다 (1차 크랙 소리가 매우 작게 들린다/흡열과정이 길다).

　　※ 티피카 → 버번 → 문도노보 → 카투라 → 카티모르 → 카네포라 순으로 밀도가 높다.

　㉢ 고지대 생두는 강한 화력, 티피카종처럼 조밀도가 약한 종자는 화력 조절에 신경 써야 한다.

⑧ 생두의 특징에 따른 투입온도 세팅

　㉠ 뉴 크롭 > 패스트 크롭 > 올드 크롭 순으로 투입온도가 높다.

　㉡ 조밀도 강 > 조밀도 중 > 조밀도 약 순으로 투입온도가 높다.

⑨ 보통 200℃를 기준으로 투입온도를 높게 또는 낮게 정한다.

⑩ **터닝 포인트(온도의 중점)** : 가열된 드럼통에 생두를 투입했을 때 드럼통 온도가 떨어지기 시작하다가 다시 온도가 올라가는 시점을 말한다.

　※ 전체 커피의 맛과 향을 결정짓는 중요한 포인트이므로 정확히 체크한다.

　㉠ 일반적으로 생두를 투입한지 1분 30초~2분에 터닝 포인트가 오는 것이 좋다.

　　• 적정한 투입온도와 초기 화력 조절이 중요

　　• 온도가 멈추는 시간은 짧을수록 좋음

　㉡ 온도 감소 범위는 투입온도 대비 1/2 이상의 온도에서 이뤄져야 한다.

　　예 200℃에서 생두를 투입했을 때 100℃ 이상의 온도에서 이뤄져야 한다.

　㉢ 생두의 변화 관찰

　　• 투입된 상태 그대로인 생두는 초기 화력 조절이 약했다.

　　• 생두가 갈변되었다면 투입온도가 높다는 것이다.

⑪ 머신의 용량은 드럼에 투입할 수 있는 생두의 중량을 kg으로 표시한다.

⑫ 로스팅 전에 머신의 점검사항을 확인한다.

⑬ 로스팅 머신의 예열은 약한 화력으로 천천히 하는 것이 좋다.

⑭ **저온 – 장시간 로스팅과 고온 – 단시간 로스팅**

분류	저온 – 장시간 로스팅	고온 – 단시간 로스팅
로스터 종류	드럼형	유동층형
커피콩 온도	200~240℃	230~250℃
로스팅 시간	8~20분	1.5~3분
밀도	상대적으로 팽창이 작아 밀도가 높음	상대적으로 팽창이 커 밀도가 낮음
향미	• 신맛이 약하고, 뒷맛이 텁텁함 • 중후함이 강하고 향기가 풍부	• 신맛이 강하고, 뒷맛은 깨끗함 • 중후함과 향기가 부족함
가용성 성분	적게 추출	10~20% 더 추출
경제성	–	한 잔당 커피 사용량을 10~20% 덜 쓰게 되어 경제적

⑮ 로스팅이 끝난 뒤 원두 1g당 2~5mL의 가스가 발생하며 그중 87%는 이산화탄소다.

　※ 이산화탄소 가스의 50% 정도는 즉시 방출되지만 나머지는 서서히 방출되면서 향기성분이 공기 중의 산소와 접촉하는 것을 막아준다.

(10) 블렌딩(Blending)

① 특성이 서로 다른 커피를 혼합하여 새로운 맛과 향을 지닌 커피를 만들기 위한 작업이다.

② 같은 종이라도 로스팅의 강약 정도를 달리해서 배합하는 경우도 있어 커피의 특성을 조절할 수 있는 장점이 있다.

③ 블렌딩 방식

구분	단종배전(BAR ; Blending After Roasting)	혼합배전(BBR ; Blending Before Roasting)
방법	각각의 생두를 따로 로스팅한 후 블렌딩한다.	정해진 블렌딩 비율에 따라 생두를 미리 혼합한 후 로스팅한다.
특성	• 생두의 특성을 최대한 살린다. • 로스팅 횟수가 많다. • 저장 공간의 필요성 등 재고관리가 어렵다. • 항상 균일한 맛을 내기가 어렵고 로스팅 컬러가 불균일하다.	• 각각의 생두가 가진 맛과 향의 특성을 살리지 못할 수도 있다. • 저장공간이 필요하지 않다. • 재고관리가 수월하다. • 로스팅 컬러가 균일하다.

01 생두에 열을 가해 물리·화학적 변화를 주어 커피 본연의 맛과 향을 형성시키는 과정을 무엇이라 하는가?

❶ 로스팅
② 블렌딩
③ 커핑
④ 추출

02 로스팅 과정에서 생두의 수분이 증발하는 초기 단계를 일컫는 말은?

① 냉각단계
② 열분해단계
❸ 건조단계
④ 블렌딩단계

해설 건조단계는 생두의 수분이 증발하는 초기 단계를 말한다.

03 로스팅 과정에서 커피의 맛과 향을 내는 여러 물질들이 생성되는 단계는?

① 라이트
② 건조
③ 냉각
❹ 열분해

해설 열분해는 생두에 흡수된 열이 밖으로 발산되어 커피의 향미성분이 발현되는 시점으로, 이 반응을 통해 커피의 맛과 향을 내는 여러 물질들이 생성된다.

04 로스팅 8단계 중 가장 강한 로스팅 단계는?

① 미디엄 로스트
❷ 이탈리안 로스트
③ 프렌치 로스트
④ 시티 로스트

해설 미디엄 < 시티 < 프렌치 < 이탈리안 순이다.

(1) 가공방법에 따른 분류

① 원두커피
- ㉠ 스트레이트(Straight) 커피 : 단종 커피
- ㉡ 블렌디드(Blended) 커피 : 두 종류 이상의 커피가 혼합된 것

② 인스턴트 커피
- ㉠ 레귤러(Regular) 커피
- ㉡ 향(Flavored) 커피

(2) 카페인 제거 유무에 따른 분류

① 디카페인 커피(Decaffeinated Coffee)
- ㉠ 미국에서는 97% 이상의 카페인이 제거된 커피를 말한다.
- ㉡ 1819년 독일의 화학자 룽게(Runge)에 의해 최초로 카페인 제거 기술이 개발되었다.
- ㉢ 1903년 상업적 규모의 카페인 제거 기술은 로셀리우스(Roselius)에 의해 개발되었다.
- ㉣ 카페인을 제거해도 트라이고넬린, 카페산, 퀸산, 페놀화합물 등에 의하여 쓴맛이 난다.
- ㉤ 카페인 추출법

용매 추출법 (Traditional Process)	• 생두를 물에 담근 후 아세트산에틸로 카페인을 선택적으로 제거한 후 물속에 잔류하는 커피 향을 커피에 재결합시켜서 만드는 방식 • 비용이 저렴함 • 미량의 용매 성분이 커피에 잔류하는 문제점이 있음
물 추출법 (Water Process)	• 가장 많이 사용되는 제조과정 • 용매가 직접 생두에 닿지 않아 안전함 • 카페인 성분을 물로 씻어 추출한 후, 물에 있는 카페인을 숯(탄소필터)으로 완전히 제거하는 방식 • 추출 속도가 빨라 회수 카페인의 순도가 높음 • 소량의 카페인은 존재(2~6mg)
초임계 이산화탄소 추출법 (CO₂ Water Process)	• 압축된 이산화탄소에 찐 생두를 넣어서 카페인을 제거하는 방법 • 카페인과 CO_2가 쉽게 결합하므로 이를 숯 필터로 분리하는 방법 • 위험하지 않고 자연상태의 안전한 방식 • 커피의 향미 성분을 가장 잘 보존해 줌 • 설비에 따른 비용이 많이 듦

② 레귤러 커피(Regular Coffee) : 커피에 평균적이고 대중적으로 선호하는 일정한 용량의 우유와 설탕이 들어 있어서 일반적으로 가장 많이 마시는 커피를 말한다.

핵심예제

01 다음 중 디카페인의 제조 방법에 해당하지 않는 것은?

❶ 질소 추출법
② 용매 추출법
③ 물 추출법
④ 초임계 이산화탄소 추출법

02 다음 중 디카페인 커피에 대해 잘못 설명하고 있는 것은?

① 가공과정에서 생두 조직에 손상을 입히지 않는다.
② 물, 이산화탄소, 용매 등으로 카페인을 제거한다.
③ 가공과정에서 커피 향 손실이 발생하지 않는다.
❹ 카페인이 100% 제거된다.

해설 현재까지의 공법으로는 커피의 카페인을 약 97%까지 분리할 수 있다.

03 디카페인 커피에 대한 설명 중 옳지 않은 것은?

① 1819년 독일 화학자 룽게(Runge)에 의해 세계 최초로 개발되었다.
❷ 제조 공정은 용매 추출법, 물 추출법, 초임계 추출법, 증기추출법이 있다.
③ 1903년 로셀리우스(Roselius)에 의해 상업적 규모의 카페인 제거 기술이 완성되었다.
④ 물 추출법은 유기용매가 직접 생두에 접촉하지 않아 안전하고 경제적이다.

(1) 커피의 향미

커피를 마실 때 느낄 수 있는 커피의 향기와 맛의 전체적인 느낌을 플레이버(Flavor, 향미)라고 한다.

(2) 관능평가(Sensory Evaluation)

① 후각(Olfaction)
　㉠ 향미를 느끼는 첫 번째 감각
　㉡ 자연적으로 생성되었거나 커피콩을 볶을 때 생성되는 휘발성 유기화합물을 관능적으로 느끼고 평가한다.
　㉢ 전체적인 향을 부케(Bouquet)라고 한다.

[부케(Bouquet)의 분류]

부케		특성	원인 물질	주요 향기
Fragrance		볶은 원두의 분쇄 향기 (Dry Aroma)	에스터(에스테르) 화합물	Flower, Sweetly
A r o m a	Dry Aroma	분쇄된 원두에서 나는 향기	케톤이나 알데하이드 계통의 휘발성 성분	Flower, Sweetly
	Cup Aroma	추출된 커피에서 나는 증기 상태의 향기		Fruity, Herb, Nutty
Nose		커피를 마실 때 느껴지는 향기	비휘발성 액체 상태의 유기성분	Caramelly, Nutty, Candy
Aftertaste		커피를 마신 후 입안에서 느껴지는 향기(뒷맛, 후미)	지질과 같은 비용해성 액체와 수용성 고체물질	Chocolate -type, Spicy, Turpeny

[향의 강도]

강도	향의 감각	
Rich	Full & Strong	풍부하면서 강한 향기
Full	Full & Not Strong	풍부하지만 강도가 약한 향기
Rounded	Not Full & Strong	풍부하지도 않고 강하지도 않은 향기
Flat	Absence of any bouquet	향기가 없을 때

② 미각(Gustation)
　㉠ 향미를 느끼는 두 번째 감각
　㉡ 커피의 기본적인 맛 : 신맛, 단맛, 쓴맛
　　※ 기본적인 맛은 단맛, 신맛, 쓴맛, 짠맛 4가지
　㉢ 쓴맛은 다른 세 가지 맛의 강도를 조절하는 역할을 한다.
　㉣ 저급 커피나 강하게 볶은 커피에서는 쓴맛이 강하게 느껴진다.
　㉤ 온도에 따른 맛의 영향

단맛, 짠맛	온도가 높아지면 상대적으로 약해진다.
신맛	온도의 영향을 거의 받지 않는다.

③ 촉각(Mouthfeel)
　㉠ 향미를 느끼는 세 번째 감각
　㉡ 커피를 마시고 난 뒤 입안에서 물리적으로 느껴지는 촉감
　㉢ 커피를 마실 때 증발하거나 입안에 녹지 않은 성분이 남아서 감각을 느끼게 한다.
　㉣ 이때 점도(Viscosity)와 미끈함(Oiliness)이 감지되는데 이를 바디(Body)라고 표현한다.

❹ 알아보기 ●

바디감
• 입안에서 느껴지는 중량감 또는 밀도감으로 커피의 지방성분 등에 의해 느껴짐
• 지방 함량에 따른 순서 : Buttery > Creamy > Smooth > Watery
• 고형성분의 양에 따른 순서 : Thick > Heavy > Light > Thin

(3) 커핑 테스트(Cupping Test)

① 커피의 맛과 향 등 특성을 체계적으로 감별하는 것을 커핑(Cupping)이라고 하며, 이런 작업을 전문적으로 수행하는 사람을 커퍼(Cupper)라고 한다.
② 원두의 맛과 향 등 특성을 평가하여 생두의 등급을 분류한다.
③ 샘플 생두 로스팅은 커핑 24시간 이내에 이루어져야 한다.
④ 로스팅 정도는 라이트에서 라이트 미디엄 사이가 되도록 한다.
⑤ 원두는 8시간 정도 숙성시켜야 한다.

⑥ 커핑 시 적정한 물과 커피의 비율은 물 150mL당 커피 8.25g이다.

⑦ 물과 커피의 양은 같은 비율에 따라 양 조절이 가능하다.

⑧ 커핑 테스트 준비물
　　㉠ 테스트용 커피 원두와 분쇄기
　　㉡ 5개 이상의 시음용 컵
　　㉢ 분쇄 커피를 담을 계량스푼 및 계량저울
　　㉣ 2명 이상의 커퍼가 사용할 커핑스푼
　　㉤ 스푼 씻을 물이 담긴 용기
　　㉥ 커핑스푼을 닦을 타월
　　㉦ 커피를 뱉어 낼 용기
　　㉧ 입안을 헹굴 생수
　　㉨ 평가지와 필기구

⑨ SCA에 따른 커핑 항목
　　㉠ Flavor, Fragrance, Aftertaste
　　㉡ 향기 → 맛 → 촉감 순으로 평가한다.
　　㉢ 쓴맛은 평가항목에 해당되지 않는다.
　　㉣ 커피의 향을 인식하는 순서 : Fragrance → Aroma → Nose → Aftertaste
　　㉤ 커피의 향기 성분 중 휘발성이 강한 순서
　　　　• Flowery > Nutty > Chocolaty > Spicy
　　　　• 효소작용 > 갈변반응 > 건류반응
　　㉥ 향기의 강도가 강한 순서 : Rich > Full > Rounded > Flat
　　㉦ 향기를 판별할 때는 개인의 경험이나 훈련에 의해 쌓인 기억에 의존한다.

⑩ 컵 테스트 매뉴얼

평가 항목	준비 및 내용
Fragrance	• 중배전된 원두를 분쇄한 후 6oz(180mL) 컵 5개에 분쇄 커피를 8.25g씩 담는다. • 분쇄 원두 가까이 코를 대고 향(Fragrance)을 맡아 평가한다. • 컵을 가볍게 두드리며 향기를 맡는다.
Break Aroma	85~90℃ 정도의 물 3oz(150mL)를 붓고 3~5분간 기다린 후 커피층이 생성되면 3번 정도 거품과 커피 윗부분을 스푼으로 밀어 내면서 향(Aroma)을 맡는다.
Skimming	• 시음을 위해 표면의 거품을 조심히 걷어 낸다. • 각 컵의 거품을 걷어낸 뒤 스푼을 헹군다.

평가 항목	준비 및 내용
Slurping Flavor/ Aftertaste	• 커핑스푼으로 반스푼 떠서 강하게 흡입(Slurping)하여 혀에 골고루 퍼지게 한다. • 강하게 흡입하면 액체 커피가 증기로 변하여 향을 인식하기 쉽고 혀의 모든 부분에서 맛을 균형 있게 느낄 수 있다.
전체 평가 (Sweetness, Clean Cup, Uniformity)	3~5초 입안에 머금고 혀를 굴려가며 평가한다.
결과 기록	점수를 합산하고 결점(Defects)을 감정하여 최종 평점을 산출한다.

핵심예제

01 다음 중 커핑 테스트를 실시하는 가장 중요한 목적은 무엇인가?
① 원두의 품질 평가
② 결점두 선별
❸ 생두의 등급 분류
④ 로스팅 상태 파악

02 커피 품질평가 기준 용어 중 입안에서 느껴지는 물리적 감각을 일컫는 것은?
① 아로마(Aroma)
❷ 바디(Body)
③ 플레이버(Flavor)
④ 프래그런스(Fragrance)

03 다음 중 커피의 관능평가에 해당되지 않는 것은?
① 미각(Gustation)
② 촉각(Mouthfeel)
❸ 통각(Sence of pain)
④ 후각(Olfaction)

해설 커피 플레이버의 관능평가에 해당하는 것은 후각, 미각, 촉각이 있다.

04 커피의 향기와 맛의 복합적인 느낌을 나타내는 용어는?

① Tannin

② Custation

❸ Flavor

④ Mouthfeel

해설 커피의 향기와 맛의 복합적인 느낌을 플레이버(Flavor, 향미)라고 한다.

05 분쇄된 커피 또는 추출된 커피의 표면에서 맡을 수 있는 향기(Cup Aroma)를 지칭하는 용어는?

① Aftertaste

② Nose

❸ Aroma

④ Body

해설 Aroma는 추출된 커피의 표면에서 나는 향기를 말하며 Fruity, Herb가 이에 해당된다.

06 다음 중 커핑 테스트 시 적정한 물과 커피의 비율로 짝지어진 것은?

① 120mL – 6.25g

② 130mL – 7.0g

③ 140mL – 8.0g

❹ 150mL – 8.25g

핵심이론 04 | 커피의 성분

(1) 커피의 단맛

① 당질에서 비롯된다.

② 단맛을 부여하는 물질은 환원당, 캐러멜, 단백질이다.

③ 생두를 로스팅하면 당의 캐러멜화 반응에 의해 갈색으로 변하는데, 여기에 반응하지 않고 남은 당에 의해 단맛이 생성된다.

④ 단맛은 온도가 낮아지면 상대적으로 강해진다.

(2) 커피의 쓴맛

① 카페인에서 비롯된다.

② 쓴맛을 내는 물질은 카페인, 트라이고넬린, 카페산, 퀸산, 페놀화합물이다.

③ 로스팅을 강하게 하면 새로운 쓴맛 성분이 생성되므로 쓴맛이 점차 강해진다.

④ 카페인에 의해 생성되는 쓴맛은 10%를 넘지 않는다.

더 알아보기

카페인

• 커피에 들어 있는 카페인은 약 1~1.5%이다.

• 냄새가 없고 쓴맛을 가지며 과다하게 섭취하면 중독증상이 나타난다.

• 체내에 흡수되면 카테콜아민(Catecholamine) 등 신경전달물질 분비를 자극해 각성효과와 피로회복 효과가 있다.

• 체지방의 분해를 증가시키고 기초대사율을 높이며, 근육활동 능력을 증가시킨다.

• 1,000mg 정도의 카페인을 섭취하면 불면증, 불안감, 흥분, 심박수 증가, 두통과 같은 인체에 해로운 영향이 나타난다.

• 과다 섭취 시 혈관 확장 및 혈류량 증가를 유도하여 혈압 상승을 일으킨다. 증가된 혈류량은 배뇨량을 증가시켜 전해질의 체외 배설을 촉진시킨다(이뇨작용).

• 적당한 1일 카페인 섭취량은 300~400mg이다.

※ 에스프레소 한 잔(30mL) : 카페인 함유량 75mg

• 숙취 방지와 해소에 좋다. 간 기능을 활발하게 해 아세트알데하이드(Acetaldehyde)의 분해를 빠르게 한다.

• 위산 분비를 촉진한다.

(3) 커피의 신맛

① 지방산에서 비롯된다.

② 신맛을 내는 성분은 클로로겐산과 유기산(옥살산, 말산, 시트르산, 타타르산)이 있다.

  ㉠ 옥살산은 식물 속에서 칼륨 또는 칼슘염 형태로 존재하고, 무색무취의 흡습성 결정물이다.

  ㉡ 말산은 능금산, 사과산이라 불릴 만큼 천연 과일 속에 많이 함유되어 있다. 물과 에탄올에는 잘 녹지만 에터(Ether, 에테르)에는 잘 녹지 않는다.

  ㉢ 시트르산은 구연산이라고도 하며 식물의 씨나 과즙 속에 유리 상태의 산 형태로 존재한다. 고등동물의 물질대사에 중요한 역할을 하며 혈액응고 저지제로도 활용된다.

③ 신맛은 온도의 영향을 거의 받지 않는다.

(4) 커피의 짠맛

① 짠맛 성분은 산화무기물에 의해 생성된다.

② 산화인, 산화칼륨, 산화칼슘, 산화마그네슘 등이 있다.

③ 짠맛은 온도가 낮아지면 상대적으로 강해진다.

(5) 커피의 떫은맛

타닌(Tannin)에서 비롯된다.

※ 타닌 : 뜨거운 물에 분해되거나 변질되어 저온에서 잘 녹는 성질이 있다.

핵심예제

01 다음 중 커피의 신맛을 내는 주성분에 해당되는 것은?

① 카페인
② 당질
③ 페놀화합물
❹ 유기산

해설 신맛을 내는 성분은 클로로겐산과 유기산(옥살산, 말산, 시트르산, 타타르산)이 있다.

핵심예제

02 다음 중 커피의 쓴맛과 관련이 없는 성분은?

① 카페인
❷ 환원당
③ 페놀화합물
④ 퀸산

해설 환원당은 단맛을 내는 성분이다.

03 생두를 로스팅하면 당이 캐러멜화 반응에 의해 갈색으로 변하는데, 여기에 반응하지 않고 남은 당에 의해 느껴지는 맛은?

❶ 단맛
② 신맛
③ 짠맛
④ 쓴맛

해설 당에 의해 생성되는 맛은 무조건 단맛이다.

04 다음 중 맛의 변화에 대해 잘못 설명하고 있는 것은?

① 단맛은 온도가 낮아지면 상대적으로 강해진다.
② 신맛은 온도의 영향을 거의 받지 않는다.
③ 짠맛은 온도가 낮아지면 상대적으로 강해진다.
❹ 쓴맛은 다른 맛에 비해 약하게 느껴진다.

해설 쓴맛은 다른 맛에 비해 강하게 느껴진다.

05 다음 중 카페인에 대한 설명으로 틀린 것은?

① 냄새가 없고 쓴맛을 가지며, 과다하게 섭취하면 중독증상이 나타난다.
② 위산 분비를 촉진한다.
③ 각성효과와 피로회복 효과가 있다.
❹ 하루 적정 섭취량은 1,000mg 정도이다.

해설 1,000mg 정도의 카페인을 섭취하면 불면증, 불안감, 흥분, 심박수 증가, 두통과 같은 인체에 해로운 영향이 나타난다. 적정 섭취량은 1일 300~400mg 정도이다.

(1) 원두

① 로스팅 후 15~30일 사이의 원두가 최상의 상태이다.
② 홀빈 상태의 커피를 추출하기 바로 직전에 분쇄해 사용하면 향미가 좋다.

(2) 원두의 보관

① 25℃ 이하에서 실온 보관한다.

60일 이전 사용할 원두	60일 이후 사용할 원두
숙성 후 냉장 보관	냉동 보관

② 냉장, 냉동 보관한 커피를 사용할 때는 밀폐된 커피 용기를 꺼내서 실내온도와 같아지게 한 뒤에 개봉하여 사용하는 것이 좋다.
③ 원두의 신선도에 따라 크레마의 품질이 달라지기 때문에 에스프레소의 맛과 관련이 깊다.
④ 산소를 차단하고 볕이 들지 않는 서늘한 곳에 보관한다.
⑤ 한 번에 많은 양을 구매하지 않고 일주일 정도의 소비 분량(50g)만 구매한다.
⑥ 원두를 밀봉하거나 진공용기를 사용하여 공기와의 접촉을 최소화한다. 밀폐용기는 도자기로 된 것이 좋다.
⑦ 개봉된 커피 봉투는 안쪽의 공기를 최대한 빼낸 뒤 개봉된 부위를 테이프로 막고 접어서 보관한다.
⑧ 지퍼백의 경우 공기를 최대한 빼낸 뒤 지퍼를 닫고 접어서 보관한다.
　※ 커피의 4대 적 : 산소, 열기, 습기, 빛

(3) 원두의 산패

① 산패는 공기 중의 산소와 결합되어 산화되는 것을 말한다(맛과 향이 변화하는 것).
② 포장 내 소량의 산소만으로도 완전 산화된다(진공 포장).
③ 상대습도가 100%일 때 3~4일, 50%일 때 7~8일, 0%일 때 3~4주부터 산패가 진행된다.
④ 온도가 10℃ 상승할 때마다 2,3제곱씩 향기 성분이 빨리 소실된다.
⑤ 분쇄된 원두는 홀빈 상태보다 5배 빨리 산패가 진행된다.
⑥ 다크 로스트(강배전)일수록 함수율이 낮으며 오일이 배어 나와 있고 더 다공질 상태이므로 산패가 라이트 로스트(약배전)일 때보다 빨리 진행된다.
⑦ 커피의 산패 과정 : 증발(Evaporation) → 반응(Reaction) → 산화(Oxidation)
　※ 로스팅 후 시간이 지남에 따라 향기가 소실되고, 더 지나면 맛이 변질된다.

(4) 커피의 포장방법

① 불활성 가스포장
② 가스치환 포장
③ 진공포장
④ 밸브포장
⑤ 질소가압 포장
　㉠ 질소는 산패가 진행되는 것을 늦춰 준다.
　㉡ 포장방법 중 보관기간이 가장 길다.
⑥ 포장 재료의 조건
　㉠ 차광성 : 빛이 침투되지 않도록 해야 한다.
　㉡ 방수성 : 물이 스며들지 않아야 한다.
　㉢ 방습성 : 습도를 방지해야 한다.
　㉣ 보향성 : 향기를 보호해야 한다.
　㉤ 산소가 침투하지 않도록 해야 한다.
　㉥ 향기가 보존되는 장치가 있어야 한다.

01 다음 중 커피의 포장 재료가 갖추어야 할 조건이 아닌 것은?

❶ 방향성 　　　　② 차광성
③ 향기 보존성 　　④ 방습성

> **해설** 방향이 아니라 향기를 보호하는 보향성을 갖추고 있어야 한다.

02 다음 중 커피의 신선도를 저하시키는 원인이 아닌 것은?

① 습도 　　　　　❷ 질소
③ 산소 　　　　　④ 햇볕

> **해설** 질소는 산패가 진행되는 것을 늦춰 준다.

03 다음 중 커피의 산패에 대한 내용으로 올바른 것은?

① 산패는 부패와 같은 뜻이다.
② 커피가 공기 중의 산소와 결합하여 산화로 인해 맛과 향이 좋게 변하는 것이다.
③ 커피가 산소와 결합해도 아무런 변화가 없는 것을 말한다.
❹ 증발(Evaporation) → 반응(Reaction) → 산화(Oxidation)의 과정을 거쳐 산패된다.

> **해설** 커피는 로스팅을 하게 되면 시간이 지남에 따라 향기가 소실되고 맛이 변질되는데 증발 → 반응 → 산화의 3단계의 과정을 거치게 된다.
> ① 부패는 미생물에 의해 단백질이 악취를 내며 분해되는 현상이다.

04 커피의 산패 요인에 대해 잘못 설명하고 있는 것은?

① 포장 내 소량의 산소만으로도 완전 산화된다.
② 상대습도가 100%일 때 3~4일, 50%일 때 7~8일, 0%일 때 3~4주부터 산패가 진행된다.
❸ 원두를 분쇄하면 홀빈 상태보다 산패가 더디게 진행된다.
④ 온도가 10℃ 상승할 때마다 2.3제곱씩 향기 성분이 빨리 소실된다.

> **해설** ③ 분쇄된 원두는 홀빈 상태보다 5배 빨리 산패가 진행된다.

05 커피 생두의 보관에 대한 설명으로 올바른 것은?

① 오랜 기간 숙성할수록 풍미가 뛰어나다.
② 생두는 원두에 비해 보관이 용이하므로 로스팅을 하는 카페에서 장기간 보관하더라도 품질에는 영향을 미치지 않는다.
❸ 생두의 수분 함유량을 유지하기 위해 적정 습도와 온도를 갖춘 곳에서 보관하는 것이 좋다.
④ 습해지지 않도록 햇볕이 잘 드는 곳에 보관한다.

03 커피 추출 등

핵심이론 01 커피 추출

(1) 추출의 의미

분쇄입자, 물의 온도와 접촉시간, 도구 등에 따라 원두의 가용성 성분이 용해되면서 원두가 가지고 있는 성분을 뽑아내는 것을 말한다.

(2) 커피의 추출

① 추출방법의 종류

추출방법	특징	종류
침지식 또는 달임법 (Decoction)	• 물과 커피가루를 넣고 짧은 시간 동안 끓여서 커피 성분을 뽑아낸다. • 커피가루가 가라앉은 후 마신다.	Turkish Coffee
우려내기 (Infusion)	추출도구에 물과 커피가루를 넣고 커피 성분이 적절하게 용해되기를 기다린 후 커피가루를 가라앉히고 마신다.	French Press
여과법 (Brewing)	추출도구에 적절하게 분쇄된 원두를 넣고 그 위에 뜨거운 물을 여과시켜 커피의 성분을 뽑아내는 방식이다.	커피메이커, Hand Drip, Water Drip
가압추출법 (Pressed Extraction)	추출도구에 분쇄된 원두를 넣고 압력을 가해 뜨거운 물을 통과시켜 마신다.	Mocha Pot, Espresso

② 커피의 추출 과정 : 침투 → 용해 → 분리
  ㉠ 분쇄된 원두 입자로 물이 스며들어 가용성 성분을 용해하며, 원두 입자와 분리되면서 원두의 특성이 잘 스며 있는 성분을 뽑아내는 과정을 통해 추출이 이루어진다.
  ㉡ 추출기구의 특성에 맞게 분쇄한다.
  ㉢ 분쇄 입도가 고르면 용해 속도가 일정해 커피 맛이 좋아진다.

③ 적정 추출 수율과 커피 농도(SCA 기준)
  ㉠ 적정 추출 수율 : 18~22%
    ※ 추출 수율 : 원두의 가용성분이 실제 커피에 추출된 성분의 비율
  ㉡ 적정 커피 농도 : 1.15~1.35%
④ 신선한 커피(갓 볶은 커피)일수록 추출 중 더 많은 이산화탄소를 방출한다.

> **알아보기**
>
> 커피를 추출할 때 맛에 영향을 미치는 요인
> • 원두의 신선도
> • 분쇄된 커피 입자의 크기
> • 추출수의 온도
> • 추출하는 시간

(3) 물과 추출시간

① 커피 추출에 사용되는 물은 신선해야 하고 냄새가 나지 않아야 한다.
② 커피 추출에 사용되는 물은 불순물이 적거나 없어야 한다.
③ 로스팅이 강할수록 가용성분이 많이 추출되므로 물의 온도를 낮춰 준다.
④ 추출시간이 길어지면 맛에 안 좋은 영향을 주는 성분들이 많이 나오기 때문에 적정한 추출시간 안에 커피를 뽑는 것이 좋다.
  ※ 물과 접촉하는 시간이 길수록 굵게 분쇄한다.
⑤ 커피 양과 물의 비율을 맞추더라도 입자의 크기가 적당해야 원하는 농도의 커피를 추출할 수 있다.
⑥ 50~100ppm의 무기물이 함유된 물이 추출에 적당하다.
  ※ 물은 철분이 많지 않은 연수를 사용한다.

(4) 온도

① 커피를 마실 때 가장 향기롭고 맛있게 느껴지는 온도는 65~70℃이다.

② 추출된 커피는 가급적 식기 전에 마신다.

(5) 분쇄(Grinding)

① 목적 : 원두의 성분이 물에 접촉하는 표면적을 넓게 하여 커피의 유효성분이 쉽게 용해되어 나오도록 하기 위함이다.

② 분쇄 시 유의사항

    ㉠ 물과 접촉하는 시간이 짧을수록 분쇄입자를 가늘게 한다.

    ㉡ 추출 직전에 분쇄한다.

    ㉢ 분쇄입자가 고르지 못하면 용해 속도가 달라져 커피 맛이 떨어진다.

    ㉣ 분쇄입자가 굵을수록 고형성분이 덜 추출된다.

    ㉤ 미분은 좋지 않은 맛의 원인이 되므로 되도록 발생하지 않도록 한다.

    ㉥ 분쇄 시 발생하는 열은 맛과 향을 떨어뜨릴 수 있어 열 발생을 최소화한다.

    ㉦ 터키식 커피는 분쇄를 매우 미세하게 한다.

    ㉧ 프렌치 프레스는 페이퍼 필터 커피에 비해 분쇄입자가 굵다.

(6) 그라인더(Grinder)

① 분쇄 원리에 따른 방식

    ㉠ 충격식(Impact) 분쇄기

      • 칼날을 이용하여 분쇄하는 방식

      • 고른 분쇄가 어려움

      • 칼날의 회전수가 많을수록 입자 크기가 작아지게 되고 미분도 많이 발생하게 됨

    ㉡ 간격식(Gap) 분쇄기

      • 칼날과 날의 간격에 의해 분쇄입자를 조절하는 방식

      • 충격식에 비하여 입자가 균일하게 분쇄됨

[간격식 분쇄기의 종류]

롤형 (Roller Cutters)	• 두 개의 큰 원통형 칼날 사이로 원두를 분쇄하는 것 • 고가이면서 내구성이 높음 • 주로 커피 공장에서 대용량 분쇄를 위해 사용
평면형 (Flat Cutters)	• 두 개의 디스크 형식의 원판 사이에 원두를 통과시켜서 분쇄하는 방식 • 입자 크기 조절이 용이하고 입자 크기가 비교적 균일한 편
원뿔형 (Conical Cutters)	• 원뿔 모양으로 고정되어 있는 칼날과 회전하는 원뿔 모양의 날 사이 간격에 의해 분쇄하는 방식 • 수동식 핸드밀에 주로 사용됨

② 날의 형태에 따른 방식

    ㉠ 칼날형

      • 칼날 두 개로 원두를 분쇄한다.

      • 분쇄 균일성이 가장 낮다.

    ㉡ 버(Burr)형

      • 원뿔형과 평면형

      • 회전수가 적어 열 발생은 적지만 분쇄속도가 느리다.

핵심예제

01 커피의 올바른 추출 과정을 나열한 것은?

❶ 침투 → 용해 → 분리

② 침투 → 분리 → 용해

③ 분리 → 용해 → 침투

④ 용해 → 침투 → 분리

02 커피 추출에 대한 설명으로 옳은 것은?

❶ 잡미를 포함하지 않은 양질의 유효성분만을 뽑아내도록 한다.

② 최소의 커피가루로 최대한 많은 양의 커피를 뽑아내도록 한다.

③ 원두에서 뽑을 수 있는 최대치의 수율로 뽑아내도록 한다.

④ 커피가루를 최대한 많이 사용하여 뽑아낸다.

해설 적정 추출 수율은 18~22%이다.

03 다음 그라인더의 분쇄 원리에 따른 구분 중 충격식 그라인더는 무엇인가?

① 코니컬형(Conical Type)

❷ 칼날형(Blade Type)

③ 플랫형(Flat Type)

④ 롤형(Roll Type)

해설 그라인더는 분쇄 원리에 따라 충격식(Impact)과 간격식(Gap) 그라인더로 나뉜다. 칼날형은 충격식으로 고른 분쇄가 어려우며 코니컬형, 플랫형, 롤형은 모두 간격식이다.

04 커피 추출에 사용되는 물에 대한 설명으로 틀린 것은?

① 철분이 많지 않은 연수를 사용하는 것이 좋다.

② 추출 온도가 높으면 쓴맛 위주의 성분이 추출되어 전체적인 맛과 향이 떨어진다.

❸ 철분을 다량 함유한 물은 커피의 좋은 향기를 만든다.

④ 커피 양과 물의 비율을 맞추었더라도 입자의 크기가 적당해야 원하는 농도의 커피를 추출할 수 있다.

해설 커피 추출에 사용하는 물은 철분이 많지 않은 연수를 사용하는 것이 좋다.

05 다음 중 분쇄 커피가루가 담긴 물을 통과시켜 커피의 성분을 뽑아내는 방식은?

① 침지식

② 침출식

❸ 여과식

④ 증발식

해설 여과식(투과식)은 침지식에 비해 깔끔한 커피가 추출된다.

핵심이론 02 │ 커피 추출방식

(1) 핸드드립(Hand Drip)

필터에 분쇄된 원두를 담고 뜨거운 물을 담은 전용 주전자를 이용하여 손으로 직접 커피를 추출하는 방식이다.

① 종이필터(Paper Filter) 드립

㉠ 1908년 독일의 멜리타 벤츠(Melitta Bentz)에 의해 처음 시작된 추출방식

㉡ 융 드립의 불편함을 개선하기 위해 발명된 추출법

> **더 알아보기**
>
> 융 드립
> - 융을 고정하는 틀에 천을 올려놓기만 하면 되기에 사용이 편리하다.
> - 약간의 조절만으로도 다양한 맛 표현이 가능하다.
> - 종이드립에 비해 원두 오일이 더 많이 투과되어 부드러운 맛을 느낄 수 있다.
>   ※ 융 드립이 페이퍼 드립보다 지용성 물질이 많이 통과된다.
> - 재사용이 가능하나 사용 직후 흐르는 더운물로 세척해서 찬물에 담가 보관해야 하며, 매일 물을 갈아 주어야 하는 번거로움이 있다.
> - 장기간 사용하지 않을 경우는 잘 말려서 밀폐용기에 넣어 보관한다.
> - 바디가 강하며 매끈한 맛을 표현할 수 있고 커피가루의 팽창이 원활하여 뜸 들이는 효과를 충분히 얻을 수 있다.

② 드립식 추출도구 : 드리퍼, 여과지, 드립포트, 서버 등

㉠ 드리퍼의 특성

- 투명 플라스틱은 드립 시 물의 흐름을 관찰할 수 있다.
- 플라스틱 드리퍼는 오래 사용하면 형태의 변형이 올 수 있다.
- 동이나 도자기 드리퍼가 보온성이 좋다.
- 재질과 구조, 크기에 따라 종류가 다양하다.
- 드리퍼의 특성을 잘 이해해야 커피의 맛을 살린 원활한 추출이 이루어진다.

ⓒ 드리퍼의 종류

종류	추출구	특징
멜리타 (Melita)	1개	• 사다리꼴 형태로 경사각이 가파르고 리브가 굵다. • 물빠짐 속도가 느리고 드리퍼에서 커피와 물이 만나는 시간이 길어 농도가 진한 커피가 추출된다.
칼리타 (Kalita)	3개	• 일본에서 만든 제품으로 물빠짐이 용이하고 흐름성이 좋다. • 물줄기의 영향을 크게 받지 않고 고른 맛을 얻을 수 있다. • 리브가 촘촘하게 설계되어 있다.
고노 (Kono)	1개	• 원추형으로 폭이 깊고 추출구의 크기가 크다. • 추출속도가 빠르지만 원두와 물이 고여 있는 시간이 길어 칼리타에 비해 진하고 여운이 긴 커피를 추출할 수 있다. • 하리오보다 추출구가 작다. • 드리퍼 바닥에서 중간 정도까지로 리브가 짧다.
하리오 (Hario)	1개	• 고노에 비해 리브가 나선형이며 드리퍼 끝까지 휘어져 있다. • 추출구 구멍이 고노보다 좀 더 크며 공기의 흐름과 추출속도가 빨라 부드러운 커피를 얻을 수 있다.

③ 핸드드립 추출

ⓒ 원두의 분쇄도가 굵을수록 커피의 맛이 연해진다.

※ 프렌치 프레스보다 작게 분쇄한다(0.5~1mm).

ⓒ 드리퍼의 종류에 따라 맛의 차이가 크다.

ⓒ 원두가 강배전일 경우 물의 온도는 낮게, 적정한 시간 동안 추출해야 맛이 좋다.

ⓒ 드리퍼의 리브가 길고 많을수록 추출시간이 빨라진다.

ⓒ 드립포트는 스파웃(Spout)의 모양을 고려해서 선택한다.

④ 핸드드립 추출의 3요소

ⓒ 시간

• 뜸(불림) 들이기는 핸드드립의 첫 번째 단계로 커피의 수용성 성분이 물에 충분히 녹아 추출된다.

• 커피가루 전체에 물을 적셔 균일하게 확산되게 한다.

• 커피에 함유된 탄산가스와 공기를 빼 준다.

• 일반적으로 나선형 방법이 많이 사용된다.

ⓒ 온도 : 물의 온도는 약 92~95℃ 정도가 적당하다.

ⓒ 분쇄입자 : 커피의 분쇄입자에 따라 투과되는 물의 양과 추출시간이 달라진다.

⑤ 핸드드립의 과정

ⓒ 예열 : 온수를 이용해 드리퍼와 서버, 커피잔을 예열하면 맛과 향을 유지할 수 있다.

ⓒ 여과지 장착 : 드리퍼의 용량과 모양에 맞는 필터를 선택하고 끝을 접어서 드리퍼에 밀착시킨다.

ⓒ 원두 담기 : 원두를 담고 나면 살짝 쳐서 원두 표면이 평평해지도록 한다.

ⓒ 끓는 물을 드립포트에서 서버로 부어준 뒤 다시 드립포트에 부으면서 추출온도(약 92~95℃ 정도)를 맞춘다.

ⓒ 물을 나선형으로 부어 뜸을 주고 추출한다.

• 1차 추출 : 뜸 들이기가 끝나면 중심부터 나선형을 그리듯이 3~4cm 높이에서 가는 물줄기로 부어준다.

• 2차 추출

– 서버로 커피 원액이 다 떨어지기 전에 원두의 표면이 다시 부풀었다가 수평이 되었을 때 2차 추출을 진행한다.

– 커피 입자가 가늘거나 강배전일 경우 빠르게 붓는다.

– 커피 입자가 굵거나 약배전일 경우 느리게 붓는다.

– 물을 부었을 때 지나치게 굵은 거품이 발생하면 물의 온도가 너무 높은 것이다.

• 3차 추출 : 1차, 2차 추출에 비해 물줄기를 두껍게 하여 조금 더 빠르게 추출한다.

• 4차 추출

– 커피의 성분을 추출하기보다는 커피의 농도와 양을 조절하는 단계이다.

- 적정 추출 농도와 양이 되면 서버와 드리퍼를 분리한다.
- 65℃ 정도로 하여 커피잔에 담아 음용한다.

추출방식
- 스프링 추출
  - 드리퍼 중앙에서 스프링 모양을 유지하면서 시계 방향으로 추출한다.
  - 원하는 양을 얻을 때까지 3~4회로 나누어 추출한다.
- 동전식 추출
  - 드리퍼 중앙에 500원짜리 크기의 원을 일정하게 그리는 방식이다.
  - 1회당 5번 정도 회전하여 4회 정도에 걸쳐 추출한다.
  - 고노 드리퍼를 이용할 때 주로 사용한다.
- 점식 추출
  - 드리퍼 중앙에만 물을 떨어뜨려 진하고 강한 바디감의 커피를 추출한다.
  - 고노 드리퍼를 이용할 때 주로 사용한다.

(2) 사이펀(Siphon/Syphon)

① 증기의 압력, 물의 삼투압 현상을 이용하여 추출하는 진공식 추출방식이다.
② 정식 명칭은 배큐엄 브루어(Vacuum Brewer) 또는 배큐엄 포트(Vacuum Pot)라고 부른다.
③ '액체를 거르다', '스며들다'라는 뜻의 'Percolate'에서 유래되었다.
④ 1925년 고노(Kono)사가 상품화시켰다.
⑤ 상하 두 부분으로 연결된 2개의 플라스크가 밀착되어 진공상태로 이루어져 있다. 퍼콜레이터 커피, 배큐엄(Vacuum, 진공) 커피라고 부른다.
  ㉠ 상부는 분쇄된 커피가루를 담는 로드, 하부는 물을 담는 플라스크로 이루어졌다.
  ㉡ 상부와 하부의 연결구조 사이의 윗부분(로드)에 고정하는 필터가 있다.
  ㉢ 핸드드립보다 작게 분쇄한다.
⑥ 추출방법
  ㉠ 상부의 로드 끝부분에 필터를 장착한다.
    • 재질에 따라 융과 종이필터를 사용한다.
    • 여과기(필터) 아래에 달린 스프링을 손으로 당겨 안쪽으로 향하게 하여 로드에 끼운다.

㉡ 로드 안에 원두를 넣고, 아래쪽 플라스크에 물을 담는다.
  • 물은 온수를 넣는다.
  • 물이 끓어오를 때까지 로드를 결합하지 않고 살짝 걸쳐 놓은 상태로 유지한다.
㉢ 아래쪽 플라스크를 알코올램프로 가열한다.
  • 플라스크 표면에 물기가 있으면 깨질 위험이 높다.
  • 플라스크 외부의 물기를 확실히 닦아 준다.
  • 사용되는 열원은 알코올램프, 할로겐램프와 가스 스토브이다.
㉣ 끓기 시작하면 플라스크와 로드를 완전히 장착시킨다.
  • 물의 온도가 약 90~93℃가 되면 증기압과 삼투압에 의해 커피가루가 있는 로드로 올라가고, 이때 커피와 물이 만나 수용성 성분이 추출된다.
  • 커피 성분이 잘 우러지도록 나무스틱으로 잘 저어 준다.
㉤ 25~30초가 되면 알코올램프의 불을 끈다.
  • 로드의 커피가루를 스틱으로 한 번 더 저어 준다.
  • 원두 분쇄는 핸드드립보다 조금 굵게 해야 추출이 잘된다.
  • 커피가루와 물이 접촉하는 시간은 1분 이내로 한다.
㉥ 추출 및 분리
  • 불을 끄면 커피가 필터를 거쳐 아래쪽 플라스크로 추출된다.
  • 로드는 좌우로 비틀어 분리시킨다. 이때 화상을 입거나 유리가 파손되지 않도록 조심한다.
⑦ 사이펀의 특징
  ㉠ 추출시간이 짧아 깨끗하고 부드러운 맛이 있으나, 깊고 진한 맛에는 한계가 있다.
  ㉡ 진공여과(Vacuum Filtration) 방식 추출이라고도 하며 커피가 만들어지는 과정을 지켜볼 수 있어 시각적으로 독특하고 화려해서 인테리어용 판매가 늘고 있다.

(3) 모카포트(Mocha Pot)

① 이탈리아의 비알레티(Bialetti)에 의해 탄생하였으며 가정에서 손쉽게 에스프레소를 즐길 수 있게 고안된 직화식 커피도구이다.

② 불 위에 올려놓고 추출하므로 'Stove-top Espresso Maker'라고도 한다.

③ 재질은 주로 알루미늄인데, 스테인리스스틸, 도기 재질도 있다.

④ 추출압력이 낮아 크레마가 잘 형성되지 않는다.
   ※ 추출구에 압력 밸브를 달아 크레마 형성이 가능한 브리카 제품도 있다.

⑤ 필터 바스켓에 커피를 가득 채워 사용해야 맛이 좋아 알맞은 사이즈를 구입하는 것이 좋다.

⑥ 추출방법
   ㉠ 에스프레소(0.3mm)와 사이펀(0.5mm)의 중간 입자로 분쇄한다.
   ㉡ 하부 포트에 물을 압력 밸브보다 낮게 채운다.
   ㉢ 바스켓에 커피를 가득 담은 후 스푼을 이용하여 살짝 눌러준다. 이때 위치에 잘 장착한다.
   • 상하 포트를 단단히 결합한다.
   • 약불을 사용하여 2~3분간 끓인다.
   • 커피가 추출되면(추에서 소리가 남) 거품이 나오기 전에 불을 끈다.

(4) 더치커피(Dutch Coffee)

① 콜드브루(Cold Brew)
   ㉠ 차갑다는 뜻의 '콜드(Cold)'와 끓이다, 우려내다라는 뜻의 '브루(Brew)'의 합성어로 더치커피(Dutch Coffee) 또는 워터드립(Water Drip)이라고 부른다.
   ㉡ 잘게 분쇄한 원두에 상온의 물 또는 냉수를 떨어뜨려 장시간 추출한 커피로 점적식과 침출식이 있다.
   • 점적식 : 물을 한 방울씩 떨어뜨려 우려내는 더치커피
   • 침출식 : 상온이나 차가운 물로 장시간 우려내는 콜드브루
   ㉢ 원두의 분쇄도와 물이 맛에 중요한 작용을 한다.

㉣ 찬물로 장시간 추출하는 방식으로 산화가 덜 되어 장시간 보관해도 맛의 변화가 적다.
   ※ 추출된 커피 원액은 일주일 정도 냉장 보관할 수 있다.

㉤ 상온의 물이 천천히 커피가루를 적시면서 추출되므로 짧게는 3~4시간, 길게는 12~24시간이 소요된다.

㉥ 낮은 온도에서 오랫동안 추출되기 때문에 일반 커피에 비해 상대적으로 화려한 향기는 잃었지만 부드럽고 독특한 향미를 갖는다.

㉦ 저온 추출이 이루어지기 때문에 맛의 변화가 거의 없어 시간에 구애받지 않는다. 3~4일 정도의 숙성기간을 거치면 향미가 더욱 깊어져 와인에 비유되기도 한다.

㉧ 용기나 외부의 냄새 등에 영향을 받기 쉬우므로 청결한 상태에서 추출해야 한다.

㉨ 쓴맛이 덜하고 부드러운 풍미를 느낄 수 있어 '커피의 눈물'이라는 별칭이 있다.

㉩ 카페인 함량이 비교적 낮고 항산화 물질인 폴리페놀이 들어 있다.
   • 폴리페놀은 식품에서 가장 흔하게 찾아볼 수 있는 항산화물질이다.
   • 활성산소를 제거해서 세포의 노화를 막는다.

② 추출방법
   ㉠ 융 필터 또는 종이필터를 여과기 아래쪽에 맞춘다.
   ㉡ 분쇄된 커피를 담는다.
   ㉢ 상부의 수조에 찬물을 넣는다.
   ※ 추출수는 최종 추출하고자 하는 양으로 원두의 10배 정도를 넣는다.
   ㉣ 여과기 위에 종이필터를 올려놓는다.
   ㉤ 조절 코크를 이용하여 1초에 1방울 정도로 속도를 맞춘다.
   ㉥ 물방울이 너무 빨리 떨어지면 과소 추출로 인해 연한 커피가 된다.
   ㉦ 너무 느리게 추출하면 잡미까지 추출될 우려가 있다.
   ㉧ 추출이 끝나면 냉장고에 넣어 1~2일 숙성과정을 거친다.

(5) 프렌치 프레스(French Press)

① 침출식 추출도구로, 커피 플런저(Coffee Plunger), 플런저 포트(Plunger Pot)로도 불린다.
② 원두는 1.5mm 정도로 조금 굵게 분쇄한다.
③ 포트 안에 커피가루와 물을 부어 저어 준다.
④ 거름망이 달린 손잡이(Plunger)를 눌러 커피가루가 포트 밑으로 가라앉도록 분리시킨다.
⑤ 분리시킨 커피를 조심히 따라 마신다.
　㉠ 커피의 향미성분과 오일 성분이 컵 안에 남게 되어 바디가 강한 커피를 추출할 수 있다.
　㉡ 미세한 커피 침전물까지 추출액에 섞일 수 있어 깔끔하지 않고 텁텁한 맛이 날 수 있다.

(6) 터키식 커피(Turkish Coffee)

① 가장 오래된 추출기구로 달임방식으로 추출한다.
　㉠ 이브릭(Ibrik) : '물을 담아두는 통'이라는 뜻
　㉡ 체즈베(Cezve) : '불타는 장작'이라는 뜻
② 원두는 에스프레소보다 더 곱게 분쇄한다.
③ 커피가루를 물과 함께 넣은 다음 반복적으로 끓여 내는 방식으로 커피성분을 계속 추출한다.
④ 3~5회 반복해서 끓인 뒤 찌꺼기가 가라앉으면 맑은 부분만 따라낸다.
⑤ 거칠고 묵직한 커피 맛이 특징이다.
⑥ 마신 후 컵 받침에 커피잔을 올려놓고 기다린 뒤 생기는 모양(커피 찌꺼기)을 보고 커피 점을 친다.

(7) 에어로프레스(Aeropress)

① 공기압을 이용해 커피를 추출하는 주사기처럼 생긴 도구이다.
　㉠ 필터를 끼운 체임버(Chamber)를 컵 위에 올리고 커피가루를 담는다.
　㉡ 뜨거운 물을 넣고 막대로 저은 뒤 플런저를 끼우고 천천히 눌러서 추출한다.
② 추출시간이 짧으며 초보자도 안정적인 커피의 성분을 추출할 수 있다.
③ 휴대가 가능하여 장소에 구애받지 않고 사용할 수 있다.

(8) 케멕스 커피메이커(Chemex Coffee Maker)

① 독일의 화학자 슐룸봄(Schlumbohm)에 의해 탄생한 커피 추출도구이다.
② 드리퍼와 서버가 하나로 연결된 일체형이다.
③ 리브가 없어 이 역할을 하는 공기 통로를 설치하였다.
④ 물빠짐이 페이퍼 드립에 비해 좋지 않다.

핵심예제

01 가장 전통적이면서 가장 오래된 추출기구는 무엇인가?
① 사이펀
② 핸드드립
③ 더치커피
❹ 이브릭

해설 이브릭은 달임방식으로 추출되는 가장 오래된 기구이다.

02 다음 중 커피 추출 시 가장 굵은 분쇄입자를 사용하는 도구는?
① 에스프레소 머신
② 더치커피
❸ 프렌치 프레스
④ 체즈베

해설 프렌치 프레스는 굵게 분쇄된 원두를 사용해 커피를 추출하는 도구이다.

03 다음 중 드리퍼 안으로 물을 부었을 때 공기가 빠져나가는 통로 역할을 하는 것은?
① 홀(Hole)
❷ 리브(Rib)
③ 핸들(Handle)
④ 필터(Filter)

해설 리브가 촘촘하고 높을수록 커피액이 잘 빠져나간다.

04 다음 중 독일의 화학자 슐룸봄(Schlumbohm)이 개발한 커피 추출도구는?
① 체즈베(Cezve)
❷ 케멕스 커피메이커(Chemex Coffee Maker)
③ 사이펀(Syphon)
④ 이브릭(Ibrik)

05 다음 중 증기압을 이용해 추출하는 도구는?

① 모카포트
❷ 사이펀
③ 이브릭
④ 체즈베

해설 사이펀의 정식 명칭은 배큐엄 브루어(Vacuum Brewer)로 증기의 압력, 물의 삼투압 현상을 이용하여 추출하는 진공식 추출방식이다.

06 다음 중 가정에서 손쉽게 에스프레소를 즐길 수 있게 고안되었으며 이탈리아의 비알레티(Bialetti)에 의해 탄생한 커피도구는?

① 이브릭
② 사이펀
❸ 모카포트
④ 케멕스

해설 페이퍼 필터(종이필터)는 독일의 멜리타 벤츠에 의해 개발되었다. 융 드립의 불편함을 개선하기 위해 발명된 추출법이다.

07 다음 중 융 드립의 불편함을 개선하기 위해 발명된 추출법은?

❶ 페이퍼 필터
② 모카포트
③ 에스프레소
④ 체즈베

해설 페이퍼 필터(종이필터)는 독일의 멜리타 벤츠에 의해 개발되었다. 융 드립의 불편함을 개선하기 위해 발명된 추출법이다.

핵심이론 03 에스프레소(Espresso)

(1) 에스프레소의 정의

① 'Express(빠르다)'의 영어식 표기인 이탈리아어이다.

② 강한 압력을 가해 빠르게 추출하는 추출법이다.

③ 중력의 8~10배의 힘을 가해 30초 안에 수용성 성분을 포함한 비수용성 성분 등 커피가 가지고 있는 모든 맛을 추출해 내는 방법이다.

[에스프레소 추출의 특징]

목록	단위
추출시간	20~30초
추출수 온도	90~95℃
분쇄 원두의 양	7±1g
추출압력	9±1bar
추출량	25±5mL

(2) 에스프레소의 특징

① 부드러운 크레마(Crema)가 형성된다.

② 깊고 중후한 바디감이 있다.

③ 단맛과 신맛이 어우러진 균형 잡힌 맛이 난다.

④ 분쇄도를 가장 가늘게 쓰는 추출방법 중 하나이다.

⑤ 추출량과 추출시간에 맞게 분쇄도를 조절해야 한다.

⑥ 추출된 에스프레소의 pH는 5.2 정도이다.

더 알아보기 ●

순수한 물과 비교했을 때 에스프레소의 물리적 특성
• 전기전도도는 증가한다.
• 표면장력은 감소한다.
• 점도는 증가한다.
• pH는 감소하고 밀도는 증가한다.

(3) 에스프레소의 역사

① 산타이스(Santais)에 의해 증기압을 이용한 커피 기계가 개발되어 1855년 파리 만국박람회에서 첫 선을 보였다.

② 1901년 이탈리아의 루이지 베제라(Luigi Bezzera)는 증기압을 이용하여 커피를 추출하는 에스프레소 머신의 특허를 출원하였다.

③ 1946년 가지아(Gaggia)가 상업적인 피스톤 방식의 머신을 개발하였다. 피스톤과 스프링을 이용한 기계를 만들어 9기압보다 더 강력한 압력으로 커피를 추출하여 크레마(Crema)를 발견하였다.

④ 1960년 '페이마 E61'이 탄생했는데 이 기계는 전동펌프를 이용해 뜨거운 물을 커피로 보내는 것이 가능하였으며 열교환기를 채택하여 머신의 크기가 더 작아지는 계기가 되었다. 버튼 하나만 누르면 커피가 분쇄되고 우유거품이 만들어지는 완전자동 방식인 머신 'Acrto 990'이 탄생하였다.

(4) 에스프레소 머신의 종류

① 에스프레소 머신은 진공방식 → 증기압 방식 → 피스톤 방식 → 전동펌프 방식 순으로 발전해 왔다.

② 에스프레소 머신의 종류

종류	특성
수동 에스프레소 머신 (Manual Espresso Machine)	• 사람의 힘에 의해 피스톤으로 추출하는 방식 • 추출압력이 사람의 기술에 의해 좌우됨
반자동 에스프레소 머신 (Semi-automatic Espresso Machine)	별도의 그라인더로 분쇄한 후 탬핑을 하여 추출하는 방식
자동 에스프레소 머신 (Automatic Espresso Machine)	• 탬핑작업을 하여 추출 • 메모리칩이 내장되어 있어 물량을 자동으로 세팅할 수 있는 방식
전자동 에스프레소 머신 (Fully Automatic Espresso Machine)	그라인더가 내장되어 별도의 탬핑작업 없이 버튼의 작동만으로 추출하는 방식

(5) 에스프레소 머신의 부품

부품명	역할	특징
보일러 (Boiler)	• 온수와 스팀을 공급하는 중요한 역할 • 스팀 생성을 위해 70%까지만 물이 채워짐	• 열선이 내장되어 있어 전기로 물을 가열 • 본체는 동 재질로 되어 있음 • 내부는 부식 방지를 위해 니켈로 도금되어 있음
그룹헤드 (Group Head)	포터필터를 장착하는 곳	• 에스프레소 추출을 위해 물이 최종적으로 통과하는 부분으로 온도 유지가 매우 중요 • 그룹의 숫자에 따라 1그룹, 2그룹, 3그룹 등으로 구분 • 3가지 형태가 있음(다음 ①의 설명 참고)
포터필터 (Porter Filter)	분쇄된 원두를 담아 그룹헤드에 장착시키는 도구	필터홀더(다음 ②의 설명 참고)와 필터고정 스프링, 필터, 추출구 등으로 구성
가스켓 (Gasket)	추출 시 고온 고압의 물이 새지 않도록 막아주는 역할	재질은 고무로 되어 있는 소모품으로 주기적으로 교체해 주어야 물이 새지 않음
샤워홀더/ 디퓨저 (Shower Holder/ Diffuser)	그룹헤드 본체에서 나온 물이 4~6개의 물줄기로 갈라져 필터 전체에 골고루 압력이 걸리도록 함	–
샤워 스크린 (Shower Screen/ Dispersion Screen)	샤워홀더를 통과한 물을 미세한 수많은 줄기로 분사시키는 역할	에스프레소 추출 후 뜨거운 물을 흘려 내리면서 씻어 주고 백 플러싱을 통해 커피 찌꺼기가 남아 있지 않도록 해야 함
로터리 펌프 (Rotary Pump)	압력을 7~9bar까지 상승시켜 유지하는 역할	이상이 생기면 물 공급이 제대로 되지 않아 소음이 심하게 나고 압력이 올라가지 않음
솔레노이드 밸브 (Solenoid Valve)	• 물의 흐름을 통제하는 부품 • 보일러에 유입되는 찬물과 데워진 온수의 추출을 조절하는 역할	• 2극과 3극이 있음 • 3극은 커피 추출에 사용되는 물의 흐름을 통제함

부품명	역할	특징
플로 미터 (Flow Meter)	커피 추출물 양을 감지 해 주는 부품	고장 시 커피 추출물 양이 제대로 조절되지 않음

① 그룹헤드의 형태

방식	형태
독립보일러 방식	• 커피 보일러와 그룹이 붙어 있어 커피물이 데워지면서 그룹도 같이 예열된다. • 열이 빠르게 그룹으로 전달된다는 장점이 있다.
강제가열 방식	• 히터에 의해 그룹을 강제로 예열시키는 형태이다. • 보일러와 상관없이 히터에 의해 별도로 가열되기 때문에 예열시간이 빠르다는 장 점이 있으나, 온도가 높아 그룹의 오링이 빨리 경화된다는 단점이 있다.
일반적인 방식	• 가장 많이 사용하는 형태이다. • 보일러가 데워진 후 열이 관을 통해서 그 룹으로 전달되는 구조이다. • 예열시간이 길다는 단점이 있다. • 계속 켜놓는 것이 좋다.

② 필터홀더(Filter Holder) : 열을 유지하기 위해 동 재질로 만들지만 공기와 접촉하면 부식되기 때문에 크롬으로 도금한다.

1잔 추출용 포터필터 (6~7g 사용)	1컵 추출 필터홀더 (One-cup Filter Holder)	1컵 스파웃 포터필터 (One-cup Spout Porter Filter)
2잔 추출용 포터필터 (12~14g 사용)	2컵 추출 필터홀더 (Two-cup Filter Holder)	2컵 스파웃 포터필터 (Two-cup Spout Porter Filter)
보텀리스(바닥이 없는) 포터필터 (Bottomless Porter Filter)		

예 1잔의 에스프레소를 추출하기 위해서는 1컵 추출 필터홀더가 장착된 1컵 스파웃 포터필터에 분쇄된 원두 6~7g을 넣고 탬핑한 다음 그룹헤드에 장착해서 On 버튼을 누른다.

③ 에스프레소 머신의 외부 명칭
   ㉠ 밀크 피처(Milk Pitcher) : 우유를 담아 데우거나 거품을 내는 도구
   ㉡ 패킹 매트(Packing Mat) : 탬핑작업 시 포터필터 밑에 까는 매트
   ㉢ 노크 박스(Knock Box) : 에스프레소 추출 후 발생한 케이크를 버리는 통
   ㉣ 블라인드 필터(Blind Filter) : 구멍이 없이 막힌 필터로 그룹헤드를 청소할 때 사용

[포터 스파웃]

(6) 에스프레소 추출

에스프레소 추출은 90~95℃의 물로 9기압의 압력을 이용해 20~30초 사이에 25~30mL 정도의 커피를 추출해 내는 것을 말한다.

① 에스프레소 그라인더
   ㉠ 플랫형 커팅방식 구조로 그라인더 날은 두 개가 한 쌍으로 되어 있다.
   ㉡ 커피 입자를 작게 분쇄할 수 있으나 열 발생이 많아 그라인더 날의 주기가 짧아진다.
   ㉢ 분쇄 시 열이 많이 발생하기 때문에 사용한 시간의 2배 이상의 휴식시간을 가져야 한다.

② 에스프레소 분쇄
   ㉠ 분쇄 입도가 매우 가늘다(0.3mm).
   ㉡ '밀가루보다 굵게, 설탕보다 가늘게'라는 표현을 많이 사용한다.

③ 에스프레소 추출의 특징
   ㉠ 필터에 담긴 커피 케이크(Coffee Cake)에 고압의 물이 통과되면서 향미 성분이 용해된다.
   ㉡ 분쇄 입도와 압축 정도에 따라 공극률이 변하며 추출속도가 조절된다.

ⓒ 미세한 섬유소와 불용성 커피 오일이 유화 상태로 함께 추출된다.

ⓔ 중력이 아니라 고압(9bar)의 압력으로 추출되는 원리다.

④ 에스프레소 추출 순서

추출 동작	내용
잔 점검/ 머신 점검	• 잔의 파손 및 청결 유무를 확인한다. • 잔이 뜨거운지 확인한다. • 에스프레소 머신의 보일러 압력과 펌프압력이 정상 범위에 있는지 확인한다.
포터필터 분리	머신을 바라보고 왼손으로 포터필터 손잡이를 잡고 왼쪽으로 45° 돌리면 그룹헤드에서 분리된다.
물 흘리기	그룹헤드 부위에 묻어 있는 찌꺼기를 청소하고 과열된 물을 흘려버리는 동작으로 3~4초 정도면 충분하다.
포터필터 바스켓 닦기	물기나 찌꺼기의 제거 및 청결을 위해 마른 행주로 닦는다.
그라인더 작동	그라인더 거치대에 포터필터를 올리고 그라인더를 작동한다.
도징(Dosing)/ 커피 파우더 담기	레버를 규칙적으로 뒤에서 앞쪽으로 끝까지 당기며 바스켓에 커피 파우더를 담는다. ※ 도징(Dosing) : 커피 그라인더에 적절한 굵기의 커피를 분쇄한 다음 배출 레버의 작동으로 일정한 양의 분쇄 커피가 배출되도록 하는 동작을 말한다.
1차 태핑(Tapping)	포터필터 가장자리 부분의 가루를 털어내고 평평하게 파우더가 담기도록 탬퍼의 뒷부분이나 손바닥으로 가볍게 친다.
탬핑(Tamping)	엄지와 검지로 가장자리 수평을 맞추면서 고르게 눌러준다. 1차 혹은 2차 고르게 눌러준다.
2차 태핑 및 가장자리 청소	• 가장자리에 커피가루가 없거나 커피가루가 골고루 수평이 잘 유지되어 있다면 생략해도 된다. • 가스켓과 접촉하는 면을 손으로 쓸어서 청소한다. • 노크 박스 위에서 실시한다.

추출 동작	내용
그룹 장착	• 탬핑이 끝난 원두는 그룹헤드에 신속하게 장착한다. • 45°에서 몸 쪽으로 수직이 되도록 돌린다. • 뒤쪽을 먼저 접촉시킨 뒤 앞쪽을 밀어 올리면 쉽다.
추출 버튼 누르기 – 커피잔 놓기	• 장착 후 즉시 추출 버튼을 누른다. • 워머기 위에 있는 커피잔을 포터 스파웃 아래에 놓는다.
포터필터 분리	커피 서빙이 끝난 후 앞선 포터필터 분리 동작과 같게 뽑는다.
물 흘리기	물 추출 버튼을 눌러 물 흘려버리기를 하여 찌꺼기를 제거한다.
쿠키 버리기	노크 박스 고무봉 부분에 부딪혀 털어낸다.
필터홀더 닦기	포터필터(필터홀더) 안의 찌꺼기를 린넨(Linen)을 얇게 잡고 닦아 낸다.
필터홀더 채우기	홀더는 항상 그룹헤드에 장착시켜 두어야 온도가 유지되면서 다음 커피 추출에 좋은 영향을 준다.

⑤ 에스프레소 추출 전 물 흘리기를 하는 이유

ⓐ 물의 온도를 조절하기 위해

ⓑ 그룹헤드의 이물질을 제거하기 위해

ⓒ 추출 온도를 점검하기 위해

더 알아보기

패킹(Packing)작업

• 커피를 포터 바스켓에 담는 과정으로 도징, 태핑, 탬핑이 패킹의 과정이다.

• 탬퍼(Tamper) : 커피가루를 다지는 데 사용하는 도구로 탬퍼의 재질은 알루미늄, 스테인리스, 플라스틱 등이다.

• 탬핑(Tamping) : 에스프레소 추출 시 커피 케이크의 균일한 밀도 유지를 통해 물이 일정하게 통과할 수 있도록 커피를 일정한 힘으로 눌러 다져 주는 작업을 말한다.

※ 탬핑은 1, 2차로 나누어 할 수도 있지만 한 번만 하기도 한다.

• 태핑(Tapping) : 1차 탬핑을 하고 나면 커피가 포터필터 가장자리로 밀려 달라붙게 되는데, 이를 탬퍼 손잡이로 포터필터를 톡 쳐서 바스켓 안쪽이나 바깥쪽으로 떨어뜨리기 위해 해 주는 동작이다.

※ 너무 강하게 치면 커피 케이크에 균열이 생기므로 주의한다.

01 다음 중 에스프레소 추출 시간으로 적절한 것은?

① 5~10초
② 10~20초
❸ 20~30초
④ 40~50초

해설 에스프레소 추출 시간은 20~30초이다.

02 에스프레소 추출 기준 중 옳지 않은 것은?

① 추출시간 - 20~30초
❷ 추출수의 온도 - 80~85℃
③ 추출압력 - 9±1bar
④ 분쇄원두의 양 - 7±1g

해설 추출수의 온도는 90~95℃이다.

03 다음 중 에스프레소의 맛에 대해 잘못 설명하고 있는 것은?

① 부드러운 크레마
② 단맛과 신맛이 어우러진 균형 잡힌 맛
❸ 단조롭고 지속적으로 길게 느껴지는 강렬한 쓴맛
④ 깊고 중후한 바디감

해설 ③ 깊고 중후한 느낌의 부드러운 쓴맛도 느낄 수 있다.

04 에스프레소의 물리적 특성에서 순수한 물과 비교했을 때 틀린 설명은?

① 전기전도도가 증가한다.
② 표면장력이 감소한다.
③ 점도가 증가한다.
❹ 에스프레소의 밀도가 감소한다.

해설 pH는 감소하고 밀도는 증가한다.

05 에스프레소 머신에서 포터필터를 장착하는 곳은?

① 플로 미터
② 펌프모터
❸ 그룹헤드
④ 디스퍼전 스크린

해설 물이 공급되는 부분은 그룹헤드이다.

06 에스프레소 머신 중 물의 흐름을 통제하는 부품이며 보일러에 유입되는 찬물과 보일러에서 데워진 온수의 추출을 조절하는 장치는 무엇인가?

❶ 솔레노이드 밸브
② 보일러
③ 디퓨저
④ 샤워 스크린

07 다음 중 1901년 에스프레소 머신을 최초로 개발해 특허를 출원한 사람은?

① 아킬레 가지아
② 라마르조코
❸ 루이지 베제라
④ 산타이스

해설 에스프레소 머신을 최초로 개발한 사람은 루이지 베제라이다.

08 다음 중 에스프레소 추출의 특징으로 옳지 않은 것은?

❶ 중력의 원리를 이용해 추출하는 방법이다.
② 미세한 섬유소와 불용성 커피 오일이 유화 상태로 함께 추출된다.
③ 커피 케이크(Coffee Cake)에 고압의 물이 통과하면서 향미 성분이 용해된다.
④ 분쇄 입도와 압축 정도에 따라 공극률이 변하며 추출속도가 조절된다.

해설 중력이 아니라 9bar의 고압으로 추출되는 원리다.

(1) 에스프레소 추출 속도에 영향을 미치는 요인

① 커피의 신선도
② 원두의 분쇄도(커피 입자의 굵기)
　※ 그라인더 칼날의 간격이나 칼날의 모양에 따라 분
　　쇄도에 차이가 있음
③ 공기 중의 습도
④ 로스팅 정도
⑤ 탬핑을 하는 힘의 강도
⑥ 추출압력
⑦ 필터 안에 담긴 커피의 양

(2) 에스프레소 추출의 결과와 원인

구분	과소 추출 (Under Extraction)	과다 추출 (Over Extraction)
입자의 크기	분쇄입자가 너무 크다(굵다).	분쇄입자가 너무 가늘다(곱다).
원두의 사용량	기준보다 적게 사용했다.	기준보다 많이 사용했다.
물의 온도	기준보다 낮다.	기준보다 높다.
추출시간	너무 짧았다.	너무 길었다.
탬핑의 강도	강도가 약하게 되었다.	강도가 너무 강했다.

(3) 에스프레소의 관능평가

① 크레마의 색상
　㉠ 중배전의 경우 : 황금색
　㉡ 강배전의 경우 : 약간의 적색
　㉢ 아라비카를 많이 사용한 경우 : 옅은 황금색
　㉣ 로부스타를 많이 사용한 경우 : 진한 황금색
② 크레마는 지속력과 복원력이 높을수록 좋게 평가
　한다.
③ 바디감이 강할수록 좋은 에스프레소다.
④ 신맛, 쓴맛, 단맛이 균형 잡혀 있어야 한다.
⑤ 부드러운 감촉이 있어야 한다.
⑥ 긴 여운이 있고, 쓴맛은 부드럽게 끝나야 좋은 에
　스프레소 맛이다.

(4) 크레마(Crema)

① 영어의 Cream에 해당하며 에스프레소 커피를 다
　른 방식의 커피와 구분 짓는 특성이다.
② 커피의 지방성분, 탄산가스, 향 성분이 결합하여
　생성된 미세한 거품으로 커피 양의 10% 이상은 되
　어야 한다.
③ 크레마의 색상
　㉠ 크레마 색상은 밝은 갈색이나 붉은빛이 도는
　　황금색을 띠어야 한다.
　㉡ 크레마 색상이 밝은 연노란색을 띠면 과소 추
　　출에 해당된다.
④ 크레마의 지속력 : 에스프레소 추출시간이 짧으면
　크레마 거품이 빨리 사라진다.
⑤ 크레마의 두께 : 일반적으로 3~4mm 정도의 크레
　마가 있어야 한다.

핵심예제

01 에스프레소 추출 시 크레마(Crema)의 추출요
소는 무엇인가?

① 회전력　　　　　② 원심력
③ 중력　　　　　　❹ 압력

해설 9~10bar로 가해지는 압력 때문에 크레마가 생성된다.

02 다음 중 에스프레소 추출 시 커피의 지방성분,
탄산가스, 향 성분이 결합하여 생성된 성분은 무엇인
가?

❶ 크레마(Crema)
② 버블(Bubble)
③ 룽고(Lungo)
④ 데미타세(Demitasse)

03 다음 중 에스프레소 추출시간에 영향을 주지 않
는 것은?

① 원두의 분쇄도
❷ 탬퍼의 무게
③ 로스팅 단계
④ 공기 중의 습도

해설 탬퍼의 무게보다는 탬핑을 가하는 힘이 추출시간에 영
향을 미친다.

(1) 에스프레소 따뜻한 메뉴

① 에스프레소(Espresso)

ㄱ 데미타세 잔에 제공되며 양은 25~30mL 정도 이다.

> **더 알아보기** ●──────
>
> **에스프레소를 맛있게 먹는 Tip**
> [방법 1] 데운 우유 20mL 정도와 설탕 한 스푼(5g)을 같이 넣어 저어서 마신다.
> [방법 2] 설탕 한 스푼을 넣은 후 저어서 마신다.
> [방법 3] 설탕 한 스푼을 넣은 후 젓지 않고 진한 에스프레소를 마신 다음, 가라앉은 상태의 설탕물로 입안의 쓴맛을 제거한다.
> [방법 4] 에스프레소를 그냥 마신 다음, 초콜릿을 하나 먹는다.

ㄴ 데미타세(Demitasse)

- 에스프레소 전용 잔으로 일반 커피잔의 1/2 크기이며, 용량은 60~70mL 정도이다.
- 재질은 도기이며 일반 컵에 비해 두꺼워 커피가 빨리 식지 않는다.
- 안쪽은 둥근 U자 형태로 에스프레소를 직접 받을 때 튀어나가지 않도록 설계되었다.
- 잔 외부의 색깔은 다양하지만 내부는 보통 흰색이다.

② 도피오(Doppio)

ㄱ 2잔의 에스프레소로 더블 에스프레소(Double Espresso)라고도 한다.

ㄴ Two Shot이나 Double Shot이라고도 한다.

③ 리스트레토(Ristretto)

ㄱ 추출시간을 짧게 하여 양이 적고 진한 에스프레소를 추출한다.

ㄴ 이탈리아 사람들이 즐겨 마시는 적은 양의 에스프레소이다.

ㄷ 추출시간은 10~15초 정도이다.

ㄹ 추출량은 15~20mL 정도이다.

④ 룽고(Lungo)

ㄱ 에스프레소보다 추출시간을 길게 하여 양을 많게 추출한다.

ㄴ 40~50mL 정도를 추출한다.

⑤ 아메리카노(Americano)

ㄱ 에스프레소에 뜨거운 물을 추가하여 희석한 메뉴이다.

ㄴ 연한 커피를 즐겨 마시는 미국인이라는 뜻을 지녔다.

(2) 베리에이션 메뉴(Variation Menu)

우유나 크림이 첨가된 메뉴를 말한다.

① 에스프레소 마끼아또(Espresso Macchiato)

ㄱ 에스프레소 위에 우유거품을 2~3스푼 올려 에스프레소 잔에 제공하는 메뉴이다.

ㄴ Macchiato는 '점', '얼룩'을 의미한다.

② 카페 콘 파냐(Cafe con Panna)

ㄱ 에스프레소에 휘핑크림을 얹어 부드럽게 즐기는 메뉴이다.

ㄴ 콘(Con)은 이탈리어어로 '~을 넣은'이라는 접속사이고, 파냐(Panna)는 '생크림'을 뜻한다. 즉, Coffee with cream이라는 뜻이다.

③ 카페라떼(Cafe Latte)/카페오레(Cafe au Lait)

ㄱ 프렌치 로스트한 커피를 드립으로 추출하여 데운 우유와 함께 전용 볼(Bowl)에 동시에 부어 만든다.

ㄴ 맛이 부드러워 프랑스에서는 주로 아침에 마신다.

ㄷ 프랑스에서는 카페오레(Cafe au Lait), 스페인에서는 카페 콘 레체(Cafe Con Leche), 이탈리아에서는 카페라떼(Caffe Latte)라고 한다.

ㄹ 기호에 따라 시럽을 첨가한다.

④ 카푸치노(Cappuccino)

ㄱ 에스프레소에 우유와 거품이 조화를 이루어 만들어진 메뉴이다.

ㄴ 150~200mL 크기의 잔에 제공된다.

ㄷ 우유를 섞은 커피에 계피가루를 뿌린 이탈리아식 커피이다.

ⓔ 기호에 따라 계피가루나 초콜릿 가루, 레몬이나 오렌지의 껍질을 갈아서 얹는다.
ⓜ 실키 폼(Silky Foam)이 가장 많이 들어간다.
ⓗ 이탈리아 카푸친 수도회 수도사들에게서 유래되었다.
ⓢ 독일 토스카나 지방에서는 캅푸쵸(Cappuccio)라고도 한다.
ⓞ 커피 위에 우유거품 대신 휘핑크림을 올리거나 기호에 따라 시럽을 첨가하기도 한다.
ⓩ 계피막대를 이용해 커피를 저으면 향이 더욱 좋다.

⑤ 카페모카(Cafe Mocha)
ⓖ 에스프레소에 초콜릿 시럽과 데운 우유를 넣어 섞은 후 그 위에 휘핑크림을 얹어 초콜릿 소스나 초콜릿 파우더를 장식하는 메뉴이다.
ⓛ 카페라떼에 초콜릿을 더한 음료이다.

⑥ 카페 로마노(Cafe Romano)
ⓖ 에스프레소 위에 레몬을 한 조각 올린 메뉴이다.
ⓛ 로마인들이 즐겨 마시는 방식이다.

⑦ 비엔나 커피(Vienna Coffee)/아인슈패너(Einspanner)
ⓖ 아메리카노 위에 하얀 휘핑크림을 듬뿍 얹은 커피이다.
ⓛ '한 마리 말이 끄는 마차'라는 뜻으로 우리에게는 '비엔나 커피'로 더 알려져 있다.
ⓒ 차가운 생크림의 부드러운 맛, 커피의 쓴맛과 시간이 지날수록 차츰 진해지는 단맛이 어우러진 커피로, 여러 맛을 즐기기 위해 크림을 스푼으로 젓지 않고 마신다.
ⓡ 오스트리아에서 아인슈패너(Einspanner)라 불리며, 마차에서 내리기 힘들었던 마부들이 한 손으로 말 고삐를 잡고 다른 한 손으로 설탕과 생크림을 듬뿍 얹은 커피를 마신 것이 시초가 되었다.
ⓜ 기호에 따라 설탕을 넣는다.

⑧ 고구마라떼 : 고구마 파우더를 우유에 풀어서 만든다.

⑨ 녹차라떼 : 녹차 파우더를 우유에 풀어서 만든다.

⑩ 밀크티(Milk Tea)
ⓖ 대만에서는 찻잎을 끓여 우유를 넣은 후 타피오카 펄을 넣어 밀크티를 만든다.
ⓛ 인도에서는 찻잎을 끓여 탈지분유나 우유를 넣고 '마살라 차이'라 하여 아침식사 대용으로 마신다.
ⓒ 유럽에서는 찻잎을 끓인 잔에 우유를 넣어 티타임을 갖는다.

(3) 에스프레소 차가운 메뉴

① 카페 프레도(Cafe Freddo)
ⓖ 프레도는 차갑다는 의미의 이탈리아어로 아이스 커피를 말한다.
ⓛ 에스프레소를 얼음이 담긴 잔에 부어 만든 메뉴이다.

② 샤케라토(Shakerato)
ⓖ 에스프레소를 시럽과 얼음이 든 셰이커에 넣고 흔들어 만든 아이스커피이다.
ⓛ 풍부한 거품으로 부드러움을 동시에 즐길 수 있다.

③ 카페 젤라또(Cafe Gelato) : 에스프레소에 젤라또 아이스크림을 넣은 음료이다.

④ 프라페치노
ⓖ 프라페와 카푸치노의 합성어로 얼음을 넣어 만든 부드러운 음료라는 뜻이다.
※ 프라페(Frappe) : 얼음을 넣어 차갑게 만든 음료수
ⓛ 스무디처럼 부드러운 단맛과 고소한 맛이 특징이다.

(4) 알코올이 들어간 메뉴

① 카페 코레토(Cafe Corretto) : 코냑 등의 알코올이 들어간 에스프레소 메뉴이다.

② 카페로열(Cafe Royal) : 나폴레옹이 즐겨 마셨던 커피 메뉴로 브랜디가 들어간 음료이다.

③ 깔루아(Kahlua) : 멕시코산 커피에 코코아, 바닐라 향을 첨가해 만든 리큐어를 말한다.

④ 아이리시 커피(Irish Coffee) : 커피에 아이리시 위스키를 넣고 휘핑크림을 첨가해 만든 음료이다.

01 다음 중 에스프레소를 마시는 전용 잔은?

① 지거

② 카푸치노 잔

❸ 데미타세

④ 계량컵

02 다음 중 더블 에스프레소(Double Espresso)로 '2배'를 뜻하는 용어는?

① 룽고(Lungo)

❷ 도피오(Doppio)

③ 솔로(Solo)

④ 트리플(Triple)

> **해설** 도피오는 통상 Two Shot이나 Double Shot이라고도 한다.

03 다음 중 에스프레소의 용량이 가장 적은 것은?

① 룽고(Lungo)

❷ 리스트레토(Ristretto)

③ 도피오(Doppio)

④ 트리플(Triple)

04 다음 중 들어가는 재료의 성격이 다른 하나는?

① 룽고(Lungo)

② 리스트레토(Ristretto)

③ 도피오(Doppio)

❹ 카페라떼(Cafe Latte)

> **해설** 카페라떼는 베리에이션 메뉴(Variation Menu)로 우유나 크림이 첨가된 메뉴를 말한다.

핵심이론 06 　 우유 스티밍

(1) 스티밍의 의미

① 보일러에서 생성된 수증기로 우유를 데우고 거품을 만든다는 의미로 사용된다.

② 라떼아트를 위한 벨벳 밀크(Velvet Milk)이다.

③ 우유가 들어 가는 모든 커피 메뉴에서 중요한 기술의 한 부분이다.

(2) 거품 생성의 원리

① 우유는 88% 정도의 수분과 단백질, 지질, 당질, 칼슘 등으로 구성되어 있다.

　　※ 스티밍과 관련된 성분 : 단백질, 지질

② 단백질과 지질(지방)은 뜨거운 열에 응고되는데, 이때 표면에서 빨아들인 공기가 이를 감싸면서 거품이 만들어진다.

③ 우유에 수증기를 불어 넣어 우유의 온도를 높이면서 우유 표면의 공기를 빨아들여 거품을 만든다.

　　㉠ 소리가 크면 굵은 거품이 만들어진다.

　　㉡ 소리가 날카롭고 거칠면 거품이 만들어지지 않는다.

　　㉢ 미세한 소리로 공기가 들어가는 소리가 나면 아주 고운 거품이 만들어진다.

　　　• 스팀 노즐을 우유 표면에 조금만 담가 공기를 유입시켜 거품을 낸다.

　　　• 거품을 만들 때 거친 거품이 나지 않도록 스팀 노즐의 위치를 세밀하게 조절한다.

　　　• 스팀 노즐의 두께, 노즐의 모양, 스팀이 나오는 구멍 숫자 및 위치 등에 따라 스티밍이 조금씩 달라질 수 있다.

　　㉣ 적절한 거품 양이 되면 노즐을 피처의 벽 쪽으로 이동시켜 혼합한다.

　　㉤ 우유의 온도는 60~70℃가 되게 한다.

　　㉥ 스티밍이 잘된 우유는 점성이 있고 거품이 부드럽고 고우며, 음료의 균질성을 높일 수 있다.

스팀 봉을 너무 깊게 넣을 경우
- 대류현상이 나타나며, 원심분리 효과와 같아서 균질화된 단백질과 지질을 분리하게 된다.
- 큰 지방구가 떠올라 피막을 형성하게 되어 부드럽고 고소한 맛과 향미를 잃는다.
- 우유와 거품이 혼합되지 않고 분리된다.
- 라떼아트가 불가능하게 된다.

(3) 우유 스티밍의 재료

① 우유

　㉠ 보통 우유, 저지방 우유, 무지방 우유, 두유 등이 있다.

　㉡ 우유는 차갑고 신선한 것을 사용한다.

　㉢ 우유에서 지방이 풍부한 부분을 분리한 것을 크림(Cream)이라고 한다.

　㉣ 크림 이외의 부분을 탈지유(Skimmed Milk)라고 한다.

　㉤ 탈지유에 대응하는 용어로서 지방을 제거하지 않은 원래의 우유를 전유(Whole Milk)라고 한다.

　㉥ 탈지유에 산 또는 응유효소를 첨가했을 때에 생성되는 응고물을 커드(Curd)라고 하며, 이것의 주요 성분은 우유 단백질인 카세인(Casein)이다.

카세인
- 우유의 단백질은 약 80%가 카세인이며, 그 밖에 락토알부민, 락토글로불린 등의 유청 단백질도 있다.
- 칼슘과 결합하여 칼슘카세이네이트가 된다.
- 인산칼슘 등의 염류와 복합체를 형성하여 거대 분자의 집합제의 형태로서 콜로이드상으로 분산되어 있다.
- 모유에도 카세인이 약 1% 정도 들어 있다.

　㉦ 리포단백질(Lipoprotein)
- 단백질과 인지질의 혼합물로 우유 지방구 표면에 흡착되어 지방구의 주위에 안정한 박막을 형성하고 있다.
- 우유의 유탁질을 안정화시키고 유화제와 같은 역할을 한다.

　㉧ 비단백태질소화합물 : 우유 전체 질소량의 약 5%를 차지하고 있는 단백질 이외의 질소화합물을 말한다.

　㉨ 각종 포유동물의 유지방의 지방산을 조성한다.
- 우유/산양유 : 휘발성 단사슬지방산(Short Chain Fatty Acids), 부르티산(Butyric Acids), 카프로산(Caproic Acid)
- 모유 : 리놀레산(Linoleic Acids)과 같은 긴 사슬불포화지방산(VLCFA)이나 포화지방산에서도 라우르산(Lauric Acid)의 함량이 높다.

　㉩ 유당
- 우유에 함유된 수분 이외의 성분 중 가장 많은 것이 당질로, 당질의 99.8%가 유당이다.
- 유당은 포유동물 특유의 당질이며 우유에 감미를 부여한다.
- 자당의 감미도가 100이라면 유당은 16 정도로 감미가 약하다.
- 유당은 95% 이상의 알코올, 에터에 녹지 않으며 냉수에도 용해도가 낮다.
- 소장의 점막상피세포의 외측막에 락테이스가 결손되면 유당의 분해와 흡수가 되지 않아 오히려 장관을 자극하여 심하면 통증을 유발하기도 한다.
- 효소 락테이스에 의하여 분해되어 글루코스와 갈락토스 등의 단당류가 된다.

　㉠ 젖산 : 칼슘을 가용화시키고, 소장세포의 산화적 대사계를 저해하여 칼슘의 투과성을 증대시킨다.

　㉡ 우유의 무기질 중 가장 중요한 성분은 칼슘과 인이다.

　㉢ 나트륨, 칼륨 및 염소는 거의 완전한 용액으로 일부분은 현탁액의 형태로 존재한다.
- 인은 인단백질(카세인), 인지질, 유기인산에스터 등의 구성분 형태로 되어 있다. 또 칼슘은 카세인과 결합한 형태로도 존재한다. 무기질 중에서는 칼슘과 인이 가장 중요하다.

ⓗ 단백질
- 우유거품을 만들 때 거품 형성에 가장 중요한 역할을 한다.
- 단백질 성분에 의해 우유거품이 생성된다.
- 우유의 단백질 성분은 카세인, 베타-락토글로불린, 락토페린 등이다.
㉮ 베타-락토글로불린(Beta-lactoglobulin)
- 가열에 의해 변형되기 쉬운 단백질로 우유를 40℃ 이상으로 가열할 때 생성되는 표면의 얇은 피막의 주성분이다.
- 우유를 가열하면 단백질 성분에 의해 황화수소가 발생되고 휘발되면서 가열취와 이상취를 만든다.
㉯ 지방 : 밀크 스티밍(Milk Steaming) 과정에서 우유의 단백질 외에 거품의 안정성에 중요한 역할을 하는 성분이다.
㉰ 살균우유
- 우유거품을 만들기에 가장 적합하다.
- 카푸치노를 만들 때 사용되는 우유는 신선하고 유지방 성분이 조정되지 않은 것이 좋다.
- 우유 살균법 : 초고온순간 살균법(3~5초)
㉱ 균질 크림
- 카페 메뉴를 만드는 커피 크림으로 가장 적합하다.
- 우유 지방구를 기계적 처리에 의해 작은 지방구로 파괴하여 우유에 균일하게 분산되는 것을 '균질'이라 한다. 유지방을 균질화해서 유지방이 부상하고 크림 라인이 형성되는 것을 방지한다.
㉲ 무균질 우유 : 지방구의 크기를 작게 분쇄시키지 않은 우유를 말한다.
② **스팀 피처의 재질** : 주로 스테인리스를 많이 사용한다(우유의 온도 측정이 가능).
ㄱ 피처의 크기는 1인 350mL, 2인 500~600mL, 3인 1,000mL이다.
※ 보통 600mL를 사용한다.
ㄴ 밑부분은 둥글고 윗부분은 좁은 것을 사용한다.

(4) 우유의 영양적 가치

① 유당이 풍부하게 함유되어 있다.
② 지방, 단백질 등이 풍부하게 함유되어 있어 영양가가 높다.
③ 유당이 함유되어 있어 우유에 감미를 부여한다.
④ 칼슘의 보고라 불릴 만큼 칼슘이 풍부하게 함유되어 있다.
⑤ 유의할 사항으로 유당불내증(Lactose Intolerance)이 있으며, 이는 유당에 의해 일어난다.
※ 유당불내증 : 유당 분해효소 부족으로 우유를 마시면 소화가 잘되지 않아서 복통, 설사 등의 고통을 동반하게 되는 현상

더 알아보기 ●━━━━━━━━━━━━━━━━━

우유의 응고
- 우유에 레닌이 작용하여 케이신 마이셀이 안정성을 잃고 서로 엉켜 침전하는 현상이다.
- 우유를 응고시키는 물질로 산, 염류, 레닌이 있다.

01 다음 중 우유에 함유되어 있는 수분의 비율로 올바른 것은?

① 50% ② 70%
❸ 88% ④ 99%

해설 우유에는 약 88%의 수분이 함유되어 있다.

02 우유에 대한 설명으로 잘못된 것은?

① 크림 이외의 부분을 탈지유(Skimmed Milk)라고 한다.
② 우유에서 지방이 풍부한 부분을 분리한 것을 크림(Cream)이라고 한다.
③ 탈지유에 산 또는 응유효소를 첨가했을 때에 생성되는 응고물을 커드(Curd)라고 한다.
❹ 탈지유에 대응하는 용어로서 지방을 제거하지 않은 원래의 우유를 초유라고 한다.

해설 지방을 제거하지 않은 원래의 우유를 전유(Whole Milk)라고 한다.

03 다음 중 우유의 단백질에서 약 80%를 차지하는 성분은 무엇인가?

① 지방 ② 레닌
③ 락토글로불린 ❹ 카세인

해설 우유의 단백질은 약 80%가 카세인으로 그 밖에 락토알부민, 락토글로불린 등의 유청 단백질도 있다.

04 우유의 영양적 가치를 설명한 것으로 잘못된 것은?

❶ 함유된 칼슘의 양이 적다.
② 유당이 함유되어 있어 우유에 감미를 부여한다.
③ 지방, 단백질 등이 풍부하게 함유되어 있어 영양가가 높다.
④ 유당이 풍부하게 함유되어 있다.

해설 우유는 칼슘의 보고라 불릴 만큼 칼슘이 풍부하게 함유되어 있다.

핵심이론 07 커피 영양학과 서비스

(1) 커피의 음료 분류

커피는 기호음료에 속한다.

(2) 커피의 영양학적 효능

① 타 음료에 비해 항산화효과가 있는 페놀류를 다량 함유하고 있다.
② 한 잔의 커피는 오렌지 주스 한 컵보다 많은 수용성 식이섬유를 가지고 있다.
③ 구강 건조 시 타액 분비를 촉진시킨다.
④ 장 건강에 유익한 유산균(비피도박테리아)을 활성화시키며 커피의 항산화 효과는 미디엄 로스트 커피가 최대치를 나타낸다.
⑤ 칼슘
　㉠ 커피를 많이 마시는 사람이 가장 많이 보충해주어야 할 영양소이다.
　㉡ 몸에 가장 많은 무기질인 칼슘은 대부분 뼈와 치아를 만드는 데 사용되지만, 1%가량은 혈액을 타고 돌면서 근육이나 신경의 기능을 조절하고 혈액응고를 돕는다.
⑥ 카페인
　㉠ 뇌의 신경전달물질의 생성·분비를 촉진하여 각성효과가 있으며 긴장감을 유지시킨다.
　㉡ 이뇨작용을 촉진한다.
　㉢ 노폐물의 분비를 돕는다.
　㉣ 커피 섭취량이 과다하면 불면증, 두통, 신경과민, 불안감 등의 증세가 발생한다.
　㉤ 심장의 수축력과 심장박동수를 증가시키고, 신체가 활성화된다.
　㉥ 카페인은 신진대사를 촉진하고 스트레스를 감소시키는 효과가 있다.
　㉦ 카페인은 신속하게 위장관에 흡수·대사되므로 공복 시 커피 음용을 자제한다.
　㉧ 임산부의 잦은 커피 음용은 태아의 혈중 카페인 농도를 높인다.

ⓩ 하루 2~3잔 이상의 커피 섭취는 폐경기 여성의
경우에 골다공증의 간접적인 원인이 된다.
ⓐ 위염, 위궤양 증세가 있을 때는 커피 음용을 자
제하는 것이 좋다.
ⓚ 위액의 분비를 촉진시킨다.
ⓣ 커피에는 체내의 지방을 분해하는 다이어트 촉
진 효과가 있다.
ⓟ 커피는 활성산소를 감소시켜 노화를 예방해 주
는 효과가 있다.

(3) 기타

① **철분** : 다량의 커피를 섭취하면 커피의 폴리페놀
성분은 철분 흡수를 방해한다.
② **단백질** : 단백질의 변질에 의해 주로 식품의 변질
이 이루어진다.
③ **과당**
　㉠ 자연에 존재하는 천연당류 중 가장 단 당이다.
　㉡ 설탕의 감미도가 100이라면 과당은 173 정도로
천연식품 중 가장 달다.

핵심예제

01 다음 중 카페인이 인체에 미치는 효과에 대해
잘못 설명하고 있는 것은?

① 뇌의 신경전달물질의 생성·분비를 촉진하여
각성효과가 있으며 긴장감을 유지시킨다.
② 이뇨작용을 촉진한다.
❸ 위염, 위궤양 증세를 완화해 주는 효과가 있다.
④ 커피 섭취량이 과다하면 불면증, 두통, 신경과
민, 불안감 등의 증세가 발생한다.

해설 위염, 위궤양 증세가 있을 때는 커피 음용을 자제하는
것이 좋다.

02 다량의 커피를 마실 경우 커피에 함유된 폴리페
놀 성분에 의해 섭취가 제한되는 무기질은?

① 비타민 A　　　　❷ 철분
③ 인　　　　　　　④ 비타민 D

핵심이론 08　식자재 관리

(1) 감염병 관리

① 세균은 다소 높은 온도인 25~37℃에서 가장 많이
번식한다.
② 경구감염병
　㉠ 병원체가 음식물, 음료수, 식기, 손 등을 통하
여 경구로 침입하여 감염된다.
　㉡ 극히 미량의 균으로도 감염이 이루어지고, 2차
감염이 발생할 수 있다.
③ 파라티푸스 : 파라티푸스균(*Salmonella paratyphi*)
에 감염되어 발생하며 전신의 감염증 또는 위장염
의 형태로 나타나는 감염성 질환이다. 격리가 필요
한 질병이기 때문에 영업에 종사하지 못한다.

(2) 냉장 및 냉동 보관

① 구입한 재료 및 식품은 특성에 따라 냉장고, 냉동
고, 식품창고 등에 정리하여 보관한다.
② 냉장·냉동고의 관리 및 사용
　㉠ 냉장·냉동고는 주 1회 이상 청소와 소독을
한다.
　㉡ 식품별로 분류, 보관하여 교차오염을 예방한다.
　㉢ 냉장고는 5℃ 이하, 냉동고는 -18℃ 이하의 온
도를 유지하도록 주기적으로 점검한다.
　㉣ 내부 용적의 70% 이하일 때 식재료를 위생적으
로 관리할 수 있다.

(3) 자외선 살균소독

① 공기와 물 등 투명한 물질만 투과하는 속성이 있어
피조사물의 표면 살균에 효과적이다.
② 살균력이 강한 2,537Å의 자외선을 방출시켜 소독
하는 것으로 거의 모든 균종에 대해 효과가 있다.
③ 살균력은 균 종류에 따라 다르고 같은 세균이라도
조도, 습도, 거리에 따라 효과에 차이가 있다.
④ 살균등은 2,000~3,000Å 범위의 자외선을 사용
하며, 2,600Å 부근이 살균력이 가장 높다.

(4) 식품안전관리인증기준(HACCP)

① 해썹(HACCP ; Hazard Analysis Critical Control Point)인증을 말하며, 위해요소 분석과 중요관리점을 표현하는 용어이다.

② 식품의 원재료부터 제조, 가공, 보존, 유통, 조리 단계를 거쳐 최종 소비자가 섭취하기 전까지의 과정을 포함한다.

③ 각 단계에서 발생할 우려가 있는 위해요소를 규명한것이다.

④ 위해요소를 중점적으로 관리하기 위한 중요관리점을 결정한다.

⑤ 자율적이며 체계적이고 효율적인 관리로 식품의 안전성을 확보하기 위한 과학적인 위생관리 체계이다.

⑥ 미생물 등 생물학적, 화학적, 물리적 위해요소 분석을 의미하는 것으로 원료와 공정에서 발생 가능한 위해요소 분석을 일컫는 것이다.

(5) 식중독 예방의 3대 원칙

① **청결의 원칙** : 식품을 위생적으로 취급하여 세균 오염을 방지하여야 하며 손을 자주 씻어 청결을 유지하는 것이 중요하다.

② **신속의 원칙** : 세균 증식을 방지하기 위하여 식품은 오랫동안 보관하지 않도록 하며 조리된 음식은 가능한 바로 섭취하는 것이 안전하다.

③ **냉각 또는 가열의 원칙** : 조리된 음식은 5℃ 이하 또는 60℃ 이상에서 보관해야 하며 가열 조리가 필요한 식품은 중심부 온도가 75℃ 이상 되도록 조리해야 한다.

(6) 카페의 식재료 보관방법

① 가능한 낮은 온도에 보관한다.

② 햇볕 노출을 최소화한다.

③ 진공포장해서 보관한다.

④ 우유는 냉장 보관(5℃ 이하)이 적당하다.

⑤ 차가운 음료는 4℃ 또는 더 낮게 보관한다.

⑥ 뜨거운 음료는 60℃ 또는 더 높게 보관한다.

⑦ 유제품은 냉장보관하고 제조일로부터 5일 이내에 사용한다.

⑧ 식음료를 만들기 전에 손을 청결히 한다.

⑨ 작업 공간에는 깨끗한 행주나 물수건을 준비한다.

⑩ 식자재 보관 시 선입선출법(FIFO)을 기본으로 한다.

　※ 선입선출법(FIFO ; First In First Out) : 먼저 구입한 물건을 항상 선반 앞쪽에 진열하고 먼저 사용하는 방법이다.

⑪ 식품의 효소는 활성화되면 안 된다(부패의 위험).

(7) 식품온도계를 사용하는 방법

① 온도계를 식품에 삽입하고 15초 후에 측정값을 읽어야 한다.

② 온도계는 한 번 쓰고 소독해야 한다.

③ 감지 부분이 용기의 바닥에 닿지 않아야 한다.

④ 수은 온도계는 얼음의 온도를 측정하지 못한다.

(8) 식품첨가물

① 식품을 제조·가공 또는 보존하는 과정에서 식품에 넣거나 섞는 물질을 말한다.

② 식품첨가물이란 식품을 제조·가공·조리 또는 보존하는 과정에서 감미, 착색, 표백 또는 산화 방지 등을 목적으로 식품에 사용되는 물질을 말한다. 이 경우 기구·용기·포장을 살균·소독하는 데에 사용되어 간접적으로 식품으로 옮아갈 수 있는 물질을 포함한다(식품위생법 제2조제2호).

(9) 카페의 식재료 저장방법

① 식재료별 분류 저장, 저장장소 표시, 저장일자 표시를 원칙으로 한다.
② 카페 식재료의 저장은 분류 저장, 품질 보전 등을 위해 시행한다.

(10) 해피아워(Happy Hour, 가격 할인 시간대)

① 일정한 시간을 정해 놓고 가격을 할인해 주는 것을 말한다.
② 카페의 매출 증대를 위한 마케팅 방법이다.

(11) 인벤토리(Inventory) 조사

재고량 조사는 매월 월말에 실시한다.

(12) 파 스톡(Par Stock)

① 카페에서 하루 영업에 필요한 식재료량 만큼만 준비해 두는 것이다.
② 물품 공급을 원활하게 하고 신속한 서비스를 도모하기 위한 목적으로 일정 수량의 식료 재고를 저장고에서 인출해서 영업장의 진열대나 기타의 장소에 보관하고 필요할 때 사용하는 재고를 지칭한다. 즉, 저장되어 있는 "적정 재고량"을 말한다.

(13) 식기 세척

① 식기세정제로 씻고 잘 헹궈 준다.
  ㉠ 도자기류 : 찬물과 더운물 순으로
  ㉡ 유리 글라스류 : 더운물과 찬물 순으로
② 사용한 기물은 그때그때 즉시 세척한다(사용 즉시 세척하는 것을 원칙으로 함).

---

01 병원체가 음식물, 음료수, 식기, 손 등을 통하여 감염되는 질병으로 주로 소화기 계통에 발생하는 전염병은?

❶ 경구감염병
② 만성질환
③ 신종플루
④ 폐렴

02 다음 중 식품의 냉장 온도와 냉동 온도가 바르게 짝지어진 것은?

① 냉장은 5℃ 이하, 냉동은 −5℃ 이하
❷ 냉장은 5℃ 이하, 냉동은 −18℃ 이하
③ 냉장은 10℃ 이하, 냉동은 −20℃ 이하
④ 냉장은 10℃ 이하, 냉동은 −5℃ 이하

03 다음 중 식품 위해요소 분석과 중요관리점을 표현하는 용어는?

❶ HACCP
② HICAP
③ HDCCP
④ HTCCP

(1) 안전사고 대응 요령

① 안전관리에 관한 기준을 확립하여 사고의 예방에 만전을 기한다.
② 안전사고 발생 시 신속하고 적절한 초기대응을 가능하게 하여야 한다.
③ 감전사고의 경우 사고자를 안전장소로 구출하고 의식·화상·출혈 상태 등을 확인한다.
④ 전기화재의 경우 물을 뿌리면 감전의 위험이 있으므로 분말소화기를 사용하여 화재를 진압한다.
⑤ 화재가 발생하면 건물 내 소화전의 비상버튼을 눌러 화재 상황을 건물 내 모든 사람에게 알린다. 최초 발견자는 비상벨을 눌러 상황을 전파한다.
⑥ 건물 내 비상전화 혹은 휴대전화를 이용하여 119 소방본부에 신고하여 상황을 알린다.
⑦ 초기 화재장소를 목격한 사람은 화재 시 건물 내에 비치된 소화기와 소화전을 사용하여 초기 진화를 한다.
⑧ 화재장소에서 진화가 안 될 경우 안내에 따라 외부로 질서 있게 대피한다.
⑨ 화재가 발생한 곳의 반대 방향으로 대피한다.
⑩ 대피 시 옷이나 수건 등으로 호흡기를 막고 최대한 낮은 자세로 비상등을 보며 대피해야 한다.

(2) 화재로 인한 화상을 입었을 경우 조치 요령

① 옷을 입은 상태로 차가운 물에 상처 부위를 충분히 식힌 다음 가위로 옷을 잘라서 제거한다.
② 상처 부위나 물집은 세균감염성이 높기 때문에 건드리지 않도록 한다.
③ 2차 감염 예방을 위해 상처 부위를 살균된 거즈로 덮어 준다.
④ 아무 연고나 바르지 말고 상처를 깨끗한 거즈나 살균 붕대로 감싼 상태로 병원에 내원하여 의사에게 치료받는다.

(3) 지진 발생 시 행동 요령

① 벽면 혹은 책상 아래로 몸을 숙여서 대피한다.
② 충격에 대비해 기둥 및 손잡이 등의 고정물을 꽉 잡는다.
③ 휴대폰이나 사무실 전화로 침착하게 본인의 위치를 119에 알린다.
④ 정전이 발생하면 상황이 진정되고 나서 밖으로 탈출하는 것이 좋다.
⑤ 엘리베이터는 더 큰 사고를 초래할 수 있으므로 사용을 삼간다.
⑥ 엘리베이터 내에 있을 때 지진이 발생하면 엘리베이터 정지 후 안전하고 신속하게 내려 대피해야 한다.
⑦ 엘리베이터 안에 갇혔을 경우 엘리베이터 내 인터폰으로 상황을 전파하며 구조 요청을 하고 안에 있는 손잡이를 잡고 구조될 때까지 기다린다.

(4) 중동호흡기증후군(MERS)

① 병원체는 메르스 코로나바이러스(MERS-CoV)이다.
② 일부는 무증상이거나 가벼운 폐렴 증세를 나타내는 경우도 있다. 주증상은 발열, 기침, 호흡곤란으로 그 외에도 두통, 오한, 인후통, 콧물, 근육통뿐만 아니라 식욕부진, 오심, 구토, 복통, 설사 등이 나타난다. 잠복기는 5일이다.
③ 손 씻기 등 개인위생 수칙을 준수한다.
④ 발열 및 기침, 호흡곤란 등 호흡기 증상이 있을 경우에는 즉시 병원을 방문해야 한다.
⑤ 기침, 재채기 시 휴지로 입과 코를 가리고 휴지는 반드시 쓰레기통에 버린다.
⑥ 발열이나 호흡기 증상이 있는 사람과 접촉을 피한다.
⑦ 자가 격리기간은 증상이 발생한 환자와 접촉한 날로부터 14일이다.

(5) 코로나바이러스감염증-19(COVID-19)

① 코로나바이러스와 에볼라바이러스는 동물의 세계에 분포하는 바이러스의 종류이다. 드물게 변종이 나타나거나 알지 못하는 이유로 동물로부터 인간에게 전염되고 있다.

② 2019년 12월 중국 우한에서 발생한 신종 코로나바이러스감염증은 인체 감염 7개 코로나바이러스 중 하나이다.

③ 코로나바이러스는 감염자의 비말(침방울)이 호흡기나 눈, 코, 입의 점막으로 침투될 때 감염된다.

④ 잠복기 : 약 2~14일

⑤ 증상 : 가장 흔한 증상은 발열, 마른 기침, 피로 등이며 이 외에 후각 및 미각 소실, 근육통, 인후통, 두통, 결막염, 설사, 피부 증상 등 다양한 증상이 나타날 수 있다.

⑥ 감염 예방

    ㉠ 예방접종 : 코로나19의 감염과 전파위험을 낮출 수 있으며, 중증질환과 사망을 예방하는 데 도움이 된다.

    ㉡ 마스크 착용 : 침방울(비말)을 통한 감염 전파를 차단할 수 있다. 입과 코를 완전히 가리고 얼굴과 마스크 사이에 틈이 없도록 밀착시켜 착용한다.

    ㉢ 청소와 소독 : 세제(비누 등)와 물을 사용하여 청소하는 것은 표면에 있는 병원체를 제거하는 데 효과적이다.

    ㉣ 환기 : 하루에 최소 3회, 10분 이상 창문을 열어 자연환기해야 하며 냉·난방 중에도 주기적으로 환기해야 한다.

핵심예제

01 카페의 안전사고에 대응하는 방법으로 잘못된 것은?

① 안전사고 발생 시 신속하고 적절한 초기대응을 가능하게 하여야 한다.

② 안전관리에 관한 기준을 확립하여 사고의 예방에 만전을 기한다.

③ 화재가 발생한 곳의 반대 방향으로 대피한다.

❹ 전기화재의 경우 물을 뿌려 화재를 재빨리 진압해야 한다.

[해설] 전기화재의 경우 물을 뿌리면 감전의 위험이 있으므로 분말소화기를 사용하여 화재를 진압한다.

02 다음 중 중동호흡기증후군 코로나바이러스 예방법에 대해 잘못 설명하고 있는 것은?

① 손 씻기 등 개인위생 수칙을 준수한다.

❷ 발열 및 기침, 호흡곤란 등 호흡기 증상이 있을 경우 외출을 자제하고 경과를 지켜본 다음 병원을 방문한다.

③ 기침, 재채기 시 휴지로 입과 코를 가리고 휴지는 반드시 쓰레기통에 버린다.

④ 발열, 호흡기 증상이 있는 사람과 접촉을 피한다.

[해설] 증상이 있을 경우에는 즉시 콜센터, 관할 보건소에 연락한 후 전담 병원을 방문해야 한다.

03 화재로 인한 화상을 입었을 경우 조치하는 요령으로 잘못된 것은?

❶ 옷을 입은 상태라면 가위로 잘라서 벗긴 후 차가운 물에 상처를 식힌다.

② 상처 부위나 물집은 되도록 건드리지 않도록 한다.

③ 2차 감염 예방을 위해 상처 부위를 거즈로 덮어 준다.

④ 아무 연고나 바르지 말고 상처를 깨끗한 거즈로 덮은 뒤 의사에게 치료 받는다.

[해설] 옷을 입은 상태로 차가운 물에 상처 부위를 충분히 식힌 다음 옷을 가위로 잘라서 벗긴다.

04 지진 발생 시 행동 요령에 대해 잘못 설명하고 있는 것은?

① 벽면 혹은 책상 아래로 몸을 숙여서 대피한다.
❷ 지진으로 인한 정전이 발생하면 위험한 행동은 삼가면서 바로 밖으로 탈출한다.
③ 충격에 대비해 기둥 및 손잡이 등의 고정물을 꽉 잡는다.
④ 휴대폰이나 사무실 전화로 침착하게 본인의 위치를 119에 알린다.

해설 정전이 발생하면 상황이 진정되고 나서 밖으로 탈출하는 것이 좋다.

05 메르스(MERS)의 주요 증상이 아닌 것은?

❶ 당뇨
② 두통
③ 오한
④ 인후통

해설 호흡곤란, 발열, 기침 등의 증세가 동반되기도 한다.

핵심이론 10 고객 관리

(1) 서비스 직원의 기본 자세

① 머리는 단정하고 깔끔하게 유지한다. 긴 머리의 경우 묶는 것이 좋다.
② 매니큐어는 색깔이 있는 것보다 투명한 것으로 하며, 손톱은 짧게 한다.
③ 유니폼은 정해진 것으로 깨끗하게 착용한다.
④ 명찰은 지정된 위치에 달아야 한다.
⑤ 강한 향수나 짙은 화장, 화려한 장신구는 피하는 것이 좋다.
⑥ 굽이 낮은 검은색 구두를 착용하며 항상 깨끗하게 관리한다.

(2) 카페 종사원의 인사 예절법

① 고객 인사는 45° 정중례나 보통례로 한다.
② 항상 얼굴에 미소를 지으며 고객과 눈을 맞추고 인사한다.
③ 밝은 목소리 톤인 솔(Sol) 톤으로 인사를 한다.
④ 허리를 숙여 정중하게 인사한다.
⑤ 밝은 얼굴로 "어서 오십시오."라고 인사하고 반갑게 맞이한다.
⑥ 고객이 입장하면 가장 먼저 예약 여부와 인원수를 확인한다.
⑦ 입장한 순서대로 자리를 안내한다.
⑧ 단골 고객일 경우 이름이나 직함을 불러 줌으로써 친밀감을 갖도록 한다.
⑨ 예약 손님일 경우 예약 테이블로 안내한다.
⑩ 테이블이 없을 경우 대기석에서 대기하도록 정중하게 말씀드린다. 예상 시간을 안내한 후 순서에 따라 좌석을 배정한다.
⑪ 젊은 남녀 고객인 경우 벽 쪽의 조용한 테이블로 안내한다.
⑫ 1인 고객은 전망이 좋은 곳으로 안내한다.
⑬ 멋있고 호화로운 고객은 영업장 중앙 테이블로 안내하여 영업장 분위기를 밝게 한다.

(3) 주문 받는 자세 및 주문 요령

① 메뉴를 제공하고 고객의 곁에서 대기하고 있다가 손님이 준비가 되면 주문을 받는다.
② 커피 주문을 먼저 받고 음식 주문을 받는다.
③ 주문은 고객의 왼쪽에서 받고, 식음료 제공은 오른쪽에서 한다.
④ 고객의 좌측 또는 우측에서 제시한다.
⑤ 주빈이나 여성 고객, 연장자, 직책이 높은 사람부터 제시한다.
⑥ 주문받는 순서는 주최자의 왼쪽부터 시계 방향으로 한다.
⑦ 커피는 쟁반에 들고 운반하여 고객의 오른쪽에서 오른손으로 서비스한다.
  ※ 서비스 쟁반은 한 손으로 받치고 안전하게 서비스하여야 한다.
⑧ 서비스할 때는 여성 우선의 원칙을 지켜야 한다. 여자, 연장자, 남자 등의 순으로 서비스한다.
⑨ 매장 안에서 음료를 마시는 경우 일회용 컵보다는 재사용이 가능한 컵으로 서빙한다.
⑩ 커피를 서비스할 때는 커피잔의 손잡이와 커피 스푼의 손잡이가 오른쪽으로 향하도록 한다(오른손잡이가 많기 때문).
⑪ 판매하는 메뉴 내용을 완전히 숙지하여 판매를 리드해 나간다.
⑫ 주문이 끝나면 주문 내용을 복창·확인한다.

(4) 카페 종사원의 직무

① 각 식재료의 위생상태를 확인한다.
② 각 식재료의 재고량을 파악하고 주문한다.
③ 영업시간 전 부재료를 파악하고 영업을 위한 재료를 준비한다.
  ※ 매출 분석 : 경영자의 업무 영역에 해당한다.
    예 월간/분기별/연간 매출 분석을 통한 경영 분석

(5) 바리스타의 근무 자세

① 바리스타는 '바 안에 있는 사람'이라는 뜻으로 바맨(Bar man)을 의미한다.
② 손님이 없는 시간에도 항상 바른 자세를 유지한다.
③ 자주 방문하는 손님인 경우 취향에 맞게 서비스를 제공한다.
④ 손님 간의 대화에 끼어들지 않는다.
⑤ 모든 손님을 공평하게 접대하며 항상 손님의 입장에서 생각하고 근무한다.
⑥ 완벽한 에스프레소 추출과 좋은 원두의 선택, 커피머신의 완벽한 활용, 고객의 입맛에 최대한 만족을 주기 위한 능력을 겸비해야 한다.

(6) 고객 응대 시 태도

① 최고의 응대가 최고의 서비스를 만든다.
② 고객으로부터 호감을 받을 수 있는 고객 응대 기술이 필요하다.
  ㉠ 친절한 미소와 친근한 인사로 예의 바르게 행동한다.
  ㉡ 항상 용모나 복장을 단정히 한다.
  ㉢ 자신감 있는 응대를 위해 평소 업무 지식과 기술을 충분히 갖춘다.
  ㉣ 고객이 요구하기 전에 미리 서비스한다.
  ㉤ 즐거운 마음으로 고객에게 도움이 되는 작은 친절을 베푼다.
③ 고객을 최우선으로 고객의 입장에서 생각하고 판단한다.
  ㉠ 항상 고객의 목소리에 귀 기울이고 입장을 바꿔 생각해 보는 것이야말로 고객 응대의 기본이다.
  ㉡ 고객이 원하는 서비스가 무엇인지 그리고 고객이 원하지 않는 서비스는 무엇인지 생각해 본다.
④ 고객 개개인에게 정성을 다한다.
  ㉠ 고객 개개인의 개성과 취향을 존중하는 차별화된 서비스를 제공한다.
  ㉡ 고객의 욕구 및 감성까지 염두에 둔 다양한 서비스를 제공한다.

ⓒ 고객 한명 한명을 특별하게 대한다.

ⓔ 고객을 차별하지 않고 공평하게 응대한다.

⑤ 고객에게 즉각 반응한다.

　ⓐ 고객을 돕고 즉각적으로 신속한 서비스를 제공하려는 자세, 고객의 욕구에 대한 반응은 서비스 직원의 중요한 자질이다.

　ⓑ 고객에게 응대하는 속도는 고객의 중요성에 대한 표현이다.

⑥ 고객을 기억하여 호칭한다.

　ⓐ 고객 관리의 첫걸음이다.

　ⓑ 고객에 대한 관심과 노력이 필요하며 사람을 잘 기억하는 능력은 서비스 직원에게 필수불가결하다.

　ⓒ 고객과의 관계를 친밀하게 하는 좋은 방법이며 서비스 직원의 의지가 있어야 한다.

(7) 유형별 고객 응대

① 까다로운 고객

　ⓐ 고객의 현재의 상황 및 감정 상태가 어떤지 파악하는 것이 중요하다. 고객이 미리 예보하는 징후들을 감지하고 응대하면 쉽게 친해질 수 있다.

　ⓑ 고객의 욕구를 만족시키기 위해서는 상대방에 맞춘 응대방법이 필요하다.

　　• 각각의 고객을 한 개인으로 다루어야 한다.

　　• 고객을 일정한 유형으로 분류해서 동일한 방법으로 다루지 말아야 한다.

　　• 긍정적인 태도, 인내심, 고객을 이해하고 돕고자 하는 마음을 통해 성공적인 고객서비스를 할 수 있다.

　ⓒ 사람에 초점을 맞추기보다 상황과 문제 자체에 집중할 수 있는 능력이 중요하다.

　ⓔ 고객을 알아야 문제를 해결할 수 있다. 침착하게 전문가다운 모습을 보이도록 한다.

　ⓕ 화내고 짜증내고 목소리를 높이며 감정적으로 행동하는 고객 응대

　　• 대부분 담당자가 해결할 수 없는 구조, 과정, 상황에 화가 난 경우이다.

　　• 상황을 잘 듣고 고객의 입장에서 말과 행동을 하며 이해해야 한다.

　　• 고객의 감정 상태를 배려하는 것이 가장 중요하다.

② 화가 난 고객

　ⓐ 지적 받은 사항에 대해 일단 사과하고 고객의 불만을 귀 기울여 경청한다.

　ⓑ 긍정적인 태도로 서비스가 불가능한 것보다 가능한 것을 제시한다.

　ⓒ 고객의 감정을 파악하고 안심시킨다.

　ⓔ 객관성을 유지하여 원인을 해결한다.

③ 예민한 고객

　ⓐ 영업장 밖에서부터 좋지 않은 일이 있었거나, 사소한 일에 대단히 불쾌해 하고 짜증을 내는 고객이다.

　ⓑ 말씨나 행동에 주의해서 상대를 자극하지 않는다.

　ⓒ 불필요한 대화를 줄이고 고객의 요구에 대해 신속히 조치한다.

④ 무리한 요구사항이 많거나 거만한 고객

　ⓐ 고객의 의견을 경청한 후에 영업장의 상황을 있는 그대로 설명한다.

　ⓑ 목소리를 높이거나 말대꾸하지 말고, 고객을 존중한다.

　ⓒ 고객의 요구에 초점을 맞추고 확고하고 공정한 태도를 유지한다. 그리고 가능하고 할 수 있는 것을 말한다.

　ⓔ 융통성 있게 고객의 요구를 적극적으로 들어주는 자세가 필요하다.

⑤ 무례한 고객

　ⓐ 침착하고 단호하게 대처하고 전문가답게 행동한다.

　ⓑ 고객의 높은 음성, 무례한 태도에 대해 차분히 응대한다.

　ⓒ 다른 고객 앞에서 고객을 무안하게 만드는 행위는 고객을 더욱 화나게 만든다. 고객과 논쟁이 일어나지 않도록 말 한마디라도 주의해야 한다.

01 다음 중 서비스 직원의 기본 자세에 대해 잘못 설명하고 있는 것은?

① 머리는 단정하고 깔끔하게 유지한다.

② 유니폼은 정해진 것으로 깨끗하게 착용한다.

❸ 깔끔한 인상을 주기 위해 향이 강한 향수를 뿌린다.

④ 매니큐어는 투명한 것으로 하고 손톱은 짧게 한다.

02 다음 중 이탈리아어로 '바(Bar)' 안에 있는 사람을 뜻하는 용어는?

❶ 바리스타　　　② 바텐더

③ 브루마스터　　④ 소믈리에

해설 바리스타는 '바 안에 있는 사람'이라는 뜻으로 바 맨(Bar man)을 의미한다.

03 카페 서비스 요령 중 일반적인 테이블 배정 요령에 대해 가장 바르게 설명하고 있는 것은?

❶ 멋있고 호화로운 고객은 영업장 중앙 테이블로 안내하여 영업장 분위기를 밝게 한다.

② 아이를 동반한 고객은 다른 고객에게 방해가 되므로 입장을 제한한다.

③ 좌석이 만석인 경우 입장을 제한하고 빈 좌석이 날 때까지 무작정 기다리게 한다.

④ 젊은 남녀 고객은 밝고 환한 자리로 안내한다.

해설 좌석이 만석인 경우 예상 시간을 안내한 후 순서에 따라 좌석을 배정한다.

04 고객이 주문한 커피를 서비스하는 원칙에 대해 잘못 설명하고 있는 것은?

① 커피는 쟁반에 들고 운반하여 고객의 오른쪽에서 오른손으로 서비스한다.

② 서비스할 때는 여성 우선의 원칙을 지켜야 한다. 여자, 연장자, 남자 등의 순으로 서비스한다.

❸ 커피를 서비스할 때는 커피잔의 손잡이와 커피 스푼의 손잡이가 왼쪽으로 향하도록 한다.

④ 매장 안에서 음료를 마시는 경우 일회용 컵보다는 재사용이 가능한 컵으로 서빙한다.

해설 ③ 커피잔의 손잡이와 커피 스푼의 손잡이가 오른쪽으로 향하도록 한다. 오른손잡이가 많기 때문이다.

---

(1) 카페 창업

① 임대차 계약서

　㉠ 영업 허가가 날 수 있는 정화조 용량 확인

　㉡ 추가적인 전기 증설 필요 유무 확인

② 보건증(건강진단결과서) 발급 : 사업장 관할 보건소

③ 위생교육 수료증 발급

　㉠ 음식점협동조합중앙회

　㉡ 한국외식업중앙회(주류 판매 시)

④ 영업신고증 발급

　※ 영업신고 : 보건증, 위생교육필증, 임대차 계약서, 신분증, 식품영업신고서, 양도자의 기존 영업신고증, 양도자의 신분증 사본

⑤ 사업자 등록

　㉠ 허가증을 받고 세무서에서 사업자 등록

　㉡ 사업 개시일 이전 20일 이내 진행

　㉢ 인테리어 기간이 길어질 경우(6개월 이상) 가능한 빨리 진행하며 관련 서류에 대해 부가세 공제

　㉣ 초기 인테리어 자금이 크다면 일반 과세자로 등록하는 편이 유리

⑥ 카드 단말기 등록 : 사업 개시일 5일 전까지 신청

(2) 다중이용업소법 등

① 다중이용업 및 안전시설 등(법 제2조)

　㉠ 다중이용업 : 불특정 다수인이 이용하는 영업 중 화재 등 재난 발생 시 생명·신체·재산상의 피해가 발생할 우려가 높은 것으로서 대통령령으로 정하는 영업을 말한다.

　㉡ 안전시설 등 : 소방시설, 비상구, 영업장 내부 피난통로, 그 밖의 안전시설로서 대통령령으로 정하는 것을 말한다.

다중이용업(다중이용업소법 시행령 제2조제1호)
- 휴게음식점영업·제과점영업 또는 일반음식점영업으로서 영업장으로 사용하는 바닥 면적의 합계가 100㎡(영업장이 지하층에 설치된 경우에는 그 영업장의 바닥 면적 합계가 66㎡) 이상인 것
- 다만, 영업장(내부계단으로 연결된 복층구조의 영업장 제외)이 지상 1층이나 지상과 직접 접하는 층에 설치되고 그 영업장의 주된 출입구가 건축물 외부의 지면과 직접 연결되는 곳에서 하는 영업을 제외한다.

② 다중이용업주의 안전시설 등에 대한 정기점검 등(법 제13조제1항)

다중이용업주는 다중이용업소의 안전관리를 위하여 정기적으로 안전시설 등을 점검하고 그 점검결과서를 1년간 보관하여야 한다. 이 경우 다중이용업소에 설치된 안전시설 등이 건축물의 다른 시설·장비와 연계되어 작동되는 경우에는 해당 건축물의 관계인 및 소방안전관리자는 다중이용업주의 안전점검에 협조하여야 한다.

③ 다중이용업소의 소방안전관리(법 제14조)
- ㉠ 피난시설, 방화구획 및 방화시설의 관리
- ㉡ 소방시설이나 그 밖의 소방 관련 시설의 관리
- ㉢ 화기(火氣) 취급의 감독
- ㉣ 그 밖에 소방안전관리에 필요한 업무

④ 안전점검의 대상 등(시행규칙 제14조)
- ㉠ 점검주기 : 매 분기별 1회 이상 점검. 다만, 「소방시설 설치 및 관리에 관한 법률」에 따라 자체점검을 실시한 경우에는 자체점검을 실시한 그 분기에는 점검을 실시하지 아니할 수 있다.
- ㉡ 점검방법 : 안전시설 등의 작동 및 유지·관리 상태를 점검한다.

⑤ 식품접객업(식품위생법 시행령 제21조제8호)
- ㉠ 휴게음식점영업
  - 주로 다류, 아이스크림류 등을 조리·판매하거나 패스트푸드점, 분식점 형태의 영업 등 음식류를 조리·판매하는 영업으로서 음주행위가 허용되지 아니하는 영업을 말한다.
  - 다만, 편의점, 슈퍼마켓, 휴게소, 그 밖에 음식류를 판매하는 장소(만화가게 및 인터넷컴퓨터게임시설제공업을 하는 영업소 등 음식류를 부수적으로 판매하는 장소를 포함)에서 컵라면, 일회용 다류 또는 그 밖의 음식류에 물을 부어 주는 경우는 제외한다.
- ㉡ 일반음식점영업 : 음식류를 조리·판매하는 영업으로서 식사와 함께 부수적으로 음주행위가 허용되는 영업
- ㉢ 제과점영업 : 주로 빵, 떡, 과자 등을 제조·판매하는 영업으로서 음주행위가 허용되지 아니하는 영업

핵심예제

01 다음 중 카페의 경영과 직접적인 영향이 없는 법규는?
① 소방기본법
❷ 관광진흥법
③ 식품위생법
④ 학교보건법

팀에는 내가 없지만 팀의 승리에는 내가 있다.

(Team이란 단어에는 I 자가 없지만 win이란 단어에는 있다.)

There is no "i" in team but there is in win

마이클 조던

PART 2

최종모의고사

제1회~제15회 | 최종모의고사

회독체크

			Check!
제1회	최종모의고사		☐
제2회	최종모의고사		☐
제3회	최종모의고사		☐
제4회	최종모의고사		☐
제5회	최종모의고사		☐
제6회	최종모의고사		☐
제7회	최종모의고사		☐
제8회	최종모의고사		☐
제9회	최종모의고사		☐
제10회	최종모의고사		☐
제11회	최종모의고사		☐
제12회	최종모의고사		☐
제13회	최종모의고사		☐
제14회	최종모의고사		☐
제15회	최종모의고사		☐

☐ 칸에 학습진도를 체크하세요.

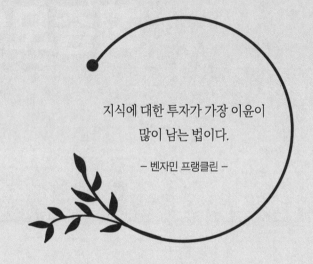

지식에 대한 투자가 가장 이윤이
많이 남는 법이다.

– 벤자민 프랭클린 –

최종모의고사

제 **1** 회

---

01 다음 ( ) 안에 들어갈 내용으로 알맞은 것은?

> 6세기경 최초로 야생에서 발견된 커피의 원산지는 ( )이고, ( )에서 대규모 경작을 시작했으며 ( )을(를) 통해 유럽으로 수출되었다.

① 이슬람, 예멘, 영국
② **에티오피아, 예멘, 모카 항**
③ 예멘, 에티오피아, 모카 항
④ 네덜란드, 부르봉, 산토스 항

해설

에티오피아 야생에서 커피가 발견되었고, 예멘 지역에서 대규모 경작을 시작하였으며 예멘 남쪽의 모카 항을 통해 유럽으로 수출되었다.

---

02 다음 중 지명에서 유래되어 Coffee의 어원이 된 아랍어는 무엇인가?

① Cidre
② **Kaffa**
③ Caffe
④ Champagne

해설

에티오피아 짐마(Djimmah)의 옛 지명 '카파(Kaffa)'는 아랍어로 '힘'을 뜻한다.

---

03 커피에 세례를 주어 이슬람교도뿐만 아니라 가톨릭신자도 커피를 마실 수 있도록 하여 커피가 유럽에 널리 전파될 수 있도록 공인한 인물은?

① 요한 8세
② 엘리자베스 8세
③ 알렉산더 8세
④ **클레멘스 8세**

해설

1600년대 초반 일부 보수적인 가톨릭신자들은 이슬람교도들이 즐겨 마셨다는 이유로 커피를 비난하였다. 이에 교황 클레멘스 8세가 조사차 커피를 마셨다가 커피에 반하게 되었다. 교황은 이교도만 마시기에는 너무 훌륭한 음료라고 하여 커피에 세례를 주고 가톨릭신자도 마실 수 있도록 공인하였다.

---

04 1650년 유태인 야곱에 의해 영국 옥스퍼드에 최초의 커피하우스가 오픈되었다. 2년 뒤 오픈한 런던 최초의 커피하우스를 운영한 인물은 누구인가?

① 요한네스 6세(Johannes Ⅵ)
② 에밀졸라(Emile Zola)
③ 무라트 1세(Murat Ⅰ)
④ **파스콰 로제(Pasqua Rosee)**

해설

1652년 파스콰 로제(Pasqua Rosee)에 의해 런던 최초의 커피하우스가 문을 열었다.

05 1773년 영국의 식민지배 영향을 받던 미국에서 일어난 사건으로, 독립전쟁의 발단이 되었고 이후 차를 대신해 커피를 마시게 된 결정적인 사건은?

✔ **보스턴 차 사건**　② 남북전쟁
③ 십자군 전쟁　　　④ 종교전쟁

해설

1773년 일어난 보스턴 차 사건(Boston Tea Party)은 미국 독립전쟁의 발단이 된 사건으로, 이 사건 이후 북미에서도 차를 대신해 커피를 즐겨 마시게 되었다.

06 역사적 기록에 근거할 때 우리나라에서 가장 최초로 커피를 마신 사람은?

① 순종황제　　　✔ **고종황제**
③ 유학생　　　　④ 명성황후

해설

1896년 아관파천으로 인해 고종황제가 러시아 공사관에 머물면서 처음으로 커피를 접하고 즐겨 마셨다는 기록이 있다.

07 1600년경 메카(Mecca)에서 종자용 커피 씨앗을 인도의 마이소르(Mysore) 지역으로 몰래 숨겨와 커피를 전파한 인도의 순례자 이름은?

① 에밀졸라(Emile Zola)
② 라제스(Rhazes)
✔ **바바 부단(Baba Budan)**
④ 메흐메트 6세(Mehmet Ⅵ)

해설

바바 부단(Baba Budan)은 예멘의 모카에서 파치먼트 상태의 생두를 몰래 갖고 나와 인도의 마이소르 산에 재배하여 인도에 커피를 전파하였다.

08 아관파천 이후 고종황제가 덕수궁 내에 로마네스크풍의 건물을 지어 커피와 다과를 즐겼던 곳은?

✔ **정관헌**　　　② 대웅전
③ 동궁전　　　　④ 함녕전

해설

정관헌 : 우리나라 최초의 로마네스크풍 건물로 고종황제가 커피를 즐기던 곳

09 예멘 지역에서 생산되는 커피를 수출하던 항구로 커피 메뉴의 명칭으로도 많이 사용되는 곳은?

① 산토스　　　　✔ **모카**
③ 자바　　　　　④ 세부

해설

아라비아 남단 예멘(Yemen) 항구에서 출하되었던 커피는 초콜릿 맛이 난다고 하여, 초콜릿의 맛과 향이 첨가된 커피를 모카커피라고 부른다.

10 우리나라에서 상류층을 중심으로 '가비차' 혹은 '가배차'라고 칭했던 커피를 서민들은 당시 무엇이라 불렀는가?

① 서양탕　　　　② 약재탕
✔ **양탕국**　　　④ 흑탕

해설

커피를 서양에서 들여온 국물이라고 하여 양탕국이라고도 불렀다.

11 스리랑카의 실론과 인도네시아의 자바 지역에 커피를 재배하여 대규모 커피 경작에 성공한 나라는?

① 터키　　　　　✔ **네덜란드**
③ 영국　　　　　④ 스페인

12 다음 중 커피나무의 식물학적 설명으로 옳지 않은 것은?

✔ ① 커피나무는 심은 후 5년이 지나면 첫 수확이 가능하다.

② 커피나무는 꼭두서니과 코페아속의 다년생 쌍떡잎식물이다.

③ 꽃잎은 흰색으로 재스민 향이 난다.

④ 자연상태에서는 10m 이상 자라기도 하지만 수확이 용이하도록 2~3m 정도로 유지한다.

해설
커피나무는 심은 후 3년이 지나면 첫 수확이 가능하다.

13 커피열매를 형태학적으로 분류하면 어느 종에 속하는가?

① 견과　　　② 유과

③ 종자과　✔ ④ 핵과

해설
커피의 과실을 형태학적으로 분류하면 중과피는 육질이고 내과피는 단단한 핵과(核果)에 속한다.

14 다음 중 커피 벨트 또는 커피 존이 위치한 정확한 범위는?

① 남위 5도~북위 15도

② 남위 20도~북위 20도

③ 남위 15도~북위 15도

✔ ④ 남위 25도~북위 25도

해설
커피 재배지는 기온차가 없이 연평균 20℃ 정도로, 강우량 평균 1,500~1,600mm, 남위 25도~북위 25도 사이의 벨트 지대이다.

15 피베리(Peaberry)에 대한 설명으로 옳지 않은 것은?

① 환경적인 요인에 의해 한 알의 씨앗만 있는 경우다.

✔ ② 피베리는 결점두로 취급된다.

③ 납작한 일반 생두와는 달리 둥근 모양으로, 일반 체리보다 체리 크기가 작다.

④ 불완전한 수정으로 커피나무 가지 끝에서 많이 발견된다.

해설
피베리는 하나의 체리 안에 두 개가 아닌 한 개가 들어 있는 커피콩으로, 전체 생산량의 5~10% 정도로 희귀해 별도로 구분하여 높은 가격에 거래된다.

16 그늘재배(Shading)에 대한 설명으로 옳지 않은 것은?

① 일조량을 줄이기 위해 키가 크고 잎이 넓은 나무를 커피나무 주변에 심어 주는 것을 말한다.

② 품질 좋은 커피를 얻을 수 있으나 나무의 마디 사이가 길어져서 수확량이 감소할 수도 있다.

③ 커피열매가 천천히 성장하므로 좋은 품질의 커피를 얻을 수 있지만 커피녹병이 더 많이 발생할 수도 있다.

✔ ④ 다른 재배방식과 비교하여 수확량이 월등히 뛰어나다.

17 다음 중 커피나무의 꽃이 피고 지는 개화기간은 평균적으로 며칠인가?

✔ ① 2~3일　　② 7~10일

③ 12~15일　④ 30일 이후

해설
커피나무의 개화기간은 2~3일 정도이며, 개화에서 결실까지 30~35주 정도가 걸린다.

18 다음 중 커피에 대한 설명으로 옳은 것은?

① 파종한 후 2년이 지나면 꽃이 피고 수확이 가능하다.

② 커피를 심은 지 1개월이 지나면 이식할 수 있다.

③ 일조량이 강해야 커피나무 성장에 지장이 없고 동사하지 않는다.

✔ 찬바람과 습기 없는 뜨거운 바람, 서리는 커피 생육에 큰 적이다.

해설

아라비카종은 묘포에서 묘목을 키우고 어느 정도 자라면 이식하며, 심은 지 3년 정도 지나야 수확이 가능하다.

19 몬순커피에 대한 설명으로 옳지 않은 것은?

① 몬순 계절풍에 약 2~3주 노출시켜 몬순커피라는 이름이 붙었다.

✔ 신맛은 강하지만 단맛은 약한 특성을 가지고 있다.

③ 인도의 말라바르 AA가 가장 대표적인 몬순커피이다.

④ 건식가공 커피를 습한 계절풍에 노출시켜 숙성한다.

해설

몬순커피는 습한 계절풍에 노출시켜 숙성하여 바디가 강하고 신맛은 약하며, 독특한 향을 가지고 있다.

20 문도노보(Mundo Novo)와 카투라(Caturra)의 교배종으로 병충해와 강풍에 강하며, 문도노보와 함께 브라질의 주력 재배 품종인 것은?

✔ 카투아이(Catuai)

② 티피카(Typica)

③ 카티모르(Catimor)

④ 켄트(Kent)

21 다음 중 커피의 번식방법으로 옳은 것은?

① 재배지에 직접 심는 직파는 커피 묘목의 내성을 키울 수 있어 많이 사용된다.

② 약 20일 정도 지나면 파치먼트에서 떡잎이 나오는데 이때 건조한 상태를 유지해야 한다.

✔ 파치먼트 상태로 지역 및 재배농법에 따라 약간씩 다르게 모판에 심는다.

④ 모포에서 씨앗이 발아하면 바로 재배지로 이식하여 심는다.

해설

파치먼트 상태에서 파종하여 약 40~60일이 지나면 발아하고, 약 20여 일이 지나면 파치먼트를 뚫고 쌍떡잎이 보인다. 이때 물을 자주 뿌려 떡잎이 쉽게 나오도록 도와준다.

22 다음 중 커피 생두에 대한 설명으로 틀린 것은?

① 커피를 재배하는 생산국에서는 대부분 커피 체리를 발효시켜 만든 퇴비와 동물의 배설물 그리고 석회를 배합해 만든 비료를 사용하고 있다.

② 저지대 재배지역은 대량으로 기계적 수확이 가능하다.

③ 중남미 대부분의 지역은 경사도가 40°가 넘는 곳에도 커피나무를 심는데, 약 1m의 간격을 두고 지그재그 형태로 심는다.

✔ 카페인 함량은 아라비카종이 1.7~4%, 로부스타종은 0.8~1.4%이다.

해설

아라비카는 0.8~1.4%, 로부스타는 1.7~4% 정도로 카페인 함량이 높다.

23 다음 중 아라비카 커피나무의 생육조건과 거리가 먼 것은?

① 재배 고도 800~2,000m

✔ **하루 10시간 이상의 강한 햇빛**

③ 연 강수량 1,500~2,000mm 범위

④ 연평균 기온 15~24℃의 온화한 기후

해설
커피체리를 수확하기 위해서는 하루 6~6.5시간 정도의 일조량이 필요하다.

24 다음 중 커피 재배농가의 삶의 질을 개선하고 수질과 토양, 생물 다양성을 보호하며 장기적인 관점에서 안정적으로 커피를 생산하도록 도와주기 위한 것이 아닌 것은?

① 유기농 커피

② 공정무역 커피

✔ **유네스코 커피**

④ 버드 프렌들리 커피

25 다음에서 설명하고 있는 품종은 무엇인가?

> 아프리카 동부 레위니옹(Reunion) 섬에서 발견된 티피카(Typica)종의 돌연변이종으로 콩은 둥글면서 작은 편이다. 수확량은 티피카보다 20~30% 정도 많다.

① 마라고지페(Maragogype)

✔ **버번(Bourbon)**

③ 문도노보(Mundo Novo)

④ 카투아이(Catuai)

26 다음에서 설명하는 것은 무엇인가?

> 소비자는 질 좋은 커피를 구매할 수 있으며 품질 높은 커피를 생산하는 나라들은 제대로 된 보상을 받는 시스템이다. 1999년 브라질에서 처음 시작되었으며 국제 심사위원들이 평가하고 그 결과에 따라 상위 등급을 받은 커피들은 경매를 통해 회원들에게 판매된다.

✔ **CoE(Cup of Excellence)**

② BoE(Barista of Excellence)

③ VoE(Victory of Excellence)

④ SCA(Specialty Coffee Association)

27 다음 중 아라비카종과 로부스타종에 대한 설명으로 틀린 것은?

① 아라비카는 고지대에서, 로부스타는 저지대에서 주로 재배된다.

✔ **아라비카종은 성장속도가 빠르고, 로부스타종은 병충해에 약하다.**

③ 아라비카종과 로부스타종 모두 꽃잎은 흰색이다.

④ 아라비카 최대 생산국은 브라질이며, 로부스타 최대 생산국은 베트남이다.

해설
아라비카종 티피카는 녹병에 취약하며, 로부스타종은 병충해에 강하다.

28 일명 '코끼리 콩'으로 불리는 브라질에서 발견된 돌연변이종은?

① 카투라(Caturra)

② 문도노보(Mundo Novo)

✔ **마라고지페(Maragogype)**

④ 켄트(Kent)

29 그늘경작법이 필요하며 좋은 향과 신맛을 가지고 있지만 생산성이 낮은 아라비카 원종에 가장 가까운 품종은?

① 마라고지페(Maragogype)
② 카투라(Caturra)
③ 버번(Bourbon)
✔ **티피카(Typica)**

30 다음 중 아라비카 품종이 아닌 것은?

✔ **Indonesia WIB**
② Colombia Supremo
③ Yirgacheffe
④ Indonesia Sumatra Mandheling

해설
Indonesia WIB : 자바커피로 인도네시아의 대표 커피이며 품종은 로부스타종이다.

31 칼디의 전설 탄생지이며 부드러운 신맛과 고소한 향이 풍부한 커피 산지는?

① 하라(Harrar)
② 예가체프(Yirgacheffe)
③ 시다모(Sidamo)
✔ **짐마(Djimmah)**

32 다음 중 커피생산자협회(FNC)의 감독하에 로부스타종의 재배를 법적으로 금지하고 있는 나라는?

✔ **콜롬비아**   ② 엘살바도르
③ 코스타리카   ④ 온두라스

해설
콜롬비아는 커피생산자협회의 철저한 관리감독하에 로부스타종의 재배를 금지하고 있다.

33 커피 수확방법 중 사람에 의해 여러 번에 걸쳐 익은 체리만을 골라 수확하는 방법은?

✔ **핸드 피킹(Hand Picking)**
② 셰이킹(Shaking)
③ 메커니컬 피킹(Mechanical Picking)
④ 스트리핑(Stripping)

해설
핸드 피킹(Hand Picking) : 잘 익은 체리만을 선택적으로 골라서 수확하는 방법으로 체리가 균일하고 품질 좋은 커피를 생산할 수 있다.

34 선 커피(Sun Coffee) 재배방식에 대한 설명으로 옳지 않은 것은?

① 브라질에서 널리 재배하는 방식이다.
② 수분 공급과 농약, 비료주기 등 많은 관리가 필요하다.
③ 대량 수확(기계수확) 시 유리하다.
✔ **셰이딩(Shading) 방식보다 우수한 품질의 커피를 생산할 수 있다.**

해설
④ 셰이딩 방식보다 품질이 떨어진다.

35 커피열매를 먹은 사향고양이의 배설물에서 씨앗을 채취하여 가공하며, 중후한 바디감을 가지는 커피는?

① 가요 마운틴(Gayo Mountain)
✔ **코피루왁(Kopi Luwak)**
③ 게이샤 커피(Geisha Coffee)
④ 킬리만자로(Kilimanjaro)

36 다음 중 습식법 이용한 생두 가공방법으로 틀린 것은?

① 분리 → 펄핑 → 점액질 제거 → 세척 → 건조 과정으로 진행된다.

✔ **단맛과 강한 바디감을 주는 커피를 생산하는 가공법이다.**

③ 물이 풍부한 중남미 지역에서 주로 이용되며 많은 양의 물을 사용하므로 환경오염 문제를 야기하기도 한다.

④ 익지 않은 체리는 버리고 완숙과만 사용하기에 품질이 높고 균일한 커피 생산이 가능하다.

해설
균일한 커피 생산이 가능하며 신맛과 좋은 향이 특징이다.

37 가공된 체리는 미생물의 증식으로부터 파치먼트나 체리를 안전하게 보관할 수 있도록 수분 함유율을 낮추는 건조과정을 거치는데, 이때 생두의 적정 수분 함유량은?

① 9~10%

✔ **12~13%**

③ 15~16%

④ 19~20%

해설
수분 함량 13% 이상인 경우 곰팡이가 번식하기 쉽고 발효될 수 있으며 나쁜 냄새가 스며들 수 있다. 10% 미만이면 수분이 증발할 가능성이 높다.

38 다음 중 고급 커피인 자메이카 블루마운틴, 하와이 코나 생두의 실버스킨을 제거하는 것으로 생두의 상품가치를 높이는 효과가 있는 탈곡방법은?

① 드라잉(Drying)

② 피킹(Picking)

✔ **폴리싱(Polishing)**

④ 헐링(Hulling)

해설
폴리싱(Polishing) : 상품의 가치를 높이기 위한 선택 과정이며 주로 고급 커피인 자메이카 블루마운틴, 하와이 코나 커피에 사용된다.

39 다음 중 커피의 습식가공 과정이 순서대로 맞게 나열된 것은?

① 펄핑(Pulping) → 헐링(Hulling) → 그레이딩(Grading) → 건조(Drying)

✔ **클리닝(Cleaning) → 건조(Drying) → 헐링(Hulling) → 그레이딩(Grading)**

③ 그레이딩(Grading) → 헐링(Hulling) → 클리닝(Cleaning) → 건조(Drying)

④ 클리닝(Cleaning) → 헐링(Hulling) → 건조(Drying) → 그레이딩(Grading)

해설
과육 제거(Pulping) → 발효(Fermentation, 점액질 제거) → 세척(Washing)까지가 클리닝(Cleaning) 과정이다.

40 생두는 출하하기 직전 이것을 제거한 후에 선별 작업을 거치는데, 이것에 해당하는 것은 무엇인가?

① 실버스킨　　② 센터 컷
✓ 파치먼트　　④ 먼지

해설
생두는 내과피(파치먼트)에 둘러싸인 상태에서 품질이 가장 잘 보존되어 출하 직전에 파치먼트와 결점두를 제거한다.

41 과테말라와 코스타리카는 생산지의 고도에 의해 생두를 분류하고 있는데, 이 중 최상등급 생두를 나타내는 용어는?

✓ SHB(Strictly Hard Bean)
② SG(Specialty Grade)
③ HB(Hard Bean)
④ SHG(Strictly High Grown)

42 다음 중 SCA(Specialty Coffee Association) 스페셜티 커피 등급 기준에 해당되지 않는 것은?

① 최상등급은 스페셜티 그레이드(Specialty Grade)이다.
✓ 퀘이커(Quaker)는 1개 미만이다.
③ 샘플 중량은 생두 350g, 원두 100g이다.
④ 콩의 크기는 편차가 5% 이내여야 하며 외부의 오염된 냄새가 없어야 한다.

해설
스페셜티 등급에서 퀘이커는 단 한 개도 허용되지 않는다. 퀘이커는 덜 익은 체리, 미성숙두의 수확 시 발생한다.

43 SCA(Specialty Coffee Association) 스페셜티 커피 등급 기준으로 (　)에 들어갈 내용은?

> 스페셜티 그레이드(Specialty Grade)라 함은 원두 (　)g에 퀘이커가 (　)개 이내인 커피이다.

✓ 100, 0
② 100, 5
③ 350, 0
④ 350, 5

44 다음 중 원두를 분쇄할 때 주의해야 할 사항이 아닌 것은?

① 물과 접촉하는 시간이 짧을수록 분쇄입자를 가늘게 한다.
② 분쇄입자가 고르지 못하면 용해속도가 달라져 커피 맛이 떨어진다.
③ 분쇄 시 발생하는 열은 맛과 향을 변질시키므로 열 발생을 최소화한다.
✓ 미분은 분쇄 시 발생되는 먼지를 말하는데 독특한 맛을 주기 때문에 많이 발생하는 것이 좋다.

해설
④ 미분은 좋지 않은 맛의 원인이 되므로 되도록 발생하지 않도록 한다.

45 SCA에 따른 결점두 발생 원인을 잘못 설명하고 있는 것은?

① Foreign Matter – 돌이나 나뭇가지 등 커피 외의 이물질을 말함

② Withered Bean – 발육기간 동안 수분 부족으로 인해 발생

☑ **Insect Damages – 너무 익은 체리, 땅에 떨어진 체리 수확 및 과발효나 정제과정에서 오염된 물을 사용했을 경우**

④ Broken/Chipped/Cut – 잘못 조정된 장비 또는 과도한 마찰력에 의한 발생

해설
Insect Damages : 해충이 생두에 파고 들어가 알을 낳은 경우 발생

46 다음 생두의 분류 기준에서 SHB(Strictly Hard Bean) 및 HB(Hard Bean)가 의미하는 것은?

① 생두의 희소성

② 생두의 무게

☑ **생두의 재배 고도**

④ 생두의 색깔

47 결점두 수에 따라 생두의 등급을 G1, G2, G3 등으로 나누는 나라이며, 수마트라(Sumatra)가 최대 생산지로 만델링(Mandheling)이 유명한 나라는?

① 인도　　　　② 라오스

☑ **인도네시아**　④ 미얀마

해설
브라질, 인도네시아, 에티오피아 등의 국가는 결점두를 점수로 환산하여 등급을 분류한다. 브라질은 No. 2~6, 인도네시아는 Grade 1~6등급을 사용하고 있다.

48 다음 중 입자의 균일성이 가장 떨어지는 그라인더 칼날의 형태는?

① 코니컬(Conical)형

② 우드(Wood)형

③ 롤(Roll)형

☑ **칼날(Blade)형**

해설
칼날 두 개로 원두를 분쇄하는 칼날형의 분쇄 균일성이 가장 낮다.

49 다음 중 원두를 신선하게 보존하기 위한 포장방법 중 보존기간이 가장 긴 것은?

☑ **질소가압 포장**

② 산소포장

③ 불활성가스 포장

④ 진공포장

해설
질소를 가압하여 포장하는 질소가압 포장이 포장방법 중 보관기간이 가장 길다.

50 커피의 품질 변화를 방지하기 위해 포장 재료가 갖추어야 할 특성이 아닌 것은?

① 차광(遮光)성

☑ **방풍(防風)성**

③ 보향(保香)성

④ 방기(防氣)성

최종모의고사

제 **2** 회

01 다음 중 에티오피아에서 전파된 커피를 처음으로 경작한 곳은?

① 브라질　　　　② 인도
③ 예멘　　　　　④ 네덜란드

해설
1500년경 아라비아 남단의 예멘 지역에서 대규모 커피 경작이 처음 시작되었다.

02 오우삽(Ousab) 산속을 헤매고 다니던 중 우연히 새 한 마리가 빨간 열매를 따먹는 것을 보고, 이 열매를 이용해 환자들을 구제하고 커피를 발견하게 되었다는 전설은?

① 칼디의 전설
③ 오마르의 전설
③ 모하메드의 전설
④ 메카의 전설

해설
오마르의 전설 : 이슬람의 수도승 오마르(Omar)가 산속에서 새가 먹던 커피나무를 발견하고, 커피열매를 먹고 힘이 솟는 걸 느껴 커피를 발견하게 되었다는 전설이다.

03 다음 중 커피의 3대 원종에 속하지 않는 것은?

① 아라비카　　　② 카네포라
③ 리베리카　　　④ 카베르네 소비뇽

해설
카베르네 소비뇽은 레드와인 품종이다.

04 엄격히 반출이 통제되었던 커피를 인도네시아 자바 지역으로 가져와 대규모 커피 경작에 성공한 나라는?

① 포르투칼　　　② 이탈리아
③ 영국　　　　　④ 네덜란드

05 오늘날 세계 최대 커피 생산국인 브라질에 커피를 처음 전파한 사람은?

① 프란치스코 드 멜로 팔헤타
② 샤를 보들레르
③ 가브리엘 드 클리외
④ 바바 부단

해설
1727년 프란치스코 드 멜로 팔헤타(Francisco de Mello Palheta)가 가이아나로부터 들여온 커피 묘목을 자신의 고향인 파라(Para)에 옮겨 심으면서 브라질의 커피 재배가 시작되었다.

06 다음 중 아라비카종 커피의 특징으로 틀린 것은?

① 커피나무의 원종이며, 병충해에 강하다.
② 카페인 함량이 카네포라보다 적게 함유되어 있다.
③ 800m 이상의 높은 고지대에서 재배된다.
④ 원산지는 동아프리카의 에티오피아이다.

해설
아라비카는 병충해에 약하다.

07 다음 중 커피의 번식방법을 바르게 설명하고 있는 것은?

① 재배지에 직접 심는 직파는 커피 묘목의 내성을 키울 수 있어 많이 사용된다.
② 이식은 보통 건기가 시작될 때 한다.
☑ **아라비카종은 90~95% 정도 자가수분을 하고 로부스타종은 타가수분을 한다.**
④ 20일 정도 지나면 파치먼트에서 떡잎이 나오는데 이때 건조한 상태를 유지해야 한다.

해설
파치먼트 상태에서 파종하여 약 40~60일이 지나면 묘목이 올라오며, 약 20여 일이 지나면 파치먼트를 뚫고 쌍떡잎이 보인다. 이때 물을 자주 뿌려 떡잎이 쉽게 나오도록 도와준다.

08 다음 중 커피의 역사적 사실로 틀린 것은?

① 17~19세기 프랑스, 이탈리아 등 유럽의 커피하우스는 사회 여론을 모으고 전파하는 역할을 했다.
② 17세기 많은 도시에 커피하우스가 오픈했는데 이탈리아에서 가장 먼저 개점한 곳은 카페 플로리안이다.
☑ **우리나라 최초의 커피하우스는 손탁호텔에 위치한 정관헌이다.**
④ 18세기 말 보스턴 차 사건은 미국 독립운동의 일환으로 전개되었다.

해설
우리나라 최초의 커피하우스는 손탁호텔 1층에 위치한 정동구락부이다. 정관헌은 고종황제가 커피를 즐기고 음악을 감상하던 곳이다.

09 프랑스의 작가로 '인간희극' 등의 대작을 남겼으며, 매일 12시간 동안 약 80잔의 커피를 마시면서 글을 썼다고 알려진 인물은?

① 베토벤(Beethoven)
② 바흐(Bach)
☑ **발자크(Balzac)**
④ 루소(Rousseau)

10 다음 중 커피나무에 대한 설명으로 옳지 않은 것은?

① 열대성 상록수이며 자연상태에서는 10m 이상 자라기도 한다.
☑ **커피나무는 일년생 쌍떡잎식물이다.**
③ 잎은 타원형으로 두꺼우며 잎 표면은 짙은 녹색이다.
④ 커피나무는 심은 후 3년이 지나면 첫 수확이 가능하다.

해설
커피나무는 열대성 상록수이며, 꼭두서니과 코페아속의 다년생 쌍떡잎식물이다.

11 커피나무의 올바른 파종법은?

☑ **파치먼트 파종**
② 접붙이기 파종
③ 품종교배 파종
④ 씨앗 파종

12 커피는 적도를 중심으로 남위 25도에서 북위 25도 사이의 열대·아열대 지역에 속하는 약 60여 개의 나라에서 생산된다. 이 생산지역을 무엇이라 부르는가?

✔ 커피 존
② 테라로사
③ 커피 밴드
④ 커피 라인

해설
남북 양 회귀선(북위 25도, 남위 25도) 사이의 벨트 지대를 커피 존(Coffee Zone) 또는 커피 벨트(Coffee Belt)라고 한다.

13 고산지대의 커피가 품질면에서 우수한 평가를 받는 이유로 올바르지 않은 것은?

① 밤낮의 기온차가 커서 밀도가 높아 맛이 우수하다.
✔ 농부의 손길과 정성이 더 많이 들어간다.
③ 저지대보다 왕성한 광합성으로 밀도와 풍미가 좋다.
④ 저지대에 비해 상대적으로 병충해가 적다.

해설
산지 고도는 커피의 품질에 중요한 영향을 준다. 밤낮의 기온차가 큰 고지대에서 재배된 커피는 열매가 더 단단하고 신맛이 많으며 향기가 뛰어나다.

14 아라비카의 주요 품종에 대한 설명으로 적절한 것은?

✔ 티피카(Typica) – 아라비카 원종에 가장 가까운 품종으로 블루마운틴, 하와이 코나가 대표적인 계통이다.
② 카투라(Caturra) – 버번과 티피카의 자연 교배종으로 1950년 브라질에서 재배되기 시작하였다.
③ 문도노보(Mundo Novo) – 부르봉 섬에서 발견된 돌연변이종으로 콩은 작고 둥근편이며 수확량은 티피카보다 20~30% 많다.
④ 켄트(Kent) – 문도노보와 카투라의 인공 교배종으로 나무의 키가 작고 생산성이 높다.

15 다음 중 로부스타에 대한 설명으로 옳은 것은?

✔ 연평균 기온이 24~30℃이고, 연평균 강우량 2,000~3,000mm인 열대 지역에서도 잘 재배된다.
② 병충해와 가뭄에 비교적 약하다.
③ 에티오피아가 원산지로 1895년 처음 학계에 보고되었다.
④ 염색체의 수는 아라비카보다 많은 44개이다.

해설
로부스타는 무덥고 습도가 높은 열대 지역의 저지대에서도 잘 자란다.

16 다음 중 커피 종자를 인위적으로 개량하는 목적이 아닌 것은?

① 맛과 향이 뛰어난 품종을 만들기 위해
✔ 소규모 경작을 쉽게 하기 위해
③ 자연조건에 강한 품종을 만들기 위해
④ 품질을 개선하고 단위 면적당 수확량을 늘리기 위해

17 커피의 그늘재배(Shading)에 대한 설명으로 옳지 않은 것은?

① 강한 햇볕과 열을 차단하기 위해 바나나 등 셰이드 트리(Shade Tree)를 커피나무와 함께 재배하는 방식을 말한다.

☑ 커피나무는 열대 혹은 아열대 지역에서 자라기 때문에 강한 햇볕과 열에 강하다.

③ 햇볕이 차단되는 효과로 인해 커피녹병이 더 많이 발생할 수도 있다.

④ 셰이딩은 수분 증발을 막아주고 강풍이나 서리를 방지한다.

> **해설**
> ② 햇볕과 열에 약하기 때문에 그늘을 만들어 주기 위해 그늘재배하는 것이다.

18 다음 중 아라비카의 주요 산지가 아닌 것은?

① 콜롬비아　　　　☑ 베트남

③ 코스타리카　　　④ 과테말라

> **해설**
> 베트남은 로부스타 산지이다.

19 커피 재배에 대한 내용 중 바르게 설명하고 있는 것은?

☑ 커피나무는 5℃ 이하에서는 성장이 멈추고 그 이하에서는 동사할 수도 있다.

② 체리 상태의 커피 씨앗을 심어야 발아하기 쉽다.

③ 재배지역에 직접 파종해야 환경 적응이 쉬워 발아가 쉽다.

④ 커피 재배에 적합한 토양은 수분의 함량이 많은 황토이다.

> **해설**
> 커피열매(체리)에서 외피(과육)를 제거한 파치먼트 상태인 생두를 심어야 한다.

20 커피 생두의 보관에 대한 설명으로 옳은 것은?

① 오랜 시간이 지날수록 풍미가 좋다.

② 생두는 원두에 비해 보관이 용이하므로 장기간 보관해도 상관없다.

☑ 생두의 수분 함유량을 유지하기 위해 적정 습도와 온도를 갖춘 서늘한 곳에서 보관하는 것이 좋다.

④ 생두는 1kg 단위로 보관한다.

21 다음 중 커피나무의 가지치기 목적으로 틀린 것은?

① 수확에 적합한 수관을 만들기 위해

② 병든 가지와 늙은 가지를 제거하기 위해

③ 수확을 용이하게 하기 위해

☑ 새로운 종자 또는 피베리가 잘 맺히도록 도움을 주기 위해

22 다음 중 커피를 분류하는 방법이 나머지 국가와는 다른 곳은?

☑ 미국 하와이　　② 멕시코

③ 코스타리카　　　④ 온두라스

> **해설**
> 국가별 커피의 분류
> • 생산고도에 의한 분류 : 과테말라, 엘살바도르, 온두라스, 코스타리카, 멕시코
> • 생두 크기에 의한 분류 : 하와이, 콜롬비아

23 다음 중 '에티오피아의 축복'으로 불리는 커피 산지는 어디인가?

☑ 하라(Harrar)

② 예가체프(Yirgacheffe)

③ 시다모(Sidamo)

④ 짐마(Djimmah)

24 다음 중 건식법과 습식법이 동시에 이루어지는 나라는?

① 콜롬비아
☑ 에티오피아
③ 브라질
④ 하와이

25 다음 중 항구 이름에서 유래된 커피의 명칭으로 잘 짝지어진 것은?

☑ 산토스(Santos) – 모카(Mocha)
② 자바(Java) – 파나마(Panama)
③ 모카(Mocha) – 코나(Kona)
④ 코나(Kona) – 파나마(Panama)

해설
브라질 상파울루의 산토스 항에서 유래된 산토스 커피와 예멘 지방의 모카 항에서 유래된 모카커피가 유명하다.

26 다음 커피의 생육조건 중 가장 치명적인 영향을 미치는 것은?

① 최대 강수량
☑ 서리
③ 일조시간
④ 온도

해설
커피의 생육에 가장 치명적인 것은 서리이다.

27 다음 중 체리의 기계수확(Mechanical Picking)에 대한 설명으로 옳지 않은 것은?

① 나무 키와 폭을 일정하게 맞춰야 생산성이 증대된다.
② 브라질에서 처음 개발되어 사용하기 시작하였다.
③ 경작지가 편평하고 커피나무 줄 사이의 간격이 넓은 지역에 적합하다.
☑ 아프리카처럼 노동력이 풍부한 지역에서 여러 번 반복해서 수확할 수 있는 장점이 있다.

해설
대규모 농장이나 하와이같이 인건비가 고가인 나라에서 사용하는 방식이다.

28 다음 중 전통적인 발효과정을 거치지 않고 수조에서 체리를 선별하며, 과육 제거기로 점액질을 제거한 상태의 생두를 건식법으로 건조하는 가공법은?

① 습식법
② 펄프드 내추럴법
☑ 세미 워시드법
④ 건식법

29 다음 중 브라질 커피에 대해 잘못 설명하고 있는 것은?

① 최대 생산지역은 미나스제라이스(Minas Gerais)로 전체의 50%를 생산하고 있다.
☑ 생두의 크기에 따라 등급을 나누고 있다.
③ 다양한 처리방식으로 내추럴 커피를 많이 생산하지만 펄프드 내추럴 및 습식법에 의해서도 생산이 이루어진다.
④ 세계 커피 생산량 1위 국가이다.

해설
브라질은 결점두에 의해 등급을 분류한다.

30 브라질에서 주로 사용하는 가공법으로, 자연 건조방식보다 바디감이나 단맛은 덜하지만 풍부한 향을 얻을 수 있는 가공방식은?

① 습식법
② 펄프드 내추럴법
③ 세미 워시드법
④ 건식법

31 커피의 가공방법 중 건식법에 대한 설명으로 옳지 않은 것은?

① 수분 함량을 11~13%로 균일하게 건조하여 단맛과 강한 바디감이 특징이다.
② 수확한 후 펄프를 제거하지 않고 체리를 그대로 건조시키는 방법으로 발효를 방지하기 위해 매일 여러 번 섞어 주어야 한다.
③ 전통적인 가공방식으로 브라질, 에티오피아 등 물이 부족하거나 햇빛이 좋은 지역에서 주로 이용하는 방법이다.
④ 습식법에 비해 생산 단가가 비싸고 품질이 낮은 단점이 있다.

해설
건식법은 생산 단가가 싸고 친환경적인 장점이 있다.

32 영토는 작지만 비옥한 화산토양으로 양질의 커피를 생산하며, 대표적인 커피로 '타라주(Tarrazu)'가 있는 나라는?

① 예멘
② 파나마
③ 코스타리카
④ 엘살바도르

33 코스타리카의 등급 분류에서 SHB(Strictly Hard Bean) 또는 HB(Hard Bean) 등이 의미하는 것은?

① 생두의 조밀도
② 생두의 재배 고도
③ 생두의 수분 비율
④ 생두의 무게

해설
코스타리카의 등급 분류
• SHB : 해발고도 1,200~1,650m
• HB : 해발고도 800~1,100m

34 다음 ( ) 안에 들어갈 내용으로 알맞은 것은?

> 생두를 분류하는 국가 중 ( ), 에티오피아, 인도네시아 등의 생산국가는 샘플에 섞여 있는 ( )를 점수로 환산하여 분류한다.

① 콜롬비아 – 파치먼트
② 케냐 – 피베리
③ 브라질 – 결점두
④ 하와이 – 피베리

해설
브라질, 인도네시아, 에티오피아 등의 국가는 결점두를 점수로 환산하여 등급을 분류한다. 브라질은 No. 2~6, 인도네시아는 Grade 1~6등급을 사용하고 있다.

35 에스프레소 머신 사용방법에 대해 잘못 설명하고 있는 것은?

① 커피 추출시간은 가급적 짧은 것이 좋다.
② 추출할 때는 추출시간과 추출량을 체크한다.
③ 포터필터는 그룹헤드에 잘 끼운다.
④ 커피 추출 전 그룹헤드의 물을 2~3초간 흘려준다.

해설
추출량에 맞게 추출시간을 조절해야 한다.

36 다음 중 막힌 필터로 그룹헤드를 청소할 때 쓰는 것은?

✔ 블라인드 필터
② 디퓨저
③ 포터필터
④ 샤워 스크린

해설

블라인드 필터를 사용해 그룹헤드를 청소한다.

37 커피체리 100kg을 수확하여 모든 가공과정을 거친 후 최종적으로 얻을 수 있는 생두의 양은?

① 워시드 15kg, 내추럴 20kg으로 5kg의 차이가 난다.
② 워시드 35kg, 내추럴 25kg으로 10kg의 차이가 난다.
③ 워시드 35kg, 내추럴 20kg으로 15kg의 차이가 난다.
✔ 워시드 20kg, 내추럴 20kg으로 두 방법 모두 양은 동일하다.

38 다음 중 우유 단백질에 속하는 성분은?

① 젖산
② 부티르산
✔ 베타-락토글로불린
④ 카프로산

해설

우유의 단백질에 속하는 성분은 카세인, 베타-락토글로불린, 락토페린 등이다.

39 커핑 테스트 기준법에서 SCA(Specialty Coffee Association)가 정한 스페셜티 등급(Specialty Grade)이 아닌 것은?

① 커핑 평가 후 풀디펙트 점수를 합산하며 그 점수가 5 이내여야 한다.
② 퀘이커는 단 한 알도 없어야 한다.
③ 커핑 점수는 80점 이상이어야 한다.
✔ 콩의 크기는 상관이 없다.

해설

콩의 크기는 편차가 5% 이내여야 한다.

40 SCA(Specialty Coffee Association) 기준에 따른 결점두의 생성 원인 중 'Sour Bean'과 관련 없는 것은?

① 정제과정에서 오염된 물을 사용했다.
② 과발효(Over Fermentation)되었다.
✔ 벌레 먹은 커피열매를 사용했다.
④ 땅에 떨어진 커피열매를 수확하거나 이미 수확 시기가 지난 커피열매를 활용했다.

해설

Sour Bean : 너무 익은 체리, 땅에 떨어진 체리를 수확하거나 과발효나 정제과정에서 오염된 물을 사용한 경우, 발효 탱크의 위생이 좋지 않았을 때 발생한다.

41 SCA(Specialty Coffee Association) 기준에서 가장 밝은 로스팅 단계와 애그트론 넘버(Agtron Number)가 바르게 짝지어진 것은?

① #25 – Light
② #55 – Dark
③ #85 – Medium
✔ #95 – Very Light

해설
로스팅의 단계별 분류

타일 넘버	SCA 단계별 명칭	로스팅 단계	명도(L값)
#95	Very Light	Light	30.2
#85	Light	Cinnamon	27.3
#75	Moderately Light	Medium	24.2
#65	Light Medium	High	21.5
#55	Medium	City	18.5
#45	Moderately Dark	Full City	16.8
#35	Dark	French	15.5
#25	Very Dark	Italian	14.2

42 다음 중 피베리(Peaberry)로 분류되는 스크린 사이즈는?

① No. 6~11까지
✔ No. 8~13까지
③ No. 10~15까지
④ No. 12~18까지

해설
Screen Size는 생두의 크기에 따른 분류로 8~20번까지 분류하고 숫자가 클수록 크기가 크다. 13을 기준으로 그 이하는 피베리(8~13)로 분류된다.

43 SCA에 따른 결점두 발생 원인을 잘못 설명하고 있는 것은?

① Fungus Damage – 보관 상태에서 곰팡이 발생
② Foreign Matter – 커피 이외의 외부 물질을 말함
✔ Floater – 유전적 원인으로 발생
④ Parchment – 불완전한 탈곡으로 발생

해설
플로터(Floater) : 잘못된 보관이나 건조에 의해 발생한다 (하얗게 색이 바랜 형태).

44 다음 중 디카페인 제조방법이 아닌 것은?

① 물 추출법
② 초임계 추출법
✔ 증기 추출법
④ 용매 추출법

해설
디카페인 추출법 : 용매 추출법(Traditional Process), 물 추출법(Water Process), 초임계 이산화탄소 추출법(CO_2 Water Process) 등

45 다음 중 수확 연도를 기준으로 2년 이상된 생두를 지칭하는 것은?

① 뉴 크롭(New Crop)
② 패스트 크롭(Past Crop)
✔ 올드 크롭(Old Crop)
④ 커런트 크롭(Current Crop)

46 태평양 연안 지역으로 커피를 생두의 재배 고도에 의해 분류하는 대표적인 나라이며, 우기와 건기가 명확해 커피 수확이 용이한 곳은?

① 브라질
② 쿠바
③ 하와이
✔ **과테말라**

47 커피를 다량으로 섭취하는 사람이 가장 많이 보충해 주어야 할 영양소는?

① 비타민 A
② 비타민 D
③ 오메가3
✔ **칼슘**

해설
몸에 가장 많은 무기질인 칼슘은 대부분 뼈와 치아를 만드는 데 사용되지만 1%가량은 근육이나 신경의 기능을 조절하고 혈액응고를 돕는다. 카페인이 칼슘 흡수를 방해하므로 아메리카노보다는 라떼나 카푸치노 등 우유가 들어간 베리에이션 음료를 마시면 좋다.

48 다음 중 로스팅 과정의 물리적 변화로 옳지 않은 것은?

① 밀도가 점점 감소한다.
✔ **조직이 다공질로 바뀌어 부피가 감소한다.**
③ 수분이 증발하고 휘발성 물질이 방출되며 이산화탄소가 생성된다.
④ 유기물 손실이 발생하여 생두의 무게와 밀도가 감소한다.

해설
② 조직이 다공질화되면 부피가 늘어나 증가한다.

49 다음 중 가장 강한 쓴맛의 로스팅 단계는?

① Light Roast
✔ **Italian Roast**
③ High Roast
④ Full City Roast

해설
이탈리안 로스트(Italian Roast) : 쓴맛이 정점에 달하며 검은색을 띤다.

50 다음 중 저온-장시간 로스팅에 대한 설명으로 틀린 것은?

① 드럼 로스터로 로스팅할 때 주로 사용하는 방법이다.
② 커피콩의 온도는 200~240℃ 정도이다.
③ 15~20분 정도로 로스팅하면서 중후함이 강하고 향기가 풍부한 커피가 된다.
✔ **로스팅된 커피는 상대적으로 팽창이 커서 밀도가 낮다.**

해설
• 저온-장시간 로스팅 : 열량을 적게 공급하면서 장시간 로스팅하는 방법으로 신맛이 약하고 뒷맛이 텁텁하다. 상대적으로 팽창이 작아 밀도가 높다.
• 고온-단시간 로스팅 : 열을 많이 주어 짧게 볶아내는 방법으로 신맛이 강하고 뒷맛이 깨끗한 커피가 된다. 중후함과 향기는 저온-장시간 로스팅 커피에 비해 부족하며, 상대적으로 팽창이 커 밀도가 낮다.

제 **3** 회 최종모의고사

01 다음 중 커피나무가 가장 처음 발견된 나라는?

① 인도
② 예멘
☑ 에티오피아
④ 브라질

해설
에티오피아 야생에서 커피나무를 쉽게 발견할 수 있었다.

02 가장 많이 인용되는 커피의 전설 중 하나로, 자기가 기르던 염소들이 빨간 열매를 먹고 밤에 잠을 자지 않고 흥분해 있는 모습을 보고 수도원 원장에게 알려 커피를 발견하게 되었다는 전설은?

☑ 칼디의 전설
② 오마르의 전설
③ 모하메드의 전설
④ 메카의 전설

03 이슬람 문화권의 커피가 전파된 유럽 최초의 도시는?

☑ 베니스
② 암스테르담
③ 바르셀로나
④ 비엔나

해설
커피가 유럽에 전파된 정확한 시기는 알 수 없지만 유럽에 커피를 처음으로 전파한 것은 중동과 활발한 무역을 하던 베니스의 상인들이라고 알려져 있다.

04 1686년 콜텔리(Coltelli)에 의해 파리에 최초로 오픈한 커피하우스의 명칭은?

① 카페 드 블랑(Cafe de Blanc)
② 파스콰 로제(Pasqua Rosee)
☑ 카페 드 프로코프(Cafe de Procope)
④ 카페 드 비바체(Cafe de Vivace)

해설
1686년 파리에 최초의 커피하우스 '카페 드 프로코프(Cafe de Procope)'가 이탈리아의 기업가 '프란체스코 프로코피오 데이 콜텔리(Francesco Procopio dei Coltelli)'에 의해 문을 열었다. 이는 파리에 현존하는 가장 오래된 역사를 지닌 카페이다.

05 1732년 발표된 성악곡으로 커피에 심하게 빠진 딸과 그것을 말리는 아버지의 대화체로 이루어진 곡 '커피 칸타타(Coffee Cantata)'를 작곡한 음악가는?

① 베토벤(Beethoven)
② 브람스(Brahms)
☑ 바흐(Bach)
④ 모차르트(Mozart)

해설
1720년대 바흐가 활동하던 독일 라이프치히에서 커피가 유행하기 시작하였고, 여러 카페 하우스가 생겼다. 바흐와 친분이 있던 한 카페 주인이 카페 음악회에서 연주할 만한 음악을 만들어 달라고 제안하였고, 이를 통해 커피 칸타타가 탄생하였다.

06 우리나라 최초의 서양식 호텔로 1층에 커피하우스가 설립된 곳은?

✔ **손탁호텔**
② 대불호텔
③ 임페리얼호텔
④ 워커힐호텔

해설
손탁호텔은 우리나라 최초의 서양식 호텔이며 1층에 커피하우스(정동구락부)가 설립되었다.

07 커피 재배에 대한 설명으로 옳지 않은 것은?

① 아라비카종은 자가수분을 하고 로부스타종은 타가수분을 한다.
② 커피꽃의 개화를 위해서는 짧은 기간의 건기가 꼭 필요하다.
✔ **아라비카는 콜롬비아와 베트남에서 많이 생산되는 품종이다.**
④ 배수가 좋고 미네랄이 풍부한 화산재 지형 또는 화산토양이 가장 좋다.

해설
콜롬비아는 아라비카 습식가공 커피 생산국가가 맞지만, 베트남은 로부스타 생산국가이다.

08 일반적으로 가장 가늘게 분쇄된 원두를 사용하는 기구는?

✔ **이브릭**
② 에스프레소
③ 프렌치 프레스
④ 핸드드립

해설
이브릭은 아주 곱게 간 원두를 끓는 물에 부어 우려내는 방식을 사용한다.

09 다음은 커피나무의 열매와 구조에 대한 설명이다. ( ) 안에 들어갈 단어로 알맞은 것은?

( )는 펄프 안에 생두를 감싸고 있는 딱딱한 껍질로 점액질에 싸여 있으며 내과피에 해당한다.

① 피베리(Peaberry)
✔ **파치먼트(Parchment)**
③ 실버스킨(Silver Skin)
④ 센터 컷(Center Cut)

10 식물학적 관점의 커피에 대해 잘못 설명하고 있는 것은?

✔ **커피나무는 남아메리카 브라질이 원산지이다.**
② 아라비카, 카네포라, 리베리카를 3대 원종이라고 한다.
③ 아라비카의 경우 충분한 햇볕과 연평균 강수량 1,500~2,000mm의 규칙적인 비가 있어야 한다.
④ 커피나무는 꼭두서니과속의 다년생 쌍떡잎식물이다.

해설
커피의 원산지는 아프리카의 에티오피아다.

11 다음 중 커피존(Coffee Zone)에 대한 설명으로 잘못된 것은?

① 적도를 중심으로 남위 25도에서 북위 25도 사이이다.

② 연평균 기온이 15~24℃ 정도로, 30℃를 넘거나 5℃ 이하로는 내려가지 않는 열대, 아열대 지역에 속하는 지방을 말한다.

✔️ **일조량은 연평균 1,000~1,200시간 정도가 적당하다.**

④ 일교차는 19℃ 미만이어야 한다.

해설
일조량은 연평균 2,200~2,400시간 정도가 적당하다.

12 다음 중 커피나무에 대한 설명으로 틀린 것은?

① 아라비카종은 나무의 성질이 예민해 생산지의 기후환경과 토양 조건에 따라 독특한 개성을 지닌다.

② 아라비카종은 커피나무의 귀족으로 불리며, 맛과 향이 뛰어나다.

✔️ **카페인은 아라비카종이 로부스타종보다 더 많이 함유하고 있다.**

④ 로부스타종의 최대 생산국은 베트남이다.

해설
카페인은 로부스타종(1.7~4%)이 아라비카종(0.8~1.4%)보다 더 많이 함유되어 있다.

13 다음 중 생두의 가운데 파인 홈을 지칭하는 것은?

① 파치먼트   ② 실버스킨

✔️ **센터 컷**   ④ 펄프

해설
센터 컷(Center Cut)은 생두 가운데 나 있는 S자 형태의 홈을 말한다.

14 다음 중 체리를 수확하기 위해 필요한 자연환경으로 옳지 않은 것은?

✔️ **커피나무는 열대 혹은 아열대 지역에서 자라기 때문에 강한 햇볕과 열에 강한 특성이 있다.**

② 연간 일조량이 2,200~2,400시간 정도가 되어야 커피체리 수확이 가능하다.

③ −2℃ 이하에서 약 6시간 이상 노출 시 치명적인 피해를 입을 수 있다.

④ 체리를 수확하기 위해서는 하루 일조량이 6~6.5시간 정도 필요하다.

해설
커피나무는 강한 햇볕과 강한 열, 강한 바람, 찬바람, 서리에 약하다.

15 다음 중 커피 신선도를 저해시키는 산패의 주요 원인이 아닌 것은?

① 수분   ② 온도

✔️ **밀도**   ④ 산소

해설
산패 촉진 인자 : 온도, 열, 공기, 산소, 금속, 지방, 수분

16 다음 중 커피열매의 명칭을 안쪽부터 순서대로 올바르게 나열한 것은?

① 파치먼트 – 실버스킨 – 펄프 – 점액질 – 겉껍질 – 생두

② 겉껍질 – 펄프 – 점액질 – 실버스킨 – 파치먼트 – 생두

③ 생두 – 파치먼트 – 실버스킨 – 펄프 – 점액질 – 겉껍질

✔️ **생두 – 실버스킨 – 파치먼트 – 점액질 – 펄프 – 겉껍질**

17 다음 중 커피의 이식에 대해 잘못 설명하고 있는 것은?

① 화산토양의 지표는 영양이 풍부하고 토양 20cm 아래는 척박하여 열매 양은 적지만 매우 좋은 맛과 향의 좋은 열매를 얻을 수 있다.

② 묘포에서 묘목을 뽑아내기 몇 시간 전에 물을 충분히 주어야 한다.

③ 이식은 보통 우기가 시작될 때 하는데 지표면 아래 50cm까지 충분히 촉촉해진 상태가 좋으므로 습도가 높고 흐린 날에 이식하는 것이 좋다.

✔ 커피나무는 심은 지 3년 정도가 지나면 1.5~2m 정도 성장하여 첫 번째 꽃을 피우고, 5년 정도가 지나면 수확이 가능하다.

해설
커피는 3년 정도가 지나면 수확이 가능하다.

18 다음 중 커피의 점도와 미끈함을 감지하는 말초신경을 집합적으로 부르는 말은?

① Skimming　　② Mouthfeel
③ Fragrance　　✔ Body

19 SCA에서 정의하는 커핑을 실시하는 궁극적인 목적은?

① 커피 판매
② 자격증 취득
✔ 생두의 등급 분류
④ 로스팅 등급 분류

해설
커피의 맛과 향을 판별해 생두의 등급을 분류하기 위해서이다.

20 다음 중 분쇄 커피가루가 담긴 물을 통과시켜 커피 성분을 뽑아내는 방식은?

① 침지식　　　② 침출식
✔ 여과식　　　④ 증발식

해설
여과식(투과식)은 침지식에 비해 깔끔한 커피가 추출된다. 드립식 추출 등이 여기에 해당된다.

21 커피를 수확하는 방법 중 스트리핑(Stripping)에 대해 잘못 설명하고 있는 것은?

✔ 품질이 균일한 커피를 생산할 수 있다.
② 내추럴 커피나 로부스타 커피 생산지역에서 주로 사용한다.
③ 체리를 한 번에 손으로 훑어 수확하는 방법으로 나무에 손상을 줄 수 있다.
④ 빠른 작업속도와 비용 절감의 장점이 있다.

해설
익지 않은 체리와 나뭇가지, 잎 등의 이물질이 포함되어 품질이 떨어진다.

22 탈곡은 생두를 감싸고 있는 파치먼트 껍질을 제거하거나 마른 체리에서 체리 껍질을 제거하는 과정이다. 다음 중 워시드 체리의 파치먼트 껍질을 벗겨 내는 것은 무엇인가?

✔ 헐링(Hulling)
② 드라잉(Drying)
③ 폴리싱(Polishing)
④ 피킹(Picking)

23 다음 중 생두를 분류하는 기준에 해당되지 않는 것은?

① 재배 고도에 의한 분류
② 결점두에 의한 분류
☑ **함수율에 의한 분류**
④ 생두의 크기에 따른 분류

해설
생두의 분류 기준으로 생두의 크기, 재배 고도, 결점두 등이 있다.

24 다음 에스프레소 머신의 부품 중 필터홀더(Filter Holder)의 재질은 무엇인가?

☑ **동**　　　　　② 스테인리스
③ 은　　　　　　④ 알루미늄

해설
필터홀더는 적정 온도를 유지하여 양질의 에스프레소를 얻기 위해 동 재질로 만들어진다.

25 SCA(Specialty Coffee Association) 기준에 따른 결점두의 발생 원인이 잘못 연결된 것은?

① Fungus Damage – 보관 중 곰팡이가 발생한 경우
② Shell – 유전적 결함
③ Foreign Matter – 이물질을 제거하지 못한 경우
☑ **Unripe Bean – 너무 익은 체리나 땅에 떨어진 체리의 수확**

해설
• Immature/Unripe : 미숙두, 덜 익은 콩, 주름진 콩 등 미성숙한 상태에서 수확할 경우 발생된다.
• Sour Bean : 너무 익은 체리, 땅에 떨어진 체리를 수확하거나 과발효나 정제과정에서 오염된 물을 사용한 경우, 발효탱크의 위생이 좋지 않았을 때 발생

26 생두의 크기는 스크린 사이즈로 표시되며, 스크린 사이즈 1은 1/64인치로 약 0.4mm이다. 이때 스크린 사이즈 18의 크기는 얼마인가?

① 약 3.2mm
② 약 6.2mm
☑ **약 7.2mm**
④ 약 8.2mm

27 다음에서 (　) 안에 들어갈 내용을 순서대로 나열한 것은?

> 스페셜티 그레이드(Specialty Grade)라 함은 (㉠) (㉡)g 중 결점두 5개 이하이며 (㉢) (㉣)g에 퀘이커(Quaker)가 0개 이내인 커피를 말한다.

☑ **㉠ 생두, ㉡ 350, ㉢ 원두, ㉣ 100**
② ㉠ 생두, ㉡ 100, ㉢ 원두, ㉣ 350
③ ㉠ 원두, ㉡ 350, ㉢ 생두, ㉣ 100
④ ㉠ 원두, ㉡ 100, ㉢ 생두, ㉣ 350

28 다음 중 커피 품질 등급을 나누는 기준이 다른 나라는?

① 콜롬비아
② 탄자니아
☑ **코스타리카**
④ 케냐

해설
콜롬비아, 하와이, 탄자니아, 케냐는 생두 사이즈에 의해 분류하며, 과테말라, 엘살바도르, 코스타리카, 온두라스, 멕시코 등은 생산고도에 의해 분류한다.

29 브라질의 생두 분류 등급 중 '산토스 No. 2' 표기로 알 수 있는 커피 정보는?

① 산토스 – 수출 항구
   No. 2 – 퀘이커(Quaker)가 2개
✓ 산토스 – 수출 항구
   No. 2 – 결점두 수에 의한 등급
③ 산토스 – 생산지역
   No. 2 – 퀘이커(Quaker)가 2개
④ 산토스 – 생산지역
   No. 2 – 결점두 수에 의한 등급

30 다음 중 뉴 크롭(New Crop) 생두에 대한 설명으로 적절한 것은?

① 병충해에 강한 새로운 개량종을 의미한다.
② 돌연변이 종자를 의미한다.
✓ 해당 연도에 수확한 생두로서 수분이 많고, 짙은 청록색을 띤다.
④ 테스트용으로 선별한 생두이다.

해설
뉴 크롭(New Crop) 생두는 수확한 지 1년 이내의 생두를 말한다.

31 다음 중 생두를 로스팅해서 원두로 보관하는 경우 가장 커피의 산패를 가속시키는 것은?

① 서리   ② 강수량
③ 온도   ✓ 산소

32 다음 중 결점두에 의한 분류법을 따르지 않는 나라는?

① 브라질   ② 인도네시아
✓ 탄자니아   ④ 에티오피아

해설
탄자니아는 생두 사이즈에 의해 분류한다(AA, AB).

33 다음 내용에 해당하는 커피 생산국가는?

마일드 커피(Mild Coffee)의 대명사로 커피 등급을 수프레모(Supremo), 엑셀소(Excelso)로 나누며 주로 습식가공을 한다. 품질면에서 세계 1위의 커피라 자부하며, 후안 발데즈(Juan Valdez)라는 커피 상표로도 유명하다.

① 자메이카   ② 하와이
③ 예멘   ✓ 콜롬비아

34 휴대가 간편하여 장소에 구애받지 않고 사용할 수 있으며, 플런저에 압력을 가해 체임버에 담긴 물을 밀어내어 추출하는 방식으로 주사기와 같은 원리의 추출도구는 무엇인가?

✓ 에어로프레스
② 이브릭
③ 사이펀
④ 페이퍼 필터 드립

해설
에어로프레스는 추출이 신속하게 이루어지며 휴대가 가능하여 장소에 구애받지 않고 사용할 수 있다.

35 다음 중 항구의 이름에서 유래한 커피의 명칭은?

① 킬리만자로(Kilimanjaro)
② 콜롬비아(Colombia)
③ 코나(Kona)
✓ 산토스(Santos)

해설
항구의 이름에서 유래한 커피의 명칭은 브라질의 산토스, 예멘의 모카이다.

36 생두에 열을 가해 물리·화학적 과정을 거쳐 커피 본연의 맛과 향을 형성시키는 과정을 무엇이라 부르는가?

✓ 로스팅(Roasting)

② 블렌딩(Blending)

③ 커핑(Cupping)

④ 에스프레소(Espresso)

해설
생두에 열을 가해 로스팅되면 복잡한 물리·화학적 과정이 연속적으로 일어나며, 커피콩은 건조해져서 부서지기 쉬운 구조로 변한다.

37 로스팅 과정 중 커피의 맛과 향을 내는 여러 물질들이 생성되는 단계로, 실질적인 로스팅이 진행되는 과정은?

① 예열　　　　② 건조

③ 뜸　　　　✓ 열분해

해설
열분해 반응을 통해 커피의 맛과 향을 내는 여러 물질들이 생성되고 캐러멜화(Caramelization)에 의해 색깔은 점차 짙은 갈색으로 변화한다.

38 다음은 SCA의 로스팅 단계별 명칭을 나열한 것이다. (　　) 안에 들어갈 내용으로 알맞은 것은?

Light – (　　) – Medium – High – City – Full City – (　　) – Italian 순이다.

✓ Cinnamon – French

② Dark – American

③ Medium Light – Black

④ Middle Light – Yellow

39 로스팅이 진행될 때 일어나는 변화과정으로 적절하지 않은 것은?

① 생두의 지질은 열에 안정적이며 로스팅에 따라 큰 변화를 보이지 않는다.

✓ 로스팅 단계는 로스팅이 진행되는 동안의 시간으로만 결정된다.

③ 멜라노이딘 반응으로 생두가 점점 갈색으로 변한다.

④ 카페인은 승화 온도가 178℃로 로스팅에 의해 크게 변하지 않는다.

해설
로스팅 단계는 로스팅 온도와 시간으로 결정된다.

40 원두의 부피가 부풀어 올라 가장 커지며 원두 내부의 지방이 스며 나오는 로스팅 단계는?

① City Roast

② Full City Roast

③ Light Roast

✓ Italian Roast

해설
부피는 로스팅 단계가 강할수록 커진다. 강하게 로스팅되는 이탈리안 로스트에서 원두의 지방이 스며 나온다.

41 다음 중 로스팅 머신의 열원과 관계없는 것은?

✓ 석탄　　　　② 가스(LPG)

③ 화목(숯)　　　④ 전기

해설
로스팅에 사용되는 열원은 가스, 전기, 화목(숯) 등이다.

42 로스터기의 부품 중에서 로스팅 시 발생되는 체프를 제거해 주는 장치는?

① 모터(Moter)
② 호퍼(Hopper)
③ 댐퍼(Damper)
☑ **사이클론(Cyclone)**

해설
사이클론(Cyclone)은 체프를 제거해 주는 장치다.

43 커피의 쓴맛에 대한 설명으로 적절한 것은?

① 카페인이 체내에 흡수되면 중추신경계를 파괴하여 해로운 영향을 준다.
② 로스팅을 강하게 하면 쓴맛 성분이 소멸되므로 쓴맛이 점차 약해진다.
☑ **쓴맛을 내는 물질로 카페인, 트라이고넬린, 카페산 등이 있다.**
④ 카페인은 커피에서 쓴맛을 내는 유일한 성분이다.

해설
카페인, 트라이고넬린, 카페산, 퀸산, 페놀화합물 등에 의하여 쓴맛이 난다. 로스팅을 강하게 하면 새로운 쓴맛 성분이 생성되므로 쓴맛이 점차 강해진다.

44 디카페인 커피(Decaffeinated Coffee)에 대한 설명으로 틀린 것은?

① 가공과정 중 생두 조직에 손상을 입힐 수 있다.
② 비용이 저렴한 가공과정으로 용매 추출법이 있다.
☑ **카페인이 100% 제거된 커피이다.**
④ 가장 많이 사용되는 제조과정은 물 추출법이다.

해설
미국에서는 97% 이상의 카페인이 제거된 커피를 디카페인 커피라고 한다.

45 바디의 강도를 지방 함량에 따라 표현한 것으로 강한 것부터 순서대로 나열된 것은?

① Creamy > Watery > Smooth > Buttery
② Creamy > Buttery > Smooth > Watery
③ Buttery > Smooth > Creamy > Watery
☑ **Buttery > Creamy > Smooth > Watery**

46 커피의 추출과정이 순서대로 나열된 것은?

① 침투 → 분리 → 용해
☑ **침투 → 용해 → 분리**
③ 분리 → 침투 → 용해
④ 용해 → 침투 → 분리

해설
물이 분쇄된 원두 입자 속으로 스며들어 가용성 성분을 용해하고, 용해된 성분들은 커피 입자 밖으로 용출되는 과정을 거친다. 마지막으로 용출된 성분을 물을 이용해 뽑아내는 과정을 통해 추출이 이루어진다.

47 커피의 산패 요인에 대한 설명으로 적절하지 않은 것은?

① 포장 내 소량의 산소만으로도 완전 산화될 수 있다.
② 상대습도 100%일 때 3~4일, 50%일 때 7~8일, 0%일 때 3~4주부터 산패가 진행된다.
☑ **원두를 가늘게 분쇄하면 홀빈 상태보다 산패가 더디게 진행된다.**
④ 온도가 10℃ 상승할 때마다 2.3제곱씩 향기 성분이 빨리 소실된다.

해설
분쇄된 원두는 홀빈 상태보다 5배 빨리 산패가 진행된다. 그리고 다크 로스트일수록 함수율이 낮으며 오일이 배어나와 있고 더 다공질 상태이므로 라이트 로스트일 때보다 산패가 더 빨리 진행된다.

48 그라인더의 입자 분포가 균일하지만 열 발생이 많은 칼날의 형태는?

① Roll형
☑ **Flat형**
③ Conical형
④ Blade형

해설
평면형(Flat) 칼날이 입자 분포가 가장 균일하다.

49 추출도구 중 천의 섬유조직을 필터로 사용해 커피를 추출하는 방식은?

☑ **융 드립**
② 페이퍼 드립
③ 터키식 커피
④ 프렌치 프레스

해설
융 추출은 커피의 바디를 구성하는 오일 성분이나 불용성 고형성분이 페이퍼 드립에 비해 쉽게 통과되어 진하면서도 부드러운 맛의 커피가 뽑힌다.

50 에스프레소 추출방법에 대한 설명으로 잘못된 것은?

① 90~95℃의 물로 20~30초 정도 추출한다.
② 분쇄된 커피를 다지는 행위를 탬핑이라고 한다.
☑ **에스프레소는 고농도의 향미 성분을 추출해야 하므로 분쇄도를 가장 굵게 한다.**
④ 추출수의 압력은 9기압 정도로 분쇄된 커피에 통과시켜 추출한다.

해설
에스프레소는 분쇄도를 가장 가늘게 쓰는 추출방법 중 하나이다.

최종모의고사

제 **4** 회

01 다음 설명에 해당하는 커피의 전설은?

> 병으로 앓고 있을 때 꿈에서 천사 가브리엘
> 이 나타나 빨간 열매를 주면서 먹어 보라고
> 해 커피를 발견하게 되었다.

① 칼디의 전설
② 오마르의 전설
✔ **모하메드의 전설**
④ 메카의 전설

해설
모하메드의 전설 : 모하메드가 병으로 앓고 있을 때 꿈에서
천사 가브리엘이 나타나 빨간 열매를 주면서 먹어 보라고
해 커피를 발견하게 되었다는 전설이다.

02 이슬람교도들이 마셨다는 이유로 커피를 '악마
의 음료'라고 비난하는 세력이 있었지만 커피에
세례를 주어 가톨릭신자도 커피를 마실 수 있도
록 한 교황은 누구인가?

① 마호메트 8세
② 요한네스 8세
✔ **클레멘스 8세**
④ 베네딕토 8세

해설
1605년 일부 보수적인 가톨릭신자들은 이슬람교도들이
즐겨 마셨다는 이유로 커피를 비난하였다. 이에 교황 클레
멘스 8세가 조사차 커피를 마셨다가 커피에 반하게 되었다.
교황은 이교도만 마시기에는 너무 훌륭한 음료라고 하여
커피에 세례를 주고 가톨릭신자도 마실 수 있도록 공인하
였다.

03 다음 중 커피나무에 대한 식물학적 설명으로 틀
린 것은?

✔ **커피나무의 경제적 수명은 약 50~70년 정도
이다.**
② 커피나무 뿌리는 대부분 30cm 정도이다.
③ 꽃잎은 흰색으로 재스민 향이 난다.
④ 자연상태에서는 10m 이상 자라기도 하지만
수확이 용이하도록 2~3m 정도로 유지한다.

해설
커피나무의 수명은 50~70년 정도이지만 경제적인 수명
은 20~30년이다.

04 1901년 에스프레소 머신을 최초로 개발해 특허
를 출원한 사람은?

✔ **루이지 베제라**
② 라마르조코
③ 아킬레 가지아
④ 산타이스

해설
에스프레소 머신을 최초로 개발한 사람은 이탈리아의 루이
지 베제라이다.

05 커피의 3대 원종에 대한 설명으로 옳지 않은 것은?

① 로부스타종은 습도가 높은 열대 지역의 저지대에서도 잘 자란다.

✔ **로부스타종의 품질이 가장 뛰어나며 아라비카종에 비해 카페인 함량도 거의 없다.**

③ 리베리카종은 나무의 키가 8m 이상으로 커서 재배가 곤란하고 과육이 두꺼워 가공이 어렵다.

④ 리베리카종은 일부 지역에서만 생산되고 양이 많지 않아 자국에서 거의 소비된다.

해설
로부스타는 아라비카 품종에 비해 향기가 부족하며 신맛이 거의 없고 쓴맛이 강하다. 카페인 함량도 1.7~4.0%로 높다.

06 다음 중 생두를 로스팅하는 이유로 적절하지 않은 것은?

① 커피의 성분을 추출하는 과정이 빨리 진행될 수 있도록 하기 위함이다.

② 커피 본연의 맛과 향을 찾기 위해서이다.

③ 커피의 휘발 성분을 방출하기 위해서이다.

✔ **커피를 오랫동안 잘 보관하기 위해서이다.**

해설
커피는 생두 상태에서 더 오래 보관할 수 있다.

07 커피체리 안에 두 알의 씨앗이 마주 보고 있는데, 구조상 평평한 형태를 보인다. 이러한 생두를 무엇이라 하는가?

① 커피 빈(Coffee Bean)

② 버드 프렌들리 커피(Bird-friendly Coffee)

③ 유기농 커피(Organic Coffee)

✔ **플랫 빈(Flat Bean)**

08 커피나무를 재배하기 위한 지역 조건으로 적절하지 않은 것은?

① 고산지대이면서 화산재 토양이 좋다.

✔ **비료를 사용하면 나무 성장에도 도움이 되고 좋은 생산량을 기대할 수 있다.**

③ 커피나무는 5℃ 이하에서는 성장을 멈추며 그 이하에서는 동사할 수도 있다.

④ 그늘 경작으로 재배한 커피일수록 좋은 맛과 향을 가지게 된다.

해설
토양이 너무 비옥하면 가지나 잎이 너무 무성하게 성장하여 열매로 가야 할 양분이 적어져 열매의 맛과 향이 떨어지게 된다.

09 다음 중 '커피의 귀부인'이라 불리는 커피 산지는?

① 하라(Harrar)

✔ **예가체프(Yirgacheffe)**

③ 예멘(Yemen)

④ 짐마(Djimmah)

10 습식법을 이용한 가공과정 중 과육을 제거한 후에 발효시키는 이유로 적절한 것은?

① 건조기간을 단축시키기 위해

✔ **물에 녹지 않는 끈끈한 점액질을 벗겨내기 위해**

③ 생두의 품질을 좋게 하기 위해

④ 파치먼트가 깨지는 것을 방지하기 위해

해설
습식법(Wet Method)
• 일정한 설비와 물이 풍부한 상태에서 가능한 가공법이다.
• 점액질을 제거하는 발효과정을 거치며 파치먼트 상태로 건조시킨다.
• 발효시간은 16~36시간 정도이며 미생물에 의해 아세트산이 생성되어 pH가 4까지 낮아진다.

11 체리를 수확하는 방법 중 잘못 설명하고 있는 것은?

☑ 핸드 피킹(Hand Picking) 방식은 인건비 부담이 적어 하와이처럼 대규모 농장이 많은 곳에서 사용하는 방식이다.

② 핸드 피킹(Hand Picking) 방식은 익은 체리만을 수확하므로 품질이 균일하고 좋은 커피 생산이 가능하다.

③ 스트리핑(Stripping) 방식은 로부스타와 건식법으로 가공하는 국가에서 생산하는 방법이다.

④ 스트리핑(Stripping) 방식은 빠른 작업속도와 비용 절감의 효과가 있다.

해설
① 커피열매가 익은 시점이 달라 한 그루 커피나무에서도 여러 번 반복해서 수확하므로 인건비 부담이 크다.

12 다음 중 아스팔트, 타일, 땅, 콘크리트로 된 넓은 공간에 펼친 후 건조시키는 것은?

① 체망건조　　② 팰릿 건조
③ 필드건조　　☑ 파티오 건조

13 다음 중 커피에 대한 올바른 상식은?

① 커피의 카페인은 중독성이 있고 체내에 쌓이기 때문에 많은 양의 커피는 좋지 않다.

② 카페인이 100% 제거된 커피를 디카페인 커피라고 한다.

☑ 원두는 산패가 쉽게 되므로 건냉암소에 보관한다.

④ 스트레이트(Straight) 커피는 카페인이 강한 커피를 말한다.

해설
① 카페인은 12시간이 지나면 90% 이상이 배출된다.
② 97% 이상의 카페인이 제거된 커피를 디카페인 커피라고 한다(소량의 카페인은 남아 있음).
④ 스트레이트 커피는 단종 커피를 말한다.

14 생두의 분류 기준에 대한 설명으로 바르지 않은 것은?

① 스크린 사이즈 13 이하는 피베리로 분류한다.

② 스크린 사이즈 18은 약 7.2mm이다.

③ 스크린 사이즈 1은 1/64인치로 0.4mm에 해당한다.

☑ 스크린 사이즈는 1~20의 단계로 구분한다.

해설
스크린 사이즈 No. 14~20은 평평한 플랫빈(Plat Bean, 평두)이고, No. 8~13은 피베리(Peaberry, 환두)로 분류된다.

15 과테말라와 코스타리카는 생산되는 고도에 의해 생두를 분류하고 있는데, 이 중 최상등급 생두를 나타내는 용어는?

☑ SHB(Strictly Hard Bean)
② SG(Specialty Grade)
③ HB(Hard Bean)
④ SHG(Strictly High Grown)

16 다음 중 SCA(Specialty Coffee Association)에 따른 결점두 발생 원인을 잘못 설명하고 있는 것은?

① Parchment - 불완전한 탈곡으로 발생

② Insect Damages - 해충이 생두에 파고 들어가 알을 낳은 경우 발생

③ Hull/Husk - 잘못된 탈곡이나 선별과정에서 발생

☑ Sour Bean - 발육기간 동안 수분 부족으로 발생

해설
Sour Bean : 너무 익은 체리, 땅에 떨어진 체리 수확 및 과발효나 정제과정에서 오염된 물을 사용했을 경우 발생

17 커피 생산국과 분류 등급이 잘못 연결된 것은?

① 탄자니아 – AA

② 과테말라 – SHB

✓ ③ 에티오피아 – Supremo

④ 케냐 – AA

해설

• 에티오피아는 생두 300g 중 결점두 수에 따라 G1, G2 등으로 등급을 나눈다.

• 콜롬비아는 생두 크기에 따라 콜롬비아 수프레모(Colombia Supremo), 콜롬비아 엑셀소(Colombia Excelso) 등으로 나눈다.

18 생두에 대한 설명으로 잘못된 것은?

① 생두의 크기보다는 균일한 색깔과 균일한 크기가 더 중요하다.

② 품종에 따라 수확시기가 다양하다.

✓ ③ 좋은 생두일수록 연노란색에 가깝다.

④ 일반적으로 갓 가공한 생두는 청록색을 띨수록 품질이 우수하다.

해설

아마레로(Amarelo)는 브라질 품종으로 커피체리의 색깔이 노란색인 것이 특징이다. 좋은 생두일수록 청록색에 가깝다.

19 생산고도(재배높이)에 따라 커피 등급을 분류하고 있으며, 최대 생산지역으로 산타바바라(Santa Barbara), 코판(Copan), 오코테페케(Ocotepeque), 렘피라(Lempira), 라파스(La Paz) 등이 있는 나라는?

✓ ① 온두라스　　② 엘살바도르

③ 과테말라　　④ 니카라과

해설

온두라스

• 과테말라와 니카라과 사이에 위치하고 있으며 커피 생산은 주로 서쪽 지역에서 이루어지고 있다.

• 생산고도에 따른 분류 등급 : 1,500~2,000m(SHG), 1,000~1,500m(HG), 900~1,000m(CS)

20 다음에서 설명하는 커피 생산지는?

> 빅 아일랜드(Big Island)의 코나에서 재배되는 커피가 유명하다. 북동 무역풍이 부는 열대성 기후의 화산지대로 연간 강우량이 풍부하며 비교적 저지대임에도 단위 면적당 최대의 수확량과 우수한 품질로 커피 재배에 적합한 조건을 갖추고 있다. 자메이카 블루마운틴 커피와 더불어 최상급 커피의 하나로 손꼽힌다.

① 콜롬비아　　② 쿠바

✓ ③ 하와이　　④ 파나마

21 다음 중 로스팅의 과정을 순서대로 잘 나열한 것은?

✓ ① 건조 → 열분해 → 냉각

② 건조 → 냉각 → 열분해

③ 냉각 → 열분해 → 건조

④ 열분해 → 건조 → 냉각

해설

로스팅은 건조 → 열분해 → 냉각의 세 단계로 이루어진다.

22 로스팅 과정에서 생두의 조직이 파열되면서 들리는 파열음을 무엇이라 하는가?

① 해결(Resolve)　　② 소음(Noise)

③ 히트(Hit)　　✓ ④ 크랙(Crack)

해설

로스팅 과정에서 두 번의 파열음이 들리는데 이를 크랙이라 하며 팝(Pop)이나 파핑(Popping)이라고도 한다.

23 로스팅 진행과정에 대한 설명으로 옳은 것은?

① 생두의 크기와 종류에 상관없이 최소한의 시간과 방식으로 로스팅하는 것이 좋다.

☑ 생두의 고형성분이 추출될 수 있도록 열을 가해 세포조직을 분해·파괴하여 여러 가지 성분들을 발현시키는 과정이다.

③ 생두를 순간적으로 고열로 가열하기 때문에 로스팅된 원두는 그 성분이 생두와 변화가 없다.

④ 생두를 파괴하여 조직이 쉽게 풀리도록 하는 전처리 과정을 거친다.

해설
생두를 가열해 얻은 원두는 그 맛과 향의 성분이 완전히 달라진다.

24 프렌치 로스트(French Roast)의 특성으로 잘못된 것은?

① 베리에이션(Variation) 커피 음료에 적합하다.

② 강한 스모크향이 난다.

☑ 신맛이 강하고 향이 적다.

④ 원두의 표면에 오일이 보인다.

해설
③ 쓴맛이 강한 로스팅 포인트이다.

25 생두에 열을 전달하는 방식에 해당되지 않는 것은?

① 전도   ② 복사

☑ 반사   ④ 대류

해설
커피콩에 열을 전달하는 방식으로 전도, 대류, 복사가 있다.

26 다음 중 열량을 적게 공급하면서 장시간 동안 로스팅하는 방법으로 중후함이 강하고 향기가 풍부한 커피를 만드는 방법은?

① 저온–단시간 로스팅

☑ 저온–장시간 로스팅

③ 고온–단시간 로스팅

④ 고온–장시간 로스팅

해설
열량을 적게 주면서 장시간 로스팅하는 방법은 저온–장시간 로스팅이다.

27 음식이나 음료를 섭취한 후 입안에서 물리적으로 느껴지는 촉감을 무엇이라 하는가?

① Fragrance   ② Flavor

☑ Mouthfeel   ④ Finish Tail

해설
촉각(Mouthfeel)
• 커피를 마시고 난 뒤 입안에서 물리적으로 느껴지는 촉감을 말한다.
• 혀와 입안에 있는 말초신경조직을 통해 촉각을 느낀다.

28 다음 중 스페셜티커피협회(SCA)의 커핑 순서를 바르게 나열한 것은?

☑ Fragrance 평가 → Aroma 평가 → Breaking Aroma 평가 → Flavor 평가

② Fragrance 평가 → Flavor 평가 → Aroma 평가 → Breaking Aroma 평가

③ Flavor 평가 → Fragrance 평가 → Aroma 평가 → Breaking Aroma 평가

④ Flavor 평가 → Fragrance 평가 → Breaking Aroma 평가 → Aroma 평가

해설
분쇄 원두의 향(Fragrance)을 평가하고 물에 적셨을 때 올라오는 아로마(Aroma)를 평가한다. 이후 거품과 거피 윗부분을 스푼으로 밀어 내면서 향(Breaking Aroma)을 맡는다. 마지막으로 향미(Flavor)를 평가한다.

29 그라인더의 분쇄 원리에 따른 방식 중 간격식 그라인더가 아닌 것은?

① 코니컬 커터(Conical Cutters)

✓② 충격식(Impact Type)

③ 플랫 커터(Flat Cutters)

④ 롤 커터(Roll Cutters)

해설
그라인더는 분쇄 원리에 따라 충격식(Impact)과 간격식(Gap)으로 나뉜다. 칼날형은 충격식으로 고른 분쇄가 어려우며 코니컬형, 플랫형, 롤형은 모두 간격식이다.

30 스페셜커피협회(SCA) 기준 적정 추출 수율과 커피 농도가 바르게 짝지어진 것은?

✓① 18~22%와 1.15~1.35%

② 18~20%와 1.15~1.85%

③ 12~30%와 1.25~1.35%

④ 12~16%와 1.35~1.85%

해설
적정 추출 수율은 18~22%, 적정 커피 농도는 1.15~1.35%로 규정되어 있다.

31 다음 중 커피의 산패과정을 순서대로 바르게 잘 나열한 것은?

① 산화(Oxidation) → 증발(Evaporation) → 반응(Reaction)

✓② 증발(Evaporation) → 반응(Reaction) → 산화(Oxidation)

③ 증발(Evaporation) → 산화(Oxidation) → 반응(Reaction)

④ 산화(Oxidation) → 반응(Reaction) → 증발(Evaporation)

해설
로스팅 후 시간이 지남에 따라 향기가 소실되고 더 나아가 맛이 변질되는데, 산패는 증발 → 반응 → 산화의 3단계 과정을 거친다.

32 다음 중 커피의 포장방법에 잘 사용되지 않는 것은?

① 질소가압 포장

✓② 산소포장

③ 불활성가스 포장

④ 진공포장

해설
산소는 커피 산패의 가장 큰 적이므로 사용하지 않는다.

33 커피 추출에 사용되는 물에 대한 설명으로 틀린 것은?

① 신선하고 냄새가 나지 않는 물이 좋다.

② 커피 추출에 사용되는 물은 불순물이 약간 함유되어 있어도 상관없다.

③ 커피 양과 물의 비율을 맞추더라도 입자의 크기가 적당해야 원하는 농도의 커피를 추출할 수 있다.

✓④ 200ppm 이상의 미네랄이 함유되어 있는 물이 좋다.

해설
50~100ppm의 무기물이 함유된 물이 추출에 적당하다.

34 커피 생산국가와 대표적인 커피 생산지역이 잘못 연결된 것은?

① 콜롬비아 – 메데인(Medellin)

② 과테말라 – 우에우에테낭고(Huehuete-nango)

③ 자메이카 – 블루마운틴(Blue Mountain)

✓④ 온두라스 – 마타리(Mattari)

해설
마타리(Mattari)는 예멘의 커피 재배지이다. 온두라스의 주요 커피 생산지역으로는 산타바바라, 코판, 렘피라, 라파스 등이 있다.

35 다음에서 설명하는 추출방식은?

> 추출 용기에 분쇄된 커피가루를 넣고 뜨거운 물을 붓거나 찬물을 넣고 가열하여 커피 성분을 뽑아내는 방식이다.

① 여과식   ② 투과식
③ 뽑기식   ✓ 침지식

해설
커피가루를 넣고 가열하여 커피 성분을 뽑아내는 방법은 침지식(침출식)이다. 프렌치 프레스, 터키식 커피 등이 이에 해당한다.

36 본래 명칭은 배큐엄 브루어(Vacuum Brewer)로, 증기압을 이용해 추출하기 때문에 진공식 추출이라고도 불리는 이 도구는 무엇인가?

① 에스프레소 머신
✓ 사이펀
③ 모카포트
④ 페이퍼 드립

해설
사이펀(Siphon)의 원래 명칭은 배큐엄 브루어(Vacuum Brewer)이다. 사용되는 열원은 알코올램프, 할로겐램프와 가스 스토브이다.

37 'Express(빠르다)'의 영어식 표기인 이탈리아어로, 빠르게 추출된 커피이며 중력의 8~10배 힘을 가해 30초 안에 커피의 모든 맛을 추출해내는 방법은?

① 프렌치 프레스   ② 워터드립
✓ 에스프레소   ④ 모카포트

해설
에스프레소(Espresso)는 빠르게 추출한다는 의미로 수용성 성분 외에 비수용성 성분도 함께 추출해 내는 추출법이다.

38 에스프레소 추출 시 추출수에 가장 적합한 물의 온도는?

① 60~65℃
② 70~75℃
③ 75~80℃
✓ 90~95℃

해설
에스프레소 추출수는 90~95℃ 정도로 높은 온도여야 한다.

39 다음 중 에스프레소의 역사에 대한 설명으로 잘못된 것은?

✓ 1960년 페이마 E61이 탄생했는데 이 기계는 전동펌프를 이용해 뜨거운 물을 커피로 보내는 것을 가능하게 하였으며 열교환기를 채택하여 머신의 크기가 더욱 커지는 계기가 되었다.
② 1901년 이탈리아 밀라노의 루이지 베제라(Luigi Bezzera)는 증기압을 이용하여 커피를 추출하는 에스프레소 머신의 특허를 출원하였다.
③ 1946년 가지아(Gaggia)가 상업적인 피스톤 방식의 머신을 개발하였다.
④ 버튼 하나만 누르면 커피가 분쇄되고 우유거품이 만들어지는 완전자동 방식인 머신 'Acrto 990'이 탄생하였다.

해설
1960년 페이마 E61이 탄생했는데 이 기계는 전동펌프에 의해 뜨거운 물을 커피로 보내는 것을 가능하게 하였으며 열교환기를 채택하여 에스프레소 머신의 크기가 더욱 작아지는 계기가 되었다.

40 물의 흐름을 통제하는 부품으로, 보일러에 유입되는 찬물과 보일러에서 데워진 온수의 추출을 조절하는 장치로 2극과 3극이 있다. 어떤 부품을 말하는가?

① 샤워 스크린
② 디퓨저
☑ 솔레노이드 밸브
④ 가스켓

해설
솔레노이드 밸브는 2극과 3극이 있다. 3극은 커피 추출에 사용되는 물의 흐름을 통제한다.

41 다음 중 에스프레소 머신의 발전 단계로 바른 것은?

① 증기압 방식 → 피스톤 방식 → 진공방식 → 전동펌프 방식
② 증기압 방식 → 진공방식 → 피스톤 방식 → 전동펌프 방식
③ 진공방식 → 피스톤 방식 → 증기압 방식 → 전동펌프 방식
☑ 진공방식 → 증기압 방식 → 피스톤 방식 → 전동펌프 방식

해설
에스프레소 머신은 진공방식 → 증기압 방식 → 피스톤 방식 → 전동펌프 방식 순으로 발전해 왔다.

42 다음 중 휘핑(Whipping)기에 사용되는 가스는?

① 탄소 　　　　　☑ 질소
③ 산소 　　　　　④ 수소

해설
휘핑가스는 질소를 많이 사용한다.

43 다음 중 에스프레소 추출작업에 사용되는 도구와 설명이 잘못 연결된 것은?

① 포터필터(Porter Filter) – 분쇄된 원두를 담아 그룹헤드에 장착시키는 도구
☑ 노크 박스(Knock Box) – 커피를 보관하는 용기
③ 그룹헤드(Group Head) – 포터필터를 장착하는 곳
④ 패킹 매트(Packing Mat) – 탬핑작업 시 포터필터 밑에 까는 매트

해설
노크 박스는 에스프레소 추출 후 발생한 케이크를 버리는 통을 말한다.

44 에스프레소 추출 시 커피의 지방성분, 탄산가스, 향 성분이 결합하여 생성된 거품을 지칭하는 말은?

① 태핑(Tapping) 　　② 버블(Bubble)
☑ 크레마(Crema) 　　④ 오일(Oil)

해설
크레마는 영어의 Cream에 해당하며 에스프레소 커피를 다른 방식의 커피와 구분 짓는 특성이 된다. 밝은 갈색이나 붉은빛이 도는 황금색을 띠며 커피 양의 10% 이상은 되어야 한다.

45 아이스커피를 말하며, 에스프레소를 얼음이 담긴 잔에 부어 만든 메뉴의 명칭은?

① 카페모카(Cafe Mocha)
② 카페오레(Cafe au Lait)
☑ 카페 프레도(Cafe Freddo)
④ 카푸치노(Cappuccino)

해설
카페 프레도(Cafe Freddo)는 잘게 간 얼음 위에 에스프레소를 부어 만든다. 프레도는 차갑다는 의미의 이탈리아어이다.

46 우유의 단백질 중 약 80%를 차지하는 성분은?

① 나트륨　　　　✔ **카세인**
③ 유당　　　　　④ 레닌

해설
우유의 단백질은 약 80%가 카세인으로 이루어져 있으며, 그 밖에 락토알부민, 락토글로불린 등의 유청 단백질도 있다.

47 밀크 스티밍(Milk Steaming) 과정에서 우유의 단백질 외에 거품의 안정성에 중요한 역할을 하는 성분은?

① 젖산　　　　　② 단백질
③ 무기질　　　　✔ **지방**

해설
거품의 안정성에 중요한 역할을 하는 것은 지방이다.

48 다음 중 주방에서 세균이 가장 많이 검출되고 번식하여 철저히 관리해야 하는 것은?

① 조리용 칼
✔ **도마**
③ 행주
④ 조리 테이블

해설
세균 번식이 가장 많이 일어나는 도마는 전자레인지에 가열하거나, 물에 삶아 소독한다. 실리콘 재질이 위생관리에 좋다.

49 다음 중 카페인의 효능을 잘못 설명하고 있는 것은?

① 이뇨작용을 촉진하여 노폐물의 분비를 돕는다.
② 카페인은 신진대사를 촉진하고 스트레스를 감소시키는 효과가 있다.
③ 심장의 수축력과 심장박동수를 증가시키며, 신체가 활성화된다.
✔ **커피 섭취량이 과다하면 카페인이 체내에 축적된다.**

해설
카페인은 약 12시간이 지나면 90% 정도는 배출된다.

50 식품의 안전성을 확보하기 위한 과학적인 위생관리체계이며, 미생물 등 생물학적 · 화학적 · 물리적 위해요소 분석을 의미하는 것으로 원료와 공정에서 발생 가능한 위해요소를 분석하는 것을 무엇이라 하는가?

✔ **HACCP**
② Par Stock
③ Garnish
④ WHO

해설
해썹(HACCP) 인증을 말한다. 해썹은 위해요소를 중점적으로 관리하기 위한 중요관리점을 결정한다.

최종모의고사

제 **5** 회

01 커피를 열매나 잎 상태로 우려내 차로 마시다가 씨앗이 되는 생두를 볶아 음료로 마시게 된 시기는 대략 언제부터인가?

① 14세기 　　　　② 15세기
☑ **16세기** 　　　④ 17세기

해설
처음에는 커피열매나 잎을 단순히 씹어서 먹다가 16세기경 커피를 볶은 다음 분쇄하여 물을 부어 마시게 되면서 현재와 같은 음료로 즐기게 되었다.

02 우리나라에 전해진 커피는 상류층을 중심으로 인기몰이를 했고 민간으로 전파된 커피는 다른 이름으로 불리기도 했다. 그 당시 불린 커피의 명칭 중 틀린 것은?

☑ **서탕국** 　　　② 가배차
③ 양탕국 　　　④ 양차

해설
상류층에서는 가배차, 평민은 가비차, 일반 민가에서는 양차, 그리고 서양에서 들여온 국물로 한약을 달인 탕국과 같다고 하여 양탕국 등으로 불렸다.

03 세계 최초로 상업적 커피가 경작된 지역으로 생두의 모양이 일정하지 않고 결점두에 따른 등급 분류가 힘들다. 반 고흐가 좋아했던 마타리(Mattari) 커피로 잘 알려진 이 나라는?

① 에티오피아 　　② 탄자니아
③ 케냐 　　　　☑ **예멘**

04 커피열매에 대한 설명으로 잘못된 것은?

① 커피열매는 생두가 두 개 들어 있다.
② 브라질 품종인 아마레로(Amarelo)는 노란색으로 익어간다.
③ 실버스킨은 생두를 감싸고 있는 얇은 반투명 껍질을 말한다.
☑ **센터 컷(Center Cut)은 겉껍질에 나 있는 흠집을 말한다.**

해설
센터 컷(Center Cut)은 생두 가운데 나 있는 S자 형태의 홈을 말한다.

05 커피의 번식방법에 대한 설명으로 옳은 것은?

① 아라비카는 타가수분을 통해 번식이 이루어진다.
② 직파는 구덩이에 3~5개의 커피 씨앗을 직접 심는 방법을 말하는데 가장 널리 쓰이는 방법이다.
☑ **이식은 보통 우기가 시작될 때 하는데 지표면 아래 50cm까지 충분히 촉촉해진 상태가 좋으므로 습도가 높고 흐린 날에 이식하는 것이 좋다.**
④ 모포에서 씨앗이 발아하면 바로 재배지로 이식하여 심는다.

06 불공정한 무역으로 인해 생겨나는 문제를 해결하기 위해 직거래를 통해 생산자에게 공정한 대가를 주고 물건을 사는 것으로, 생태계 파괴를 줄이고 생산자는 경제적으로 안정되어 그 지역에 맞는 재배방법을 장려할 수 있다. 이 중 성격이 다른 하나는?

① 공정무역 커피
② 지속가능 커피
③ 버드 프렌들리 커피
✔ **개발가능 커피**

07 다음 중 아라비카종의 재배 조건과 가장 거리가 먼 것은?

① 화산 지역의 토양은 미네랄이 풍부하여 커피나무의 성장에 좋은 영향을 준다.
② 적도를 기준으로 남, 북위 25도 사이의 열대 또는 아열대 지역이 커피 재배에 적합하여 커피 벨트 혹은 커피 존이라고 한다.
✔ **브라질이나 인도의 몬순 지역처럼 건기와 우기가 명확하여 알칼리성 토양인 지역이 좋다.**
④ 연평균 기온이 15~24℃ 정도이고 연 강우량은 1,500~2,000mm 정도인 지역이 좋다.

〔해설〕
③ 아라비카종은 미네랄이 풍부한 화산토양 또는 화산재 지형이 좋다.

08 커피나무 경작에 이용되는 올바른 파종법은?

✔ **파치먼트 파종**
② 접붙이기 파종
③ 품종교배 파종
④ 씨앗파종

09 다음 중 에스프레소에 뜨거운 물을 추가하여 희석한 메뉴의 명칭은?

① 도피오(Doppio)
② 룽고(Lungo)
✔ **아메리카노(Americano)**
④ 솔로(Solo)

〔해설〕
연한 커피를 즐겨 마시는 미국인이라는 뜻을 지닌 아메리카노에 대한 설명이다.

10 핸드 피킹에 대한 설명으로 잘못된 것은?

① 고급 아라비카 커피를 생산하는 지역에서 주로 사용한다.
✔ **대규모 농장이나 하와이 같이 인건비가 고가인 나라에서 사용하는 방식이다.**
③ 아프리카처럼 노동력이 풍부하거나 임금이 저렴한 지역에서 주로 사용하는 방법이다.
④ 잘 익은 체리만을 선택적으로 수확하기 때문에 품질 좋은 커피 생산이 가능하다.

〔해설〕
대규모 농장이나 하와이 등 인건비가 고가인 나라에서 사용하는 방식은 메커니컬 피킹(Mechanical Picking)이다.

11 체리를 가공하는 방법 중 하나인 습식법에 대한 설명으로 적절하지 않은 것은?

① 수확한 체리를 수조에 넣어 물 위에 뜨는 것을 제거한다.
② 점액질을 제거하는 발효과정을 거치면 파치먼트 상태로 건조시킨다.
③ 건식법으로 가공한 생두에 비해 보관기간이 더 짧은 단점이 있다.
✔ **발효시간은 12~24시간 정도이며 미생물에 의해 알칼리성으로 변한다.**

〔해설〕
발효시간은 16~36시간 정도이며 미생물에 의해 아세트산이 생성되어 pH가 4까지 낮아진다.

12 다음 중 데미타세 잔에 제공할 수 없는 메뉴는?

① 리스트레토(15~20mL)

② 도피오(60mL)

③ 카페 에스프레소(20~30mL)

✔ **카페라떼(180mL)**

해설

데미타세는 에스프레소 전용 잔으로 용량은 60~70mL 정도이다. 라떼는 양이 많아 라떼 잔에 제공해야 한다.

13 SCA(Specialty Coffee Association)에서 사용하는 생두의 등급 분류 기준에 해당하지 않는 것은?

① 콩(생두)의 크기

② 수분 함유율

✔ **로스팅 강도**

④ Cup Quality

해설

③ 로스팅 균일성을 체크한다.

14 다음 중 SCA 분류에 따른 결점두의 생성 원인으로 잘못 설명한 것은?

① 인섹트 데미지(Insect Damages) – 해충이 생두에 파고 들어가 알을 낳은 경우 발생

② 드라이 체리/포드(Dried Cherry/Pods) – 잘못된 펄핑이나 탈곡에서 발생

✔ **위더드 빈(Withered Bean) – 너무 익었거나 땅에 떨어진 체리를 수확할 경우 발생**

④ 이머추어(Immature/Unripe) – 미숙두, 덜 익은 콩, 주름진 콩 등 미성숙한 상태에서 수확할 경우 발생

해설

위더드 빈(Withered Bean) : 발육기간 동안 수분 부족으로 인해 발생하며 플로터(Floater)와 비슷한 특징을 지닌다.

15 다음 중 추출방식이 다른 하나는?

① 모카포트

② 핸드드립

✔ **프렌치 프레스**

④ 에스프레소

해설

프렌치 프레스는 침지식이며 나머지는 여과식이다.

16 다음에서 설명하는 나라는 어디인가?

커피 생산량 1위 국가로 커피의 품종이나 기후조건, 토양 특성에 따라 다양한 커피가 생산되고 있다. 최대 생산지역은 미나스제라이스(Minas Gerais)이며 그 밖의 주요 산지는 상파울루(Sao Paulo), 파라나(Parana) 등이다.

① 콜롬비아　　　✔ **브라질**

③ 코스타리카　　④ 인도

17 멕시코의 커피 생산과 특징에 대해 잘못 설명하고 있는 것은?

① 낮은 가격에 비해 품질이 우수하다.

② 고지대에서 생산된 커피라는 뜻의 '알투라(Altura)'라는 단어가 붙은 최상급 커피가 있다.

③ 주요 생산지역은 치아파스(Chiapas), 베라크루즈(Veracruz), 오악사카(Oaxaca) 등이다.

✔ **생두의 분류는 고도에 의한 등급을 쓰고 있으며 최상등급은 SHB등급이다.**

해설

④ 최상등급은 SHG(Strictly High Grown)이다.

18 모카(Mocha)의 의미로 올바르지 않은 것은?

① 예멘 항구의 이름이다.

☑ **고급 커피의 대명사이다.**

③ 초콜릿이나 초콜릿 향이 첨가된 음료이다.

④ 예멘과 에티오피아에서 생산되는 커피의 총칭이다.

19 로스팅 과정 중 생두 내부의 수분이 증발하는 초기 단계를 무엇이라 하는가?

① 예비단계

☑ **건조단계**

③ 예열단계

④ 조직분열 단계

[해설]
건조단계는 커피콩 내부의 수분이 증발하는 초기 단계를 말한다.

20 생두 로스팅 포인트가 풀시티(Full City) 이상으로 되었을 때 원두 안에 남아 있는 수분의 함량은 대략 어느 정도인가?

☑ **약 1%**

② 약 3%

③ 약 5%

④ 약 10%

[해설]
풀시티 이상으로 강하게 로스팅되면 약 1% 정도의 수분이 원두에 남는다.

21 각 로스팅 단계에 대한 설명으로 틀린 것은?

① 크랙(Crack)은 이산화탄소의 생성에 의한 팽창으로 발생한다.

② 건조단계 – 열분해 단계 – 냉각단계의 3단계로 이루어진다.

☑ **로스팅한 원두의 색상이 밝을수록 로스팅 단계를 나타내는 L값은 감소한다.**

④ SCA의 로스팅 단계는 애그트론 넘버 25~95까지 표시한다.

[해설]
로스팅이 강할수록 원두 표면의 색상이 어두워 L값이 감소한다.

22 다음 (   ) 안에 들어갈 알맞은 단어는?

> 1차 크랙이 발생하고 온도가 약 220℃ 이상 되었을 때 2차 크랙이 발생한다. 주로 (   )의 생성에 의한 팽창으로 발생한다.

① 수분

☑ **이산화탄소**

③ 질소가스

④ 일산화탄소

23 로스팅 과정에서 열전달 방식에 따른 분류에 속하지 않는 것은?

① 직화식

② 열풍식

③ 반열풍식

☑ **회전식**

[해설]
로스팅 머신은 열전달 방식에 따라 직화식, 열풍식, 반열풍식으로 나뉜다.

24 다음 중 커피의 쓴맛에 대한 설명으로 옳지 않은 것은?

① 커피에 들어 있는 카페인은 약 1~1.5%이다.

② 로스팅을 강하게 하면 새로운 쓴맛 성분이 생겨 쓴맛이 강해진다.

✔ **카페인을 제거한 디카페인 커피는 쓴맛이 나지 않는다.**

④ 카페인에 의해 생성되는 쓴맛은 10%를 넘지 않는다.

해설

카페인을 제거했더라도 트라이고넬린, 카페산, 퀸산, 페놀 화합물 등에 의하여 쓴맛이 난다.

25 다음 중 디카페인 커피(Decaffeinated Coffee)와 관련한 설명으로 옳지 않은 것은?

① 1819년 독일 화학자 룽게(Runge)에 의해 최초로 카페인 제거 기술이 개발되었다.

✔ **카페인 제거 기술에 가장 많이 사용되는 것은 초임계 추출법이다.**

③ 1903년 상업적 규모의 카페인 제거 기술은 로셀리우스(Roselius)에 의해 개발되었다.

④ 초임계 이산화탄소 추출법은 위험하지 않고 자연상태의 안전한 방식이다.

해설

② 가장 많이 사용되는 제조과정은 물 추출법이다.

26 다음 중 커피 산패에 대한 내용으로 옳은 것은?

① 산패는 분쇄 커피보다 홀빈 상태일 때 더 빨리 진행된다.

② 산패는 다크 로스트일 때보다 라이트 로스트일 때 빨리 진행된다.

③ 소량의 산소와 결합해도 아무런 변화가 없는 것을 말한다.

✔ **증발(Evaporation) → 반응(Reaction) → 산화(Oxidation)의 과정을 거쳐 산패된다.**

해설

커피의 산패 : 커피는 로스팅을 하게 되면 시간이 지남에 따라 향기가 소실되고 맛이 변질되는데 증발(Evaporation) → 반응(Reaction) → 산화(Oxidation)의 3단계의 과정을 거치게 된다.

※ 부패 : 미생물에 의해 단백질이 악취를 내며 분해되는 현상

27 다음 중 바디(Body)에 관한 설명으로 가장 적절한 것은?

① 휘발성 유기화합물을 관능적으로 평가하는 용어이다.

② 향미를 느끼는 세 번째 감각을 말한다.

③ 커피를 한 모금 삼키고 난 후 입 뒤쪽에서 느껴지는 향기를 말한다.

✔ **입안에서 느껴지는 중량감 또는 밀도감을 말하는데 커피의 지방성분 등에 의해 느껴진다.**

해설

바디는 입안에서 느껴지는 촉감이나 무게감과 관련이 깊은 용어로, 고형성분(다당질, 지질, 단백질, 아미노산 등)에 따라 커피의 점도를, 지방 함량에 따라 미끈함을 감지하는 것을 말한다.

28 다음 중 커피 추출의 올바른 의미는?

① 원두의 양은 될수록 많이 사용하여 뽑아내도록 한다.

② 원두가 가지고 있는 모든 특징을 최대치의 수율로 뽑아내도록 한다.

③ 적은 양의 원두로 최대한 많은 양의 커피를 뽑아내도록 한다.

✔ **가용성 성분이 용해되면서 잡미를 포함하지 않은 양질의 유효성분만을 뽑아내도록 한다.**

해설
적정 추출 수율은 18~22%이다.

29 커피가 공기 중의 산소와 반응하여 산패되는 현상을 자동산화라 한다. 다음 중 자동산화 반응을 일으키는 커피의 성분은?

① 아미노산

② 카페인

③ 포화지방산

✔ **불포화지방산**

30 다음 중 독일의 멜리타 벤츠(Melitta Bentz)에 의해 처음 만들어진 추출방식은 무엇인가?

① 점 드립

✔ **페이퍼 필터 드립**

③ 모카포트

④ 프렌치 프레스

해설
페이퍼 필터 드립 : 플라스틱, 도자기, 유리 등의 재질로 제작된 드리퍼 위에 분쇄 커피가 담긴 페이퍼를 올려놓은 다음 드립용 주전자를 이용해 물을 부어 커피를 추출하는 방식이다.

31 다음 중 찬물로 장시간 추출하는 방식은?

✔ **콜드브루(Cold Brew)**

② 에어로프레스(Aeropress)

③ 케멕스 커피메이커(Chemex Coffee Maker)

④ 사이펀(Syphon)

해설
콜드브루 : 더치커피로 많이 알려져 있으며 찬물로 장시간 추출하는 방식이다. 원두의 분쇄도와 물이 맛에 중요한 작용을 한다.

32 다음 중 가장 오래된 추출기구로 알려져 있는 것은?

① 하리오(Hario)

② 고노(Kono)

✔ **이브릭(Ibrik)**

④ 융 드립(Flannel Drip)

해설
• 터키식 커피 : 가장 오래된 추출기구로 달임방식으로 추출한다.

• 터키식 도구
  – 이브릭(Ibrik) : '물을 담아두는 통'이라는 뜻
  – 체즈베(Cezve) : '불타는 장작'이라는 뜻

33 드리퍼에 담긴 원두에 물을 부으면 표면이 부풀어 오르거나 거품이 생기는데, 어느 성분 때문인가?

✔ **탄산가스**

② 자당

③ 카페인

④ 클로로겐산

해설
이산화탄소에 의해 거품이 생성된다.

34 이탈리아어로 '바(Bar)' 안에 있는 사람을 뜻하는 용어는?

✔ 바리스타   ② 웨이터

③ 소믈리에   ④ 셰프

해설
바리스타는 '바 안에 있는 사람'이라는 뜻으로 바 맨(Bar man)을 의미한다. 완벽한 에스프레소 추출과 좋은 원두의 선택, 커피머신의 완벽한 활용, 고객의 입맛에 최대한 만족을 주기 위한 능력을 겸비해야 한다.

35 다음 중 에스프레소의 특징에 대해 잘못 설명하고 있는 것은?

① 추출량은 1oz 정도이다.

② 추출량과 추출시간에 맞게 분쇄도를 조절해야 한다.

✔ 탬핑을 할 때 50kg 이상의 힘으로 힘껏 눌러주어야 한다.

④ 에스프레소는 커피를 추출하는 다양한 방법 중 하나이다.

해설
탬핑은 20kg의 힘으로 한다.

36 추출 시 고온 고압의 물이 새지 않도록 차단하는 역할을 하는 부품으로, 재질은 고무로 되어 있는 소모품은?

① 보일러

✔ 가스켓

③ 포터필터

④ 샤워 스크린

해설
가스켓은 고무로 되어 있어 주기적으로 교체해 주어야 물이 새지 않는다.

37 다음 중 그룹헤드 본체에서 나온 물을 4~6개의 물줄기로 갈라 필터 전체에 압력이 걸리도록 하는 부품으로 샤워홀더(Shower Holder)라고도 부르는 것은?

① 솔레노이드 밸브

② 펌프모터

③ 포터필터

✔ 디퓨저

38 다음 중 가장 이상적인 에스프레소 추출방법은 무엇인가?

✔ 9기압으로 20~30초 동안 25~30mL의 커피를 추출하였다.

② 신맛을 조금 더 표현하기 위해 물의 온도를 85℃ 정도로 맞춰서 추출하였다.

③ 보다 부드러운 맛을 즐기기 위하여 약하게 탬핑한 다음, 40~45초 동안 추출하였다.

④ 조금 더 강한 맛을 내기 위해 굵은 분쇄입자의 원두를 사용하였다.

해설
에스프레소 추출은 90~95℃의 물로 9기압의 압력을 이용해 20~30초 사이에 1oz 양의 커피를 추출해 내는 것을 말한다. 다른 추출방법과 달리 분쇄 입도가 매우 가늘다.

39 에스프레소 머신의 보일러 물은 어느 정도까지 채워지는가?

① 80%   ✔ 70%

③ 90%   ④ 50%

해설
보일러는 스팀 생성을 위해 70%까지만 물이 차도록 설계되어 있다.

40 다음 중 에스프레소 크레마의 점검사항이 아닌 것은?

① 크레마의 지속력
② 크레마의 두께
✓ 크레마의 온도
④ 크레마의 색상

해설
크레마의 점검 대상 : 색상, 지속력, 두께

41 다음 중 크레마 평가에 대해 잘못 설명하고 있는 것은?

① 에스프레소 추출시간이 짧으면 크레마 거품이 빨리 사라진다.
② 커피의 지방성분, 탄산가스, 향 성분이 결합하여 생성된 미세한 거품이다.
③ 붉은빛이 도는 황금색을 띠어야 하고 커피 양의 10% 이상은 되어야 한다.
✓ 크레마 색상이 어두운 적갈색을 띤 커피라면 신맛과 단맛이 균형 잡힌 커피다.

해설
크레마 색상은 황금색, 밝은 갈색이며 농도가 짙고 촉감이 부드러워야 한다. 크레마의 밀도가 낮으면 추출된 커피 양이 적은 것이고, 너무 어둡거나 밀도가 높으면 추출된 커피 양이 많은 것이다.

42 에스프레소에 휘핑크림을 얹어 부드럽게 즐기는 'Coffee with cream'이라는 뜻의 메뉴는?

① 에스프레소 마끼아또(Espresso Macchiato)
✓ 카페 콘 파냐(Cafe con Panna)
③ 카페라떼(Cafe Latte)
④ 카푸치노(Cappuccino)

해설
콘(Con)은 이탈리아어로 '~을 넣은'이라는 접속사로 영어의 with와 같은 뜻이다. 파냐(Panna)는 '생크림'을 뜻한다.

43 다음 중 위스키를 첨가해 만드는 커피 메뉴는?

① 카페모카(Cafe Mocha)
② 깔루아 커피(Kahlua Coffee)
✓ 아이리시 커피(Irish Coffee)
④ 베일리스(Bailey's)

해설
아이리시 커피는 커피에 아이리시 위스키를 넣고 휘핑크림을 첨가해 만든 음료이다.

44 다음 중 우유에 대해 설명한 것으로 틀린 것은?

① 탈지유에 산 또는 응유효소를 첨가했을 때에 생성하는 응고물을 커드(Curd)라고 하며, 이것의 주요 성분은 카세인(Casein)이다.
② 우유에서 지방이 풍부한 부분을 분리한 것을 크림(Cream)이라고 한다.
✓ 탈지유에 대응하는 용어로서 지방을 제거하지 않은 원래의 우유를 초유라고 한다.
④ 우유는 차갑고 신선한 것을 사용한다.

해설
탈지유에 대응하는 용어로서 지방을 제거하지 않은 원래의 우유를 전유(Whole Milk)라고 한다.

45 다음 중 우유에 함유되어 있는 유당의 특성에 대해 잘못 설명하고 있는 것은?

✓ 유당은 가수분해되지 않는다.
② 우유에 함유되어 있는 당질의 99.8%가 유당이다.
③ 유당은 포유동물 특유의 당질이며 우유에 감미를 부여한다.
④ 소장의 점막상피세포의 외측막에 락테이스가 결손되면 유당의 분해와 흡수가 되지 않아 오히려 장관을 자극하여 심하면 통증을 유발하기도 한다.

해설
유당은 효소 락테이스에 의하여 분해되어 글루코스와 갈락토스 등의 단당류가 된다.

46 세균이나 바이러스 등의 병원체가 물이나 음식물을 통해 체내에 들어가 감염되는 질병으로 주로 소화기계 감염병을 이르는 명칭은?

① 인수공통감염병

② 세균성 인수공통감염병

☑ **경구감염병**

④ 바이러스성 인수공통감염병

해설

경구감염병

• 병원체가 음식물, 음료수, 식기, 손 등을 통하여 경구로 침입하여 감염된다.

• 극히 미량의 균으로도 감염이 이루어지며 2차 감염도 발생할 수 있다.

47 식품의 원료 · 제조 · 가공 및 유통 등 전 과정에서 발생할 수 있는 모든 위해요소들의 체계적이고 과학적인 위생관리를 일컫는 말은?

☑ **HACCP** ② HICCP

③ HECCP ④ WHO

해설

HACCP은 위해분석(HA ; Hazard Analysis)과 중요관리점(CCP ; Critical Control Points)의 약자로 위해 방지를 위한 사전 예방적 식품안전관리체계를 말한다.

48 다음 중 세계 최초로 카페인 제거 기술에 성공한 화학자는?

☑ **룽게(Runge)**

② 오토 발라흐(Otto Wallach)

③ 오토 스콧(Otto Schott)

④ 리비히(Liebig)

해설

1819년 독일의 화학자 룽게가 최초로 커피에서 카페인을 분리하였다.

49 다음 중 우유의 신선도 검사방법에 대해 잘못 설명하고 있는 것은?

① 오래된 우유는 가열하면 응고된다.

☑ **우유는 오래될수록 당도가 증가한다.**

③ 메틸렌 블루 테스트를 이용해서 백색으로 변색되는 시간을 측정한다. 변하는 시간이 짧을수록 미생물 오염이 심하다는 증거이다.

④ 에탄올 검사에서 70% 에탄올에 우유를 혼합하여 흔들면 변질된 우유는 응고된다.

해설

② 우유는 오래될수록 산도가 증가한다.

③ 메틸렌 블루(Methylene Blue) 검사는 산화환원 반응의 시약으로 자주 이용된다.

50 카페에서 서비스 직원이 익혀야 할 대화의 기본 원칙으로 가장 적절하지 않은 것은?

① 부드럽고 상냥하되 자신 있고 명확하게 말한다.

☑ **테이블이 없을 경우 웨이팅 룸(Waiting Room)에서 대기하도록 단호하게 말한다.**

③ 목소리는 조용하고 안정적으로 한다.

④ 부정어는 긍정어로, 부정문은 긍정문으로 고쳐서 사용하는 연습을 한다.

해설

테이블이 없는 경우 정중하게 상황을 설명하고 예상 대기 시간을 안내한다.

최종모의고사

제 **6** 회

01 다음 중 나라별 커피의 명칭이 틀린 것은?

① 프랑스 – Café
② 미국 – Coffee
③ 터키 – Kahve
✔ **네덜란드 – Kaffe**

해설
네덜란드는 Koffie, 스웨덴은 Kaffe라고 부른다.

02 영국 런던의 타워스트리트에 위치한 커피하우스에서 발전되어 오늘날 세계적인 기업으로 성장한 보험회사는?

① 런던 보험회사
✔ **로이드 보험회사**
③ 잉글랜드 스트리트 보험회사
④ 메트라이프 보험회사

해설
세계적인 보험회사 중 하나인 로이드 보험회사의 모태가 되는 로이드 커피하우스는 1688년 에드워드 로이드(Edward Lloyd)에 의해 문을 열었다.

03 아메리카노 위에 하얀 휘핑크림을 듬뿍 얹은 커피로, 오스트리아에서는 아인슈패너(Einspanner)라 불리는 커피 메뉴는?

① 카페오레   ② 카페라떼
✔ **비엔나 커피**   ④ 카푸치노

해설
오스트리아의 명칭은 아인슈패너이지만, 우리나라에서는 비엔나 커피라 불린다.

04 다음 중 파치먼트(Parchment)에 대한 설명으로 올바른 것은?

① 수분 함량이 12% 이하인 생두를 말한다.
② 커피체리에서 점액질이 남아 있는 상태를 말한다.
✔ **발효 종료 후, 물로 세척하여 내과피가 남아 있는 상태를 말한다.**
④ 생두의 실버스킨을 제거한 상태를 말한다.

05 아라비카 커피의 특징에 대한 설명으로 잘못된 것은?

① 재배지역의 연평균 기온이 15~24℃ 정도로 기온이 30℃를 넘거나 5℃ 이하로 내려가지 않아야 한다.
② 1753년 린네(Linne)에 의해 품종으로 분류되어 등록되었다.
✔ **번식방법은 타가수분을 통해 이루어진다.**
④ 원산지는 동아프리카의 에티오피아이며, 분류등록 기록 연도도 로부스타보다 빠르다.

해설
아라비카는 자가수분을 통해 번식이 이루어진다.

06 다음 중 커피열매에 대한 설명으로 틀린 것은?

✔ ① 체리에서 단맛이 나는 과육 부분을 파치먼트라고 한다.

② 정상적인 커피체리 안에는 생두가 마주본 상태로 두 개 들어 있다.

③ 커피체리는 안쪽부터 생두 – 실버스킨 – 파치먼트 – 과육 – 겉껍질 순으로 이루어져 있다.

④ 커피열매는 품종에 따라 성장하고 익어가는 속도가 다르다.

해설
펄프(Pulp) : 당과 수분이 풍부한 과육으로 단맛이 나며 중과피에 해당한다.

07 커피나무의 질병 중 가장 치명적이며, 성장 방해로 인한 나무의 괴사와 수확량의 감소로 피해가 큰 것은?

① 커피 흑사병　　✔ ② 커피녹병

③ 커피 괴사병　　④ 커피 해충병

08 다음 중 핸드 피킹(Hand Picking) 수확방식에 대한 설명으로 틀린 것은?

✔ ① 로부스타 커피를 생산하는 지역에서 주로 사용하는 수확방식이다.

② 잘 익은 체리만을 골라야 하므로 5~6회 걸쳐 수확하며 인건비 부담이 크다.

③ 체리가 균일하고 품질 좋은 커피를 생산할 수 있다.

④ 기계수확이 불가능한 지역에서 이용하는 방식이다.

해설
아라비카 커피를 생산하는 지역에서 주로 사용한다.

09 다음 중 건식법(Dry Processing)에 대한 설명으로 틀린 것은?

① 커피체리를 수확한 후 그 상태로 말리는 방법을 말하며, 발효를 방지하기 위하여 매일 여러 번 섞어 주어야 한다.

② 체리의 수분이 20% 이하가 될 때까지 수확한 과실을 건조장에서 넓게 펴고, 수분이 11~13% 정도가 되도록 균일하게 건조시킨다.

✔ ③ 아라비카 커피의 가공에 많이 사용된다.

④ 품질이 낮고 균일하지는 않지만 생산단가가 싸고 친환경적인 장점이 있다.

해설
예비 건조를 하는 경우 수분이 20%가 될 때까지 말린 후 기계건조를 통해 12%대로 수분 함유율을 떨어뜨린다. 기간은 체리의 익은 정도에 따라 다르며 12~21일 정도 건조시킨다. 브라질, 에티오피아, 인도네시아에서 사용하는 방식이다.

10 다음 중 생두를 보관하는 방법에 대해 잘못 설명하고 있는 것은?

① 생두는 수분 함량이 13% 정도인 것이 좋고 워시드 커피는 내추럴 커피보다 보관기간이 더 짧다.

② 수분 유지를 위해 통기성이 좋은 황마나 사이잘삼으로 만든 포대에 담은 후 재봉하여 보관한다.

③ 콜롬비아의 경우 생두 포장 단위가 70kg이지만 다른 나라에서는 보통 60kg을 기준으로 한다.

✔ ④ 곰팡이 방지와 습기 제거를 위해 햇볕이 잘 드는 곳에 보관해야 한다.

해설
④ 곰팡이 방지와 습기 제거를 위해 서늘한 곳에 보관해야 한다.

11 SCA(Specialty Coffee Association) 기준에서 결점두 중 너무 늦게 수확되거나 흙과 접촉하여 발효된 커피를 부르는 명칭은?

① Parchment
② Insect Damages
③ Hull/Husk
✔ **Black Bean**

해설
① Parchment : 불완전한 탈곡으로 발생
② Insect Damages : 해충이 생두에 파고 들어가 알을 낳은 경우 발생
③ Hull/Husk : 잘못된 탈곡이나 선별과정에서 발생

12 생두 구입 시 '콜롬비아 수프리모 스크린 18 톨리마'라고 쓰여 있었다면 이때 '스크린 18'의 의미는 무엇인가?

① 콜롬비아 남쪽 톨리마 상품이며, 샘플 350g 중 결점두가 18개 발견되었다는 의미이다.
✔ **콜롬비아 중서부의 톨리마에서 생산된 생두로 크기에 의한 분류를 뜻하며, Screen Size 18의 의미이다.**
③ 생두 크기가 Screen Size 18 이하라는 의미이다.
④ 그해 18번째 주에 수확 가공한 제품이라는 의미이다.

13 다음 중 에스프레소에 초콜릿 시럽과 데운 우유를 넣어 섞은 후 그 위에 휘핑크림을 얹어 초콜릿 소스나 초콜릿 파우더를 장식하는 메뉴는?

✔ **카페모카(Cafe Mocha)**
② 카페오레(Cafe au Lait)
③ 카페 프레도(Cafe Freddo)
④ 솔로(Solo)

14 다음 중 블루마운틴에 대한 설명으로 잘못된 것은?

① 블루마운틴 산맥의 최고봉 이름에서 유래된 커피이다.
② '커피의 황제'라 불리며 자메이카 동쪽의 고지대에서 재배된다.
③ 조화로운 맛과 향이 뛰어난 커피로 나무상자에 담아 수출한다.
✔ **품질의 희소성 때문에 매년 커피협회에서 주최하는 경매를 통해 전 세계로 수출된다.**

해설
생산량의 90%가 일본으로 독점 수출되고 있다.

15 우리나라 사람들 중 대다수는 우유를 마시면 간혹 소화가 잘되지 않아서 고통을 동반하게 되는 유당불내증을 앓고 있다고 한다. 이러한 현상의 원인이 되는 것은?

① 단백질
✔ **유당**
③ 미네랄
④ 올리고당

해설
유당불내증(Lactose Intolerance)은 유당에 의해 일어난다.

16 로스팅 과정에서 발생되는 커피의 특성에 대해 바르게 설명하고 있는 것은?

① 1차 크랙이 진행되면서 원두의 표면에 오일이 배어 나온다.
② 강배전일수록 신맛과 단맛이 강해진다.
③ 로스팅 단계에서 가열 온도와 시간은 상관이 없다.
✔ **로스팅이 강하게 진행될수록 향미는 약해지고 쓴맛이 강해진다.**

해설
로스팅이 강해질수록 쓴맛이 강해지고, 바디감과 향은 다크 로스트가 되면 감소한다.
① 2차 크랙이 진행되면서 원두의 표면에 오일이 배어 나온다.

17 고온-단시간 로스팅에 대한 설명 중 틀린 것은?

① 신맛이 강하고 뒷맛이 깨끗한 커피가 된다.

② 중후함과 향기는 저온-장시간 로스팅 커피에 비해 부족하다.

③ 230~250℃의 고온을 사용해 로스팅한다.

☑ **상대적으로 팽창이 작아 밀도가 큰 원두로 로스팅된다.**

해설
고온-단시간 로스팅 된 원두는 상대적으로 팽창이 커서 밀도가 낮다.

18 다음 중 맛의 변화에 대해 잘못 설명하고 있는 것은?

① 신맛(Sour)은 온도의 영향을 거의 받지 않는다.

② 단맛(Sweet)은 온도가 낮아지면 상대적으로 강해진다.

③ 짠맛(Salt)은 온도가 낮아지면 상대적으로 강해진다.

☑ **쓴맛(Bitter)은 다른 맛에 비해 약하게 느껴진다.**

해설
쓴맛은 다른 맛에 비해 강하게 느껴진다.

19 다음 중 원두의 저장과 변질에 관한 설명으로 적절하지 않은 것은?

① 산패 – 공기 중 산소와 결합되어 산화 작용으로 향기 성분이 변화한다.

☑ **흡착 – 공기 중의 질소 성분을 흡착하여 향기 성분이 변화한다.**

③ 반응 – 향기 성분끼리 저장 중 화학적으로 반응하여 향기가 감소하거나 변질된다.

④ 증발 – 로스팅 중에 생성되었던 향기 성분이 저장 중 증발하여 감소하기 시작한다.

20 다음에서 맛 좋은 레귤러 커피를 마시기 위한 적절한 방법이 아닌 것은?

① 분쇄는 추출 직전에 한다.

② 한 번에 최소 분량(50g)만 구매한다.

☑ **뽑은 커피는 약한 불에 데워 따뜻하게 유지한다.**

④ 즉시 사용하지 않는 커피는 건냉암소에 보관한다.

21 로스팅 과정에서 가장 많이 발생하는 것은?

① 일산화탄소

☑ **이산화탄소**

③ 아황산가스

④ 산소

해설
커피를 로스팅할 때 가장 많이 발생되는 가스는 이산화탄소이다.

22 다음 중 추출을 위한 분쇄방법에 대해 잘못 설명하고 있는 것은?

① 사용하고자 하는 기구의 특성에 맞게 분쇄한다.

② 물과 접촉하는 시간이 길수록 굵게 분쇄한다.

☑ **분쇄된 커피의 미분이 많이 함유되어 있을 때 좋은 맛의 커피를 추출할 수 있다.**

④ 분쇄입자에 따라 커피의 맛이 달라진다.

해설
미분은 커피 맛에 악영향을 준다.

23 추출도구 중 드리퍼 내부의 요철로 물을 부었을 때 공기가 빠져나가는 통로 역할을 하는 것은?

① 에어(Air)　　　　☑ 리브(Rib)
③ 스템(Stem)　　　④ 홀(Hole)

해설
리브가 촘촘하고 높을수록 커피 액이 아래로 잘 빠져나간다.

24 핸드드립 추출에 대한 설명으로 틀린 것은?

① 추출하는 물의 온도는 약 92~95℃ 정도가 적당하다.
② 드리퍼의 종류에 따라 맛의 차이가 크다.
☑ 원두의 분쇄도가 굵을수록 커피 맛은 진해진다.
④ 커피의 분쇄입자에 따라 투과되는 물의 양과 추출시간이 달라진다.

해설
원두의 분쇄도가 굵을수록 커피의 맛은 연해진다.

25 다음 중 에스프레소 추출시간으로 적절한 것은?

① 5~10초　　　　② 10~20초
☑ 20~30초　　　④ 40~50초

해설
에스프레소 추출시간은 20~30초이다.

26 다음 에스프레소 머신의 부품 중에서 커피 추출 물량을 감지해 주는 부품은?

① 보일러　　　　② 가스켓
③ 그룹헤드　　　☑ 플로 미터

해설
플로 미터(Flow Meter)가 고장 나면 커피 추출 물량이 제대로 조절되지 않는다.

27 다음 중 에스프레소의 3대 추출 요소에 해당되지 않는 것은?

① 분쇄된 커피 입자의 크기
② 탬핑하는 강도
☑ 탬퍼의 재질
④ 원두의 양

해설
에스프레소의 3대 추출 요소 : 커피의 양, 분쇄된 커피 입자의 크기, 탬핑 강도

28 에스프레소 머신의 보일러 압력과 펌프 압력의 적정 범위가 맞게 짝지어진 것은?

① 보일러 압력 5~10bar, 펌프 압력 1~1.5bar
② 보일러 압력 5~10bar, 펌프 압력 5~10bar
③ 보일러 압력 1~1.5bar, 펌프 압력 10~15bar
☑ 보일러 압력 1~1.5bar, 펌프 압력 8~10bar

해설
온도를 확인할 수 있는 보일러의 압력은 1~1.5bar, 추출을 확인할 수 있는 펌프 압력은 8~10bar이다.

29 다음 중 에스프레소가 기준보다 빨리 추출될 때의 원인이 아닌 것은?

  ☑ 탬핑을 너무 강하게 2번 하였다.
  ② 탬핑 후 충격을 주어 커피 케이크 내부에 균열이 생겼다.
  ③ 보일러의 추출 온도가 낮아졌다.
  ④ 분쇄입자가 굵었다.

> **해설**
> 탬핑을 강하게 하면 추출시간이 느려진다.

30 다음 중 에스프레소를 추출할 때 패킹(Packing) 과정 이전에 해야 할 동작은?

  ① 열수 배출   ② 탬핑
  ③ 태핑   ☑ 커피 분쇄

> **해설**
> 패킹은 커피 원두를 분쇄해서 담는 과정이므로 커피 분쇄가 먼저 이루어져야 한다.
> 에스프레소 추출과정
> • 도징 : 그라인더에서 원두를 포터필터에 담는 것
> • 레벨링 : 포터필터에 담긴 원두를 정돈하는 작업
> • 탬핑(패킹) : 정돈된 원두를 눌러 압축을 시켜 주는 것
> • 태핑 : 탬핑 후 탬퍼가 누른 테두리에 남는 원두를 정리하는 것(최근에는 하지 않음)

31 에스프레소보다 추출시간(40초 안팎)을 길게 하여 보다 양을 많게 추출하는 것은?

  ① 솔로(Solo)
  ② 도피오(Doppio)
  ☑ 룽고(Lungo)
  ④ 리스트레토(Ristretto)

> **해설**
> 룽고는 40~50mL 정도를 추출한다.

32 다음 중 커피 메뉴에 대한 설명이 틀린 것은?

  ① Americano – 에스프레소에 뜨거운 물을 추가하여 희석한 메뉴
  ☑ Cafe Freddo – 따뜻한 물에 에스프레소를 넣은 음료
  ③ Cafe Romano – 에스프레소 위에 신선한 레몬 한 조각을 올린 음료
  ④ Lungo – 에스프레소를 길게 추출하여 40~50mL 정도의 양이 되게 만든 음료

> **해설**
> 프레도(Freddo)는 차갑다는 의미로 얼음이 들어간 차가운 음료를 말한다.

33 다음 중 우유에 함유되어 있는 수분의 비율은?

  ☑ 88%   ② 99%
  ③ 65%   ④ 76%

> **해설**
> 우유에는 약 88%의 수분이 함유되어 있다. 이 중 당질과 무기질은 용액 상태로, 지방질은 유탁액으로, 단백질은 콜로이드상의 현탁액으로 분산되어 있다.

34 다음 중 우유의 무기질 중 가장 중요한 성분은?

  ☑ 칼슘, 인
  ② 나트륨, 칼륨
  ③ 카세인
  ④ 비단백태질소화합물

> **해설**
> 나트륨, 칼륨 및 염소는 거의 완전한 용액으로 일부분은 현탁액의 형태로 존재한다. 인은 인단백질(카세인), 인지질, 유기인산에스터 등의 구성분 형태로 되어 있다. 또 칼슘은 카세인과 결합한 형태로서도 존재한다. 무기질 중에서는 칼슘과 인이 가장 중요하다.

35 다음 중 우유거품을 만드는 방법에 대해 잘못 설명하고 있는 것은?

① 적절한 거품양이 되면 노즐을 피처의 벽 쪽으로 이동시켜 혼합한다.

② 스팀 노즐의 구멍 위치를 잘 파악하여 공기가 유입될 수 있도록 살짝 담가 거품을 만든다.

☑ 스팀 노즐을 피처에 최대한 깊게 담가 공기의 유입을 막는다.

④ 우유의 온도는 65℃ 안팎이 되게 한다.

해설
③ 적절한 높이로 담가 공기를 유입시켜 거품을 내야 한다.

36 매입순법이라고도 하며 장부상 먼저 입고된 것부터 순차적으로 사용하거나 판매하는 것으로, 장기간 보관될 때 품질이 저하되거나 부패하는 것을 막을 수 있는 재고관리를 무엇이라 하는가?

☑ 선입선출법   ② 선입후출법
③ 후입선출법   ④ 후입후출법

해설
선입선출법(First In First Out) : 먼저 구입한 물건을 항상 앞쪽에 두고 먼저 사용하는 방법이다. 부패 또는 변질이 우려되는 식품을 먼저 구입한 것부터 사용할 수 있다.

37 커피의 영양학적 효능으로 틀린 것은?

① 원두커피는 수용성 식이섬유와 항산화 효과가 있는 페놀류를 다량 함유하고 있다.

② 노화 예방 및 세포 산화방지 작용이 있다.

③ 성인병 예방 및 다이어트에 효과가 있다.

☑ 장에 유해하므로 장이 좋지 않은 사람은 섭취를 삼가야 한다.

해설
장 건강에 유익한 유산균(비피도박테리아)을 활성화시키며 커피의 항산화 효과는 중간 정도로 배전된 커피가 최대치를 나타낸다.

38 다음 중 해썹(HACCP)에 대해 잘못 설명하고 있는 것은?

① 식품의 원료, 제조, 가공, 유통, 조리단계를 거쳐 최종 소비자가 섭취하기 전까지의 전 과정을 포함한다.

② 위해요소가 오염되는 것을 사전에 예방, 감시 및 각 과정을 중점적으로 관리하는 기준이다.

③ 위해요소를 찾아 분석, 평가하고 해당 위해요소를 예방 및 제거하고 안전성을 확보하기 위한 관리점을 말한다.

☑ HACCP은 의무적용이 아니며 수동적이고 비효율적인 방법이다.

해설
HACCP은 자율적이며 효율적인 식품의 안전성을 확보하기 위한 과학적인 위생관리 체계이다. 축산물위생관리법에 의해 집유업 및 축산물 가공품의 경우 2013년 3월부터 HACCP을 의무 적용하도록 하고 있다.

39 다음에서 설명하는 디카페인 제조법은?

- 이산화탄소 공법으로 일반 디카페인 커피에 비해 향미 손실이 적다.
- 높은 압력을 받아 액체 상태가 된 CO_2를 생두에 침투시켜 카페인을 제거하는 방법이다.
- 설비에 따른 비용이 많이 든다.

① 물 추출법   ☑ 초임계 추출법
③ 용매 추출법   ④ 프레스 추출법

해설
탄산가스 추출법이라고도 불리는 초임계 추출법에 대한 설명이다.

40 자외선 살균등 소독법에 대한 설명으로 틀린 것은?

① 살균력은 균 종류에 따라 다르고 같은 세균이라 하더라도 조도, 습도, 거리에 따라 효과에 차이가 있다.

② 살균력이 강한 2,537Å의 자외선을 인공적으로 방출시켜 소독하는 것으로 거의 모든 균종에 대해 효과가 있다.

③ 살균등은 2,000~3,000Å 범위의 자외선을 사용하며, 2,600Å 부근이 살균력이 가장 높다.

✔ **④ 자외선은 물질의 표면과 내면을 투과할 수 있다.**

해설
④ 공기와 물 등 투명한 물질만 투과하는 속성이 있어 피조사물의 표면 살균에 효과적이다.

41 일반 세균이 최적으로 증식할 수 있는 온도의 범위는?

① 0~10℃   ② 10~17℃

✔ **③ 25~37℃**   ④ 40℃ 이상

해설
대부분의 식품미생물과 병원균은 중온균에 포함되며, 즉 25~37℃에서 가장 번식이 용이하다. 저온성은 최적 온도 범위가 17℃ 이하에서 가장 잘 증식하는 세균의 특성을 의미한다.

42 일반적으로 식품이 부패했다고 할 때 주로 어떤 성분이 미생물에 의해 분해되어 악취와 유해물질 생성으로 변질되는 것을 말하는가?

✔ **① 단백질**   ② 탄수화물

③ 지질   ④ 당질

해설
단백질의 변질에 의해 주로 식품의 변질이 이루어진다.

43 식품위생법에 따라 식품을 제조·가공 또는 보존을 하는 과정에서 건강을 해칠 우려가 없는 화학적 합성품을 사용하는 것을 무엇이라 부르는가?

① 식품강화제   ② 식품가공품

✔ **③ 식품첨가물**   ④ 식품보존료

해설
식품첨가물의 정의(식품위생법 제2조제2호) : 식품을 제조·가공·조리 또는 보존하는 과정에서 감미, 착색, 표백 또는 산화 방지 등을 목적으로 식품에 사용되는 물질을 말한다. 이 경우 기구·용기·포장을 살균·소독하는 데에 사용되어 간접적으로 식품으로 옮겨갈 수 있는 물질을 포함한다.

44 식품위생법상 영업에 종사하지 못하는 질병이 아닌 것은?

✔ **① 비감염성 결핵**   ② 장티푸스

③ 폐결핵   ④ 전염성 피부질환

해설
영업에 종사하지 못하는 질병의 종류(식품위생법 시행규칙 제50조)
식품위생법에 따라 영업에 종사하지 못하는 사람은 다음의 질병에 걸린 사람으로 한다.
• 「감염병의 예방 및 관리에 관한 법률」 제2조제3호가목에 따른 결핵(비감염성인 경우는 제외)
• 콜레라, 장티푸스, 파라티푸스, 세균성이질, 장출혈성대장균감염증, A형간염
• 피부병 또는 그 밖의 고름형성(화농성) 질환
• 후천성면역결핍증(「감염병의 예방 및 관리에 관한 법률」 제19조에 따라 성매개감염병에 관한 건강진단을 받아야 하는 영업에 종사하는 사람만 해당)

45 카페인 제거 기술로 디카페인 커피(Decaffe-inated Coffee)를 최초로 개발한 나라는?

✔ **① 독일**   ② 미국

③ 이탈리아   ④ 프랑스

해설
1819년 독일의 화학자 룽게(Friedrich Ferdinand Runge)에 의해 최초로 카페인 제거 기술이 개발되었다.

46 다음 중 서비스 직원의 기본 자세가 아닌 것은?

✔ 깔끔한 인상을 주기 위해 향이 강한 향수 및 화려한 액세서리를 한다.

② 상대방에게 부드러운 인상을 줄 수 있는 자연스러운 메이크업을 한다.

③ 매니큐어는 투명한 색깔로 하고 손톱은 청결하게 하고 짧게 깎는다.

④ 유니폼 착용은 규정에 따른다.

해설
강한 향수나 짙은 화장, 화려한 장신구는 피하는 것이 좋다.

47 감전사고가 일어났을 때 응급 처치법으로 잘못된 것은?

① 가장 먼저 전원을 차단한다.

② 전원에서 떼어 조용히 눕힐 수 있는 장소로 옮기고, 이름을 부르는 등 의식을 살핀다.

③ 의식이 없으면 즉시 호흡과 맥박의 여부를 확인하고 호흡이 멎어 있을 때는 인공호흡을 한다.

✔ 의식이 없는 경우에는 재빨리 119에 신고하고 대기한다.

해설
맥박이 멎어 있다면 인공호흡과 병행해 심장 마사지를 하면서 신고해야 한다.

48 메르스-코로나바이러스(MERS-CoV)의 감염에 대한 설명으로 틀린 것은?

① 2012년 사우디아라비아에서 최초로 보고된 급성호흡기 감염병이다.

② 박쥐나 낙타 등 동물에 있던 바이러스가 사람에게 이종 감염되었을 가능성이 제기되었다.

③ 환자가 기침, 재채기를 하거나 말할 때 나오는 침에 바이러스가 묻어 나와 공기 중으로 전파되는 비말감염으로 이루어진다.

✔ 고열은 없으나 기침, 호흡곤란 등이 나타나며 잠복기는 2~14일 정도이다.

해설
증상으로 38℃ 이상의 고열, 기침, 호흡곤란 등이 있다.

49 다음 중 보건복지부 질병관리청 연락처는?

① 114　　　　② 119

③ 1336　　　✔ 1339

50 카페에서 사용하는 컵의 점검사항 중 가장 먼저 살펴야 할 사항은 무엇인가?

✔ 컵의 가장자리(Rim)가 파손되지 않았는지 점검한다.

② 컵에 립스틱 자국이나 기름 얼룩 등이 묻어 있지 않은지 점검한다.

③ 적정한 서브 온도로 유지되고 있는지 점검한다.

④ 컵의 안쪽 바닥에 이물질 여부를 확인하고 점검한다.

해설
유리컵은 가장자리가 조금만 파손되어도 폐기해야 한다.

최종모의고사

제 **7** 회

01 1600년경 메카(Mecca)에서 종자용 커피 씨앗을 인도의 마이소르(Mysore) 지역으로 몰래 숨겨와 커피를 전파한 인도의 순례자 이름은?

① 클레멘스 8세(Clemens VIII)
② 파스콰 로제(Pasqua Rosee)
③ 메흐메트 6세(Mehmet VI)
✓ **바바 부단(Baba Budan)**

해설
바바 부단(Baba Budan)은 예멘의 모카에서 파치먼트 상태의 생두를 몰래 갖고 나와 인도의 마이소르 산에 재배하여 인도에 커피를 전파하였다.

02 아프리카 대표 커피 생산국이며 영화 '아웃 오브 아프리카'의 무대로도 유명하다. 신뢰받는 경매시스템으로 품질관리가 뛰어나며 커피 등급은 AA, AB, C로 분류하는 나라는 어디인가?

✓ **케냐**   ② 파나마
③ 예멘   ④ 탄자니아

03 다음 중 에스프레소 과다 추출의 원인이 아닌 것은?

① 탬핑의 강도가 너무 강했다.
✓ **추출수의 온도가 너무 낮았다.**
③ 분쇄입자가 너무 고왔다.
④ 포터필터에 원두를 너무 많이 담았다.

해설
추출수의 온도가 낮을 경우 과소 추출이 된다.

04 옥스퍼드 타운의 커피하우스에서 결성되었으며 현존하는 영국 최고의 사교클럽으로 오래된 역사가 있는 클럽은?

① 카페 드 베니스(Cafe de Venice)
② 옥스포드 소사이어티(Oxford Society)
③ 커피 소사이어티(Coffee Society)
✓ **로열 소사이어티(The Royal Society)**

해설
로열 소사이어티(The Royal Society) : 영국 옥스퍼드 타운의 커피하우스에서 결성된 현존하는 영국 최고의 사교 클럽

05 프랑스 왕립식물원에 있던 커피 묘목을 카리브해 연안의 마르티니크(Martinique)에 심어 중남미 전역에 커피 재배가 가능하도록 헌신적인 역할을 한 인물은?

✓ **가브리엘 드 클리외**
② 멜로 팔헤타
③ 루소
④ 샤를 보들레르

해설
1723년 루이 14세의 정원에서 노르망디 출신의 젊은 군인 클리외(Gabriel De Clieu)가 커피 묘목 몇 그루를 구해와 자신이 근무하던 아메리카 식민지 중 한 곳인 마르티니크(Martinique) 섬에 이식하였다. 고난의 연속인 항해를 극복하고 커피나무 번식에 성공하여 이는 중남미 최초의 '티피카'가 되었다.

06 다음 ( ) 안에 들어갈 단어는 무엇인가?

> 커피나무는 열매를 맺기 전 ( )의 꽃을 피운다. 이 꽃에서는 ( )향이 난다.

① 초록색 - 재스민
② 초록색 - 아카시아
☑ 흰색 - 재스민
④ 흰색 - 아카시아

07 우유의 성분 중 칼슘 흡수를 촉진하는 물질은?

① 불포화지방산
☑ 유당
③ 포화지방산
④ 지방

해설
유당은 칼슘을 가용화시키고, 소장세포의 산화적 대사계를 저해하여 칼슘의 투과성을 증대시킨다.

08 커피열매에 대한 설명 중 옳은 것은?

① 일반적으로 체리 안에는 생두가 1~3개 들어 있다.
☑ 커피열매는 과육, 점액질, 파치먼트, 은피, 생두의 구조로 이루어져 있다.
③ 커피열매는 주황색에서 녹색으로 다시 빨간색이나 노란색으로 익어 간다.
④ 커피열매는 형태학적으로 분류할 때 장과에 해당된다.

해설
① 체리 안에는 생두가 2개가 있다.
③ 커피열매는 녹색에서 빨갛게 익어 간다.
④ 커피의 과실은 형태학적으로 분류하면 핵과에 속한다.

09 다음 중 커피나무의 생육조건을 올바르게 설명한 것은?

☑ 미네랄이 풍부한 화산토양 또는 화산재 지형이 좋다.
② 일교차가 일정해야 커피열매의 밀도도 낮고 향미가 강한 커피를 생산할 수 있다.
③ 일조량이 강하고 평지에서는 비료를 사용하여 높은 생산성을 달성한다.
④ 원활한 광합성 작용을 위해 강렬한 햇볕이 많이 필요하다.

해설
고지대의 커피일수록 기온이 서늘하여 생두의 밀도가 높고 깊은 맛과 향을 지닌다. 강렬한 햇볕이 있는 지역은 그늘막 경작법을 활용하여 바나나 등 다른 농작물을 함께 심는다.

10 다음 중 세계 3대 커피는?

① 하와이안 코나, 브라질 산토스, 코스타리카 타라주
② 콜롬비아 수프리모, 자메이카 블루마운틴, 브라질 산토스
③ 자메이카 블루마운틴, 브라질 산토스, 예멘 모카 마타리
☑ 자메이카 블루마운틴, 하와이안 코나, 예멘 모카 마타리

해설
세계 3대 커피 : 자메이카 블루마운틴, 하와이안 코나, 예멘 모카 마타리

11 에스프레소 머신의 추출 과정에서 탬핑을 하는 이유는?

① 물과의 접촉면을 넓히기 위해서
② 추출을 빠르게 하기 위해서
③ 강한 크레마를 얻기 위해서
✔ **커피 케이크의 수평과 평탄작업을 통해 고른 밀도와 물의 균일한 통과를 위해서**

해설
고른 밀도 유지를 통해 물의 균일한 통과를 위해서 탬핑을 한다.

12 다음 중 리스트레토(Ristretto)에 대해 잘못 설명하고 있는 것은?

① 추출시간은 10~15초 정도이다.
② 추출시간을 짧게 하여 양이 적고 진한 에스프레소를 추출하는 것이다.
③ 추출량은 15~20mL 정도이다.
✔ **에스프레소 위에 레몬을 한 조각 올린 메뉴이다.**

해설
에스프레소 위에 레몬을 올린 메뉴는 카페 로마노(Cafe Romano)이다.

13 다음 중 커피나무의 가지치기 목적으로 옳지 않은 것은?

① 생산성이 떨어지는 늙은 가지를 제거하고 가지의 성장을 촉진시키기 위함이다.
② 병든 가지를 제거하여 격년결실을 완화시켜주기 위함이다.
③ 수확을 용이하게 하기 위함이다.
✔ **커피녹병을 방지하기 위함이다.**

14 다음에서 설명하는 생두를 가공하는 방법은?

- 체리를 수확한 후 펄프를 제거하지 않고 그대로 건조시키는 방법이다.
- 물이 부족하고 햇빛이 좋은 지역에서 주로 이용하는 전통적인 가공법이다.
- 이물질 제거 – 분리 – 건조의 세 과정으로 구분된다.

① 내추럴 커피(Natural Coffee)
② 습식법(Wet Method)
✔ **건식법(Dry Method)**
④ 언워시드 커피(Unwashed Coffee)

15 에스프레소를 마시는 전용 잔을 무엇이라 부르는가?

① 테킬라컵   ✔ **데미타세**
③ 머그컵   ④ 계량컵

해설
데미타세의 용량은 일반 컵의 반 정도인 60~70mL 정도이고, 재질은 도기이며 일반 컵에 비해 두꺼워 커피가 빨리 식지 않도록 하였다.

16 다음 중 좋은 생두에 대하여 잘못 설명하고 있는 것은?

① 수분 함량이 13% 정도인 것이 좋다.
✔ **생두의 포장 단위는 보통 70kg을 기준으로 한다.**
③ 동일한 지역의 생두일 경우 크기가 클수록 더 좋은 생두로 평가된다.
④ 생두는 짙은 청록색일수록 품질이 좋다.

해설
포장 단위는 나라마다 차이는 있지만 보통 60kg을 기준으로 한다. 콜롬비아의 경우만 70kg이다.

17 결점두에 대한 설명으로 옳지 않은 것은?

① 생두가 여러 가지 이유로 손상된 것을 결점두라 한다.

② 체리의 재배, 수확, 가공, 보관 등의 과정에서 발생할 수 있다.

☑ **결점두의 종류와 명칭은 국제적으로 통용되는 기준이 있다.**

④ 결점두는 맛에 영향을 끼치며 결점두를 점수로 환산하여 등급을 분류하기도 한다.

해설
결점두의 종류와 명칭은 국제적으로 통일된 기준이 없다.

18 스페셜티커피협회(SCA) 생두 분류법에서 최고의 생두로 분류되는 것은?

☑ **Specialty Grade**

② Gold Grade

③ Premium Grade

④ Extra Grade

해설
스페셜티 그레이드(Specialty Grade) : 생두 350g 중 결점두 5개 이하이며 원두 100g에 퀘이커(Quaker)가 0개인 커피를 말한다.

19 다음 중 생두의 크기로 커피의 등급을 분류하는 나라가 아닌 것은?

① 하와이　　② 콜롬비아

☑ **온두라스**　　④ 탄자니아

해설
과테말라, 엘살바도르, 코스타리카, 온두라스, 멕시코 등은 생산고도에 의해 분류한다.

20 SCA(Specialty Coffee Association) 기준으로 스페셜티 커피 생두의 적정 수분 함유량은 얼마인가?

① 8~9%　　☑ **10~13%**

③ 14~15%　　④ 16~18%

21 다음에서 설명하고 있는 나라는?

> 북쪽의 화산지대와 서쪽의 고원지대에서 커피가 대부분 생산되며, 킬리만자로(Kilimanjaro) 커피로 유명하다. 생산된 커피는 영국 왕실의 커피로 이용되며 '커피의 신사'라는 별명을 가지고 있다.

① 예멘　　② 콩고

③ 에티오피아　　☑ **탄자니아**

해설
탄자니아 AA는 킬리만자로 커피로 최상급이다.

22 다음 중 커피 생산에 대해 올바르게 설명하고 있는 것은?

① 아라비카가 전체 생산량의 90% 정도를 차지한다.

② 지역별로는 아프리카에서 생산량이 가장 많다.

③ 콜롬비아가 세계 커피 생산 1위로 전체 커피 생산의 약 50%를 차지한다.

☑ **베트남은 브라질에 이어 커피 생산 2위이며 대부분 로부스타 커피를 생산한다.**

해설
남아메리카가 생산량이 가장 많고, 아라비카 커피는 전체 생산량의 60%를 차지한다. 브라질이 커피 생산량 1위로 전체 생산량의 30%를 차지한다.

23 로스팅 과정에서 생두가 분열되는 1차 크랙의 원인으로 올바른 것은?

✔ 생두의 세포 내부에 있는 수분이 열과 압력에 의해 기화하면서 발생한다.

② 목질조직이 파괴되고 가스의 압력과 팽창에 의해 발생한다.

③ 생두의 밀도가 낮아지면서 발생되는 삼투압 현상이다.

④ 생두 내부의 오일이 배어 나오면서 발생한다.

해설
1차 크랙은 커피콩 세포 내부에 있는 수분이 열과 압력에 의해 기화하면서 발생한다.

24 다음 로스팅 과정 중 샘플러(Sampler)를 통해 확인할 수 없는 것은?

✔ 맛의 변화   ② 향의 변화

③ 색깔의 변화   ④ 형태의 변화

해설
① 맛의 변화는 확인할 수 없다.
샘플러(Sampler) : 로스팅 진행 중 원두를 꺼내 향, 모양, 색깔 등을 확인하는 봉

25 다음 중 로스팅 단계와 향미의 관계가 올바르지 못한 것은?

① Light Roast – 커피 맛이 생성되지 않았다.

② Cinnamon Roast – 향미는 약하지만 신맛은 가장 강하다.

✔ Full City Roast – 쓴맛이 강하고 탄맛을 강하게 느낄 정도다.

④ Italian Roast – 가장 강한 쓴맛이 느껴지는 단계다.

해설
③은 French Roast의 단계를 설명한 것이다.

26 로스팅 시 발생되는 크랙(Crack)에 대한 설명으로 잘못된 것은?

✔ 1차 크랙은 생두의 온도가 약 220℃ 이상 되었을 때 일어난다.

② 1차 크랙은 생두의 센터 컷이 갈라지면서 팽창음이 나는 시점을 말한다.

③ 생두의 조직이 팽창하고 가스성분들이 분출되면 부피가 약 2배가량 팽창한다.

④ 2차 크랙은 1차 크랙보다 짧은 단위로 '탁탁탁' 하는 팽창음이 난다.

해설
2차 크랙은 생두의 온도가 약 220℃ 이상 되었을 때 일어난다.

27 로스팅 진행에서 열전달 방식에 따른 로스터기의 분류와 사용하는 열이 올바르게 짝지어진 것은?

① 열풍식 – 전도열

② 반열풍식 – 대류열

✔ 반열풍식 – 전도열과 대류열

④ 열풍식 – 전도열과 대류열

해설
직화식은 전도열, 반열풍식은 전도열과 대류열, 열풍식은 대류열을 사용한다.

28 로스팅 머신의 부품 중에서 드럼 내부의 열량과 향, 공기의 흐름을 조절하는 장치는?

① 모터(Moter)

② 호퍼(Hopper)

✔ 댐퍼(Damper)

④ 사이클론(Cyclone)

해설
댐퍼(Damper)를 열고 닫음으로써 드럼 내부의 공기 흐름과 열량을 조절한다.

29 다음 중 커피 원두를 분쇄하는 이유에 대해 바르게 설명하고 있는 것은?

① 조금이라도 더 빨리 커피를 추출하기 위해서이다.

② 원두 입자를 잘게 부수면 커피 향이 더 진해지기 때문이다.

③ 원두를 추출하는 도구가 쉽게 파손되지 않게 하기 위해서이다.

☑ 원두의 고형성분을 잘게 부숴 물에 쉽게 용해되게 하기 위해서이다.

해설
커피입자를 잘게 부숴 표면적을 넓힘으로써 커피의 고형성분이 물에 쉽게 용해되게 하기 위해서이다.

30 커피를 추출하는 물과 커피의 비율에 대해 잘못 설명하고 있는 것은?

☑ 추출 수율이 28~33%이고 농도가 1.15~1.35%일 때 커피가 가장 맛있다.

② 물은 철분이 많지 않은 연수를 사용하는 것이 좋다.

③ 커피 추출에 사용되는 물은 신선해야 하고 냄새가 나지 않아야 한다.

④ 일반적으로 50~100ppm의 무기물이 함유된 물이 추출에 적당하다.

해설
SCA의 기준에 따르면 추출 수율이 18~22%이고 농도가 1.15~1.35%일 때 커피가 가장 맛있는 상태이다.

31 다음 중 원두의 신선도를 저하시키는 요인과 가장 관계가 먼 것은?

☑ 질소   ② 습도

③ 산소   ④ 온도

해설
커피 원두 포장 시 질소를 충전하기도 한다.

32 다음 중 커피를 추출할 때 커피 맛에 가장 영향을 적게 미치는 것은?

① 분쇄된 입자 크기

② 추출수의 온도

☑ 어두운 색상의 커피잔

④ 원두의 신선도

해설
컵의 모양이나 색상은 해당되지 않는다.

33 다음 중 커피 맛을 음미하기에 가장 적당한 온도는?

☑ 65~70℃

② 70~75℃

③ 75~80℃

④ 80~90℃

해설
커피를 마실 때 가장 향기롭고 맛있게 느껴지는 온도는 65~70℃이다.

34 다음 중 가장 가는 분쇄 입도를 사용하는 추출방식은?

☑ 에스프레소

② 핸드드립

③ 프렌치 프레스

④ 사이펀

해설
에스프레소 분쇄는 분쇄 입도가 매우 가늘다(0.3mm).

35 다음 중 원두 보관방법으로 올바른 것은?

① 원두는 항상 1잔 분량으로 냉동 보관하는 것이 좋다.
② 냉동 보관된 원두는 바로 사용해야 한다.
③ 원두는 냉동보다 냉장 보관하는 것이 좋다.
✔ **원두를 밀봉 또는 진공용기를 사용하여 공기와의 접촉을 최소화한다.**

해설
원두는 냉장고의 냄새를 빨아들이는 탈취효과가 있기 때문에 냉장고에 넣지 않는 것이 좋다.

36 다음에서 설명하는 추출 도구는?

> 이탈리아의 비알레티(Bialetti)에 의해 탄생하였으며 가정에서 손쉽게 에스프레소를 즐길 수 있게 고안된 커피도구로 'Stove-top Espresso Maker'라고도 한다.

① 이브릭　　　② 프렌치 프레스
✔ **모카포트**　　④ 케멕스

해설
모카포트는 불 위에 올려놓고 추출하므로 'Stove-top Espresso Maker'라고도 한다.

37 페이퍼 드립 추출에 대한 방법이 잘못 설명된 것은?

① 1908년 독일의 멜리타 벤츠 여사가 페이퍼 필터를 최초로 만들었다.
✔ **드리퍼의 리브가 짧을수록 추출시간이 빨라진다.**
③ 드리퍼의 특성을 잘 이해해야 커피의 맛을 살린 추출이 이루어진다.
④ 융 드립은 바디가 강하며 매끈한 맛을 표현할 수 있는 방법이다.

해설
드리퍼의 리브가 길고 많을수록 추출시간이 빨라진다.

38 사이펀 추출 시 플라스크를 가열하는 열원이 아닌 것은?

① 알코올
② 할로겐
✔ **나무(숯)**
④ 가스

해설
알코올, 가스, 전기식 할로겐이 주로 사용된다.

39 약간의 조절만으로도 다양한 맛 표현이 가능하고, 바디가 강하며 매끈한 맛을 표현할 수 있고 뜸 들이는 효과를 충분히 얻을 수 있는 추출 기구는 무엇인가?

✔ **융**
② 모카포트
③ 체즈베
④ 더치커피

해설
융 드립은 커피가루의 팽창이 원활하여 뜸 들이는 효과를 충분히 얻을 수 있다.

40 다음 중 에스프레소 추출 기준으로 적절하지 않은 것은?

① 분쇄원두의 양 – 7±1g
② 추출압력 – 9±1bar
③ 추출시간 – 20~30초
✔ **추출수의 온도 – 60~65℃**

해설
추출수의 온도는 90~95℃이다.

41 다음 중 에스프레소를 추출할 때 생성되는 크레마(Crema)의 원인은?

① 원두의 크기
② 탬핑의 힘
③ 중력
④ **압력** ✓

해설
9~10bar로 가해지는 압력 때문에 크레마가 생성된다.

42 에스프레소 부품 중에서 압력을 7~9bar로 상승시켜 주는 역할을 하는 것은?

① 샤워 스크린
② 가스켓
③ 디퓨저
④ **펌프모터** ✓

해설
펌프모터가 고장나면 물 공급이 제대로 되지 않아 심한 소음이 나고 압력이 올라가지 않게 된다.

43 에스프레소 머신의 보일러(Boiler)에 대한 설명으로 옳지 않은 것은?

① 열선이 내장되어 있다.
② 전기로 물을 가열해 온수와 스팀을 공급하는 역할을 한다.
③ **본체는 스테인리스 재질로 되어 있다.** ✓
④ 내부에는 부식을 방지하기 위해 니켈로 도금되어 있다.

해설
③ 본체는 동 재질로 되어 있다.

44 다음 중 에스프레소 머신의 일일 점검사항이 아닌 것은?

① **가스켓의 마모 상태 확인** ✓
② 보일러의 압력 확인
③ 샤워필터 세척 상태 확인
④ 스팀 노즐 확인

해설
가스켓은 마모가 많이 진행되면 교체한다. 보통 3~6개월 주기로 교체한다.

45 카페에서 사용하는 냉장고, 냉동고 관리방법에 대해 잘못 설명하고 있는 것은?

① 냉장고, 냉동고는 성에 및 물기를 제거하는 주기적인 청소와 소독을 한다.
② 냉장고, 냉동고 벽과 식자재는 1cm 이상의 공간을 유지하여 냉기가 잘 통하게 하고 식품별로 분류하고 보관하여 교차오염을 예방한다.
③ 냉장고는 3.5~5℃ 이하, 냉동고는 −18℃ 이하의 온도를 유지하는지 주기적으로 점검한다.
④ **냉장고, 냉동고는 내부 용적의 90% 이하로 식자재를 보관한다.** ✓

해설
냉장고, 냉동고의 내부 용적의 70% 이하로 채워야 식재료를 위생적으로 관리할 수 있다.

46 커피를 홀더에 담는 과정을 패킹이라고 한다. 이 패킹과정과 관련이 없는 것은?

① 태핑   ② 도징
③ 탬핑   ④ **스티밍** ✓

해설
도징, 태핑, 탬핑이 패킹의 과정이다.

47 에스프레소 추출에 대한 설명으로 틀린 것은?

☑ **에스프레소의 추출량은 항상 40mL가 되도록 한다.**

② 탬핑이 끝난 원두는 그룹헤드에 신속하게 장착한다.

③ 크레마는 10% 이상이 되어야 한다.

④ 에스프레소 머신의 보일러 압력과 펌프 압력이 정상 범위에 있는지 확인한다.

해설
에스프레소 추출량은 30mL가 기준이다.

48 10∼15초 동안 15∼20mL 정도의 양을 추출하는 진한 에스프레소를 부르는 명칭은?

☑ **리스트레토(Ristretto)**

② 도피오(Doppio)

③ 룽고(Lungo)

④ 솔로(Solo)

해설
추출시간을 짧게 하여 양이 적은 진한 에스프레소를 추출하는 것을 리스트레토라고 한다.

49 다음 중 베리에이션(Variation) 메뉴에 해당되는 것은?

① 리스트레토

☑ **카페라떼**

③ 아메리카노

④ 에스프레소

해설
베리에이션은 우유나 크림이 첨가된 메뉴를 말한다.

50 커피와 건강의 상관관계에 대한 설명으로 잘못된 것은?

① 몸속에 쌓여 있는 아세트알데하이드 성분을 빠르게 몸 밖으로 배출시켜 숙취 해소에 좋다.

② 적당량 음용하면 중추신경계에 영향을 끼쳐 정신력 및 신체의 능력에도 상승효과가 생겨 상쾌하고 기분이 좋아지는 작용을 한다.

③ 심장의 수축력과 심장박동수를 증가시키고, 신체가 활성화된다.

☑ **카페모카는 체내의 지방을 분해하는 다이어트 촉진효과가 있다.**

해설
체내의 지방을 분해하는 다이어트 촉진효과가 있는 것은 에스프레소, 아메리카노 등의 카페인 성분이며 카페모카에는 초콜릿 시럽이 들어가므로 다이어트에는 효과가 없다.

최종모의고사

제 **8** 회

01 미국에 커피가 소개된 뒤 뉴욕, 필라델피아 등 동부 지역을 중심으로 유행하였으며 1691년 미국 최초로 보스턴에 개장한 커피하우스는 무엇인가?

① 보스턴하우스
② 블루 보틀
③ 인텔리젠시아
☑ **거트리지 커피하우스**

해설
1691년 미국 최초의 커피하우스 거트리지 커피하우스가 보스턴에 개장했고 1696년 더 킹스암스가 문을 열었다.

02 다음 중 "나는 아침식사에 나의 벗을 한 번도 빠뜨린 적이 없다. 한 잔의 커피를 만드는 커피빈은 나에게 60가지의 영감을 준다."고 말한 커피 애호가는 누구인가?

① 바흐
☑ **베토벤**
③ 발자크
④ 루소

해설
베토벤은 "나의 벗인 커피를 빼놓고서는 어떠한 것도 좋을 수가 없다."라고 찬사를 했던 커피 애호가 중 한 사람이다.

03 커피의 3대 원종에 대한 설명으로 잘못된 것은?

① 아라비카는 염색체 수가 44개(4배체)이며 로부스타는 22개(2배체)이다.
☑ **로부스타는 향과 맛이 뛰어나며 아라비카종에 비해 카페인 함량도 절반 수준이다.**
③ 카네포라종은 1862년에 아프리카 우간다에서 처음 발견되었고, 그 뒤 1898년 콩고에서 재발견되어 세상에 알려지게 되었다.
④ 리베리카종은 아프리카 리베리아가 원산지이며 아프리카 서부지역과 아시아의 일부 지역에서만 재배된다.

해설
아라비카가 맛과 향이 뛰어나며 카페인 함량도 로부스타의 절반 수준이다.

04 다음 중 커피나무의 재배 조건에 해당하지 않는 것은?

① 강우량
② 토양
③ 일조량
☑ **적설량**

해설
커피나무의 재배 조건으로는 재배 지형과 해발고도, 온도, 강우량, 토양, 일조량 등이 있다. 커피나무는 5℃ 이하에서는 성장을 멈추고 0℃ 이하에서는 동사할 수 있다.

05 다음 중 로부스타(Robusta)종에 대한 설명으로 바르지 못한 것은?

✔ 아라비카에 비해 로부스타는 병충해와 가뭄에 비교적 약하다.
② 체리 숙성기간은 아라비카종보다 길며, 약 9~11개월 정도이다.
③ 아프리카 콩고가 원산지로 1895년 처음 학계에 보고되었다.
④ 아라비카보다 향미가 약하며 쓴맛이 강하고 카페인 함량도 높다.

해설
로부스타는 병충해에 강하다.

06 다음 중 커피에 관한 설명으로 맞는 것은?

① 파종한 후 2년이 지나면 꽃이 피고 수확이 가능하다.
② 커피를 심은 지 1개월이 지나면 이식할 수 있다.
③ 일조량이 강해야 커피나무 성장에 지장이 없고 동사하지 않는다.
✔ 찬바람과 습기 없는 뜨거운 바람, 서리는 커피 생육에 큰 적이다.

해설
아라비카종은 묘포에서 묘목을 키우고 어느 정도 자라면 이식하며, 심은 후 3년 정도 지나야 수확이 가능하다.

07 다음 중 테라로사(Terra Rossa)에 대해 바르게 설명하고 있는 것은?

① 브라질의 커피 재배지역에서만 볼 수 있다.
✔ 라틴어로 붉은 장밋빛 토양이라는 뜻이다.
③ 현무암이 풍화되어 형성된 흑색 토양이다.
④ 사바나 기후지대에서 널리 분포하는 적갈색 토양이다.

08 커피의 각 로스팅 단계와 맛과 향의 특성에 대해 바르게 설명하고 있는 것은?

① Cinnamon Roast – 연한 노란색을 띠며 아직 맛과 향이 잘 갖추어지지 않은 단계다.
② High Roast – 원두는 옅은 갈색을 띠며 신맛이 강하고 향이 풍부하다.
③ Italian Roast – 진한 갈색을 띠며 원두의 표면에 오일이 많이 배어 나온 상태다.
✔ City Roast – 원두는 갈색으로 중간 정도로 균형 잡힌 맛과 강한 향미가 있다.

09 뉴 크롭(New Crop) 생두의 분류기간과 수분함량으로 적절한 것은?

① 3년 이상 – 9% 이하
② 2년 이상 – 9% 이하
③ 1~2년 – 13% 이하
✔ 수확 후~1년 이내 – 13% 이하

해설
생두의 분류

구분	수확 후 기간	수분 함량
뉴 크롭(New Crop)	수확 후 ~1년 이내	13% 이하
패스트 크롭(Past Crop)	1~2년	11% 이하
올드 크롭(Old Crop)	2년 이상	9% 이하

10 생두일 때는 파악하기가 힘들며 덜 익은 체리를 수확하여 로스팅하면 다른 원두와는 색이 확연히 다른 원두가 나오는데, 이를 무엇이라 부르는가?

① Full Black
② Black Bean
✔ Quaker
④ Full Sour

11 다음 중 탬퍼의 재질로 사용되지 않는 것은?

✓① 동   ② 스테인리스

③ 플라스틱   ④ 알루미늄

해설
탬퍼의 재질은 알루미늄, 스테인리스, 플라스틱 등이다.

12 다음 중 커피 생산국가와 커피 명칭이 틀리게 연결된 것은?

① 탄자니아 – 킬리만자로(Kilimanjaro)

✓② 콜롬비아 – 마타리(Mattari)

③ 멕시코 – 오악사카(Oaxaca)

④ 과테말라 – 안티구아(Antigua)

해설
마타리(Mattari)는 예멘의 대표 커피이다.

13 다음 중 아라비카 커피를 주로 생산하며 마일드 커피(Mild Coffee)인 워시드 커피의 1위 생산국가는?

① 하와이   ② 인도

③ 멕시코   ✓④ 콜롬비아

14 통계자료의 기준을 정하기 위해 국제커피기구(ICO)가 정한 'Coffee Year'의 산정 기준 일자는?

① 2월 1일   ② 3월 1일

③ 5월 1일   ✓④ 10월 1일

해설
커피 생산국마다 수확 기준 일자가 달라 통계자료에 혼동이 생기지 않도록 국제커피기구(ICO)는 10월 1일을 'Coffee Year'로 선정했다.

15 로스팅 과정에서 발생되는 2차 크랙의 원인으로 옳은 것은?

① 생두의 부피가 팽창하면서 발생되는 현상이다.

② 생두의 오일 성분이 배어 나오면서 일어나는 반응이다.

③ 당의 캐러멜화 과정에서 일어나는 갈변현상이다.

✓④ 가스의 압력과 결합하여 목질조직의 파괴가 일어나며 발생한다.

해설
2차 크랙은 가스의 압력과 결합하여 목질조직의 파괴가 일어나며 발생한다.

16 다음 중 생두를 로스팅할 때 가장 많이 변화(감소)되는 성분은?

✓① 수분   ② 지방

③ 향미 성분   ④ 과당

해설
생두 안에 있던 수분이 가장 많이 감소한다.

17 로스팅 진행에 따른 맛의 변화에 대해 올바르게 설명하고 있는 것은?

① 약배전일수록 쓴맛이 강해진다.

② 약배전일수록 신맛이 약해진다.

③ Dark Roast로 진행되는 동안 떫은맛이 강해진다.

✓④ Dark Roast로 진행되는 동안 쓴맛이 강해진다.

해설
다크 로스트(강배전)일수록 쓴맛이 강해지고 라이트 로스트(약배전)일수록 신맛이 강해진다.

18 로스팅 단계에서 생두 변화에 대해 바르게 설명하고 있는 것은?

✔ 생두의 당분, 아미노산, 유기산 등이 갈변반응을 통해 향기 성분으로 바뀐다.

② 중후한 커피의 맛을 강조하고 싶다면 약배전으로 원두의 색상이 황색에 가깝게 한다.

③ 생두는 흡열반응을 통해 갈색에서 초록색으로 변한다.

④ 풀시티 로스트는 원두가 황갈색을 띠며 신맛이 강하게 난다.

해설
생두에 열을 가하면 초록색에서 황색, 담갈색, 갈색, 진갈색 순으로 색상이 변한다. 원두의 색상이 진해질수록 커피 맛이 강렬하다.

19 다음 중 열량을 많이 공급하면서 짧은 시간에 로스팅을 하는 방법으로 신맛이 강하고 뒷맛이 깨끗한 커피를 만드는 방법은?

① 저온-단시간 로스팅

② 저온-장시간 로스팅

✔ 고온-단시간 로스팅

④ 고온-장시간 로스팅

해설
열을 많이 주어 짧게 볶아내는 방법을 고온-단시간 로스팅이라 한다. 중후함과 향기는 저온-장시간 로스팅에 비해 부족하다.

20 다음 중 입안에서 느껴지는 중량감 또는 밀도감을 표현하는 용어는?

✔ 바디감   ② 중량감

③ 촉각   ④ 신맛

해설
바디감은 입안에서 느껴지는 중량감 또는 밀도감을 말한다.

21 다음 중 SCA 커핑 항목에 포함되지 않는 것은?

① Aftertaste

✔ Bitterness

③ Flavor

④ Fragrance

해설
② 쓴맛은 평가항목에 해당되지 않는다.

22 다음 중 커피 추출에 사용하는 물과 추출시간에 대해 잘못 설명하고 있는 것은?

① 커피 추출에 사용되는 물은 신선해야 하고 냄새가 나지 않아야 한다.

② 커피 추출에 사용되는 물은 불순물이 적거나 없어야 한다.

③ 물은 철분이 많지 않은 연수를 사용하는 것이 좋다.

✔ 추출시간이 길면 길수록 고형성분이 많아져 맛이 좋아진다.

해설
추출시간이 길어지면 맛에 안 좋은 영향을 주는 성분들이 많이 나와 커피 맛이 나빠지기 때문에 적정한 추출시간 안에 커피를 뽑는 것이 좋다.

23 다음 중 커피의 포장 재료가 갖추어야 할 조건에 해당하지 않는 것은?

① 차광성   ② 방수성

③ 방습성   ✔ 방향성

해설
방향성이 아니라 향기를 보호하는 보향성을 갖추고 있어야 한다.

24 다음 중 커피 추출을 위한 분쇄의 이유로 가장 적절한 것은?

① 시간을 단축하기 위해
② 대량 생산을 위해
③ 빨리 추출해서 효율적인 서비스를 제공하기 위해
✔ **물에 접촉되는 커피 표면적의 증가를 위해**

25 다음에서 설명하는 추출방식은?

> 비커에 굵게 분쇄한 커피를 담고 뜨거운 물을 부은 후 몇 분 정도 기다린 후에 플런저(Plunger)를 눌러 커피를 추출하는 도구로 금속 필터로 여과하므로 미세한 커피 침전물까지 추출액에 섞일 수 있다. 깔끔하지 않고 텁텁한 맛이 날 수 있다.

① 페이퍼 필터 드립
② 융 드립
✔ **프렌치 프레스**
④ 에어로프레스

26 다음 중 사이펀(Syphon)에 대한 설명으로 잘못된 것은?

① 사이펀은 물의 삼투압 현상을 이용해 추출하는 방식이다.
✔ **상부의 플라스크를 뜨겁게 하여 그 수증기의 압력에 의해 하부로 뜨거운 물이 내려가 커피를 추출한다.**
③ 열원은 알코올램프, 할로겐램프, 가스 스토브를 사용한다.
④ 진공식 추출방식으로 배큐엄 브루어(Vacuum Brewer)라는 명칭으로 불렸다.

해설
사이펀은 하부의 끓는 물이 상부로 올라가는 방식이다.

27 융 드립의 불편함을 개선하기 위해 발명된 추출법은?

① 사이펀
✔ **페이퍼 필터**
③ 에스프레소
④ 체즈베

해설
페이퍼 필터는 독일의 멜리타 벤츠(Melitta Bentz) 여사에 의해 개발되었다.

28 에스프레소에 대한 일반적인 기준으로 잘못된 것은?

✔ **에스프레소의 로스팅 포인트는 이탈리안 로스트이다.**
② 추출된 에스프레소의 pH는 5.2 정도이다.
③ 추출량은 1온스 정도가 되는 25±5cc 정도이다.
④ 분쇄도를 가장 가늘게 쓰는 추출방법 중 하나이다.

해설
로스팅 포인트를 꼭 이탈리안 로스트로 할 필요는 없다.

29 다음 중 바리스타의 기술에 가장 많이 의존하는 에스프레소 머신은?

✔ **수동 머신**
② 반자동 머신
③ 자동 머신
④ 완전자동 머신

해설
수동 머신은 추출압력이 바리스타의 기술에 의해 좌우된다.

30 다음 중 에스프레소 머신의 보일러 내부에 도금하는 재질은?

① 은합금　　　　② 스테인리스
③ 망간(망가니즈)　✅ 니켈

해설
부식 방지를 위해 니켈로 도금 처리한다.

31 다음 부품 중 에스프레소 머신의 그룹헤드 안에 포함되지 않는 것은?

① 샤워 스크린
✅ 포터필터
③ 샤워홀더
④ 가스켓

해설
포터필터는 그룹헤드와 분리되어 사용하는 부속품이다. 샤워홀더는 디퓨저, 샤워 스크린은 디스퍼전 스크린이라고도 한다.

32 다음 중 에스프레소 추출 동작에 대해 틀리게 설명하고 있는 것은?

① 잔은 항상 데워진 상태로 사용한다.
② 탬핑은 1, 2차로 나누어 할 수도 있지만 한 번만 하기도 한다.
③ 추출 동작은 끊김 없이 연속 작업으로 진행되어야 한다.
✅ 포터필터 장착 후 컵을 내리고 10초 후 추출 버튼을 누른다.

해설
포터필터 장착 후 바로 추출 버튼을 눌러야 한다.

33 다음 중 에스프레소의 특징이 아닌 것은?

✅ 지속적으로 이어지는 쓴맛
② 강한 바디감
③ 복합적인 향미 성분으로 긴 여운
④ 부드러운 크레마와 감촉

해설
쓴맛이 부드럽게 끝나야 좋은 에스프레소 맛이다.

34 에스프레소 전용 잔인 데미타세의 크기는?

✅ 일반 커피잔 크기의 1/2
② 6온스 잔과 동일한 크기
③ 8온스 잔과 동일한 크기
④ 일반 커피잔 크기

해설
데미타세(Demitasse) : 에스프레소 전용 잔으로 일반 커피잔의 1/2 크기이며 용량은 60~70mL 정도이다.

35 다음 중 탬핑(Tamping)에 대해 바르게 설명하고 있는 것은?

✅ 에스프레소 추출 시 커피 케이크의 균일한 밀도 유지를 통해 물이 일정하게 통과할 수 있도록 하는 수평 및 평탄작업을 말한다.
② 포터필터를 그룹헤드에 맞춰 끼우는 행위를 말한다.
③ 필터홀더의 가장자리에 묻은 커피가루를 털어주는 행위를 말한다.
④ 호퍼 안의 원두를 정리하는 행위를 말한다.

해설
탬핑은 커피를 다져 균일한 밀도를 유지시켜 주는 행위를 말한다.

36 다음 중 에스프레소의 과소 추출의 원인이 아닌 것은?

✔ **물의 온도가 기준보다 높았다.**
② 탬핑이 기준보다 약하게 되었거나 케이크에 균열이 생겼다.
③ 원두의 입자가 너무 굵게 분쇄되었거나 원두의 중량이 부족했다.
④ 추출시간이 너무 짧았다.

해설
물의 온도가 높으면 과다 추출이 일어난다.

37 다음 중 프렌치 로스트한 커피를 드립으로 추출하여 데운 우유와 함께 전용 볼(Bowl)에 동시에 부어 만드는 메뉴는?

① 카페모카(Cafe Mocha)
② 카페라떼(Cafe Latte)
③ 에스프레소 마끼아또(Espresso Macchiato)
✔ **카페오레(Cafe au Lait)**

해설
카페오레는 일반적으로 에스프레소와 거품 우유를 사용하여 만들기도 한다.

38 커피에 멕시코산 커피, 코코아, 바닐라향을 첨가하여 만든 리큐어는?

① 카페모카(Cafe Mocha)
② 카페오레(Cafe au Lait)
✔ **깔루아(Kahlua)**
④ 카푸치노(Cappuccino)

해설
멕시코산 커피에 코코아, 바닐라 향을 첨가해 만든 리큐어는 깔루아이다.

39 다음 중 우유거품 형성에 가장 중요한 역할을 하는 우유의 성분은?

① 탄수화물
② 나트륨
✔ **단백질**
④ 비단백태질소화합물

해설
단백질 성분에 의해 우유거품이 생성된다.

40 다음 중 가열에 의해 변형되기 쉬운 단백질로, 우유를 40℃ 이상으로 가열할 때 생성되는 표면의 얇은 피막의 주성분은 무엇인가?

① 활성크림
✔ **베타−락토글로불린**
③ 칼륨
④ 지방

해설
베타 − 락토글로불린은 가열에 의해 변형되기 쉬운 물질이다.

41 다음 중 카푸치노에 들어가는 우유거품에 대해 잘못 설명하고 있는 것은?

✔ **스팀 피처는 유리 재질로 만든 것이 좋다.**
② 우유는 차갑고 신선한 것을 사용하여 벨벳 밀크처럼 부드러운 우유거품을 만들어야 한다.
③ 거품을 만들 때 거친 거품이 나지 않도록 스팀 노즐의 위치를 세밀하게 조절한다.
④ 우유에 스팀 노즐을 담글 때는 적절한 깊이로 하며 증기 배출 시 부드러운 소리가 나야 한다.

해설
스팀 피처의 재질은 주로 스테인리스를 많이 사용한다.

42 다음 중 선입선출법을 가장 준수해야 할 품목은?

① 생두(Green Bean)
② 파치먼트(Parchment)
③ ✔ 분쇄 커피(Grind Coffee)
④ 원두(Whole Bean)

해설
분쇄된 원두는 공기와 접촉하는 표면적이 넓어 산화되기 쉽다. 분쇄 커피는 즉석에서 분쇄해서 추출하는 방법이 가장 좋다.

43 다음 중 식품의 냉장 온도와 냉동 온도가 바르게 짝지어진 것은?

① 냉장은 3.5~5℃ 이하, 냉동은 −10℃ 이하
② ✔ 냉장은 3.5~5℃ 이하, 냉동은 −18℃ 이하
③ 냉장은 7.5~10℃ 이하, 냉동은 −20℃ 이하
④ 냉장은 7.5~10℃ 이하, 냉동은 −25℃ 이하

해설
구입한 식자재는 특성에 따라 냉장고, 냉동고, 식품창고 등에 구별하여 보관하며, 냉장고는 5℃ 이하, 냉동고는 −18℃ 이하 등의 온도 유지를 주기적으로 체크해야 한다.

44 다음 중 카페인과 건강에 대한 설명으로 잘못된 것은?

① 항산화 성분인 각종 폴리페놀이 포함되어 있어 암을 예방하고 건강증진 등의 의학적 효과가 있다.
② 커피에는 체내의 지방을 분해하는 다이어트 촉진 효과가 있다.
③ ✔ 위염, 위궤양 증세를 완화해 주는 효과가 있다.
④ 커피는 활성산소를 감소시켜 노화를 예방해 주는 효과가 있다.

해설
카페인은 위액의 분비를 촉진시킨다. 위염, 위궤양 증세가 있을 때는 커피 음용을 자제하는 것이 좋다.

45 다음에서 설명하는 디카페인 제조법은?

- 추출속도가 빨라 회수 카페인의 순도가 높다.
- 용매가 직접 생두에 닿지 않아 안전하다.
- 가장 많이 사용되는 제조방식이다.

① ✔ 물 추출법
② 초임계 추출법
③ 용매 추출법
④ 프레스 추출법

해설
물 추출법(Water Process)은 가장 많이 사용되는 제조과정으로, 소량의 카페인은 존재한다.

46 다량의 커피를 마실 경우 커피에 함유된 폴리페놀 성분에 의해 섭취가 제한되는 무기질은?

① 비타민 A
② ✔ 철분
③ 인
④ 비타민 D

해설
폴리페놀 성분에 의해 철분의 섭취가 낮아진다.

47 세포 내에 있는 유전물질의 변이를 일으켜 성장 및 번식을 억제해 살균·소독하는 것으로 물기를 완전히 제거하고 소독기에 넣어야 살균효과가 높다. 비교적 오염이 적고 환경호르몬이 발생하지 않는 이 소독법은 무엇인가?

① 가열에 의한 살균소독
② 약품에 의한 살균소독
③ ✔ 자외선 살균소독
④ 적외선 살균소독

해설
자외선 살균소독 : 공기와 물 등 투명한 물질만 투과하는 속성이 있는 자외선을 인공적으로 방출시켜 소독하는 것으로 살균력이 강하다. 조도, 습도, 거리에 따라 효과에 차이가 있다.

48 고객이 카페를 방문했을 때 고객을 맞이하는 자세로 올바른 것은?

✔️ 단골 고객인 경우 이름이나 직함을 불러 주며 일정한 친밀감을 갖는다.

② 자신의 입술을 물거나 핥으며 말한다.

③ 자신의 몸을 긁거나 머리카락, 목, 얼굴 등을 만지면서 말한다.

④ 커피 머신을 손가락으로 두드리거나 다른 도구를 이용하여 만지작거린다.

해설
②, ③, ④는 고객과의 관계 형성에 방해가 될 수 있는 부적절한 행동이다.

49 코로나바이러스감염증-19(COVID-19)의 예방법으로 틀린 것은?

① 흐르는 물에 30초 이상 손 씻기

② 옷소매로 가리고 기침하기

③ 호흡기 증상자는 관할 보건소, 1339에 상담하기

✔️ 편한 차림으로 가까운 대학병원에 방문하기

해설
코로나바이러스감염증-19 예방법 : 예방접종, 마스크 착용, 기침 예절, 올바른 손 씻기, 청소와 소독 등

50 영업점에서 사용하는 '기준 레시피(Standard Recipe)'는 무엇을 말하는가?

✔️ 표준 제조법

② 표준 서비스법

③ 기준 재료법

④ 재료 분류법

해설
영업장에서 판매되는 제품의 일정한 맛과 특징을 유지하기 위한 표준 제조법이다.

제 9 회 최종모의고사

01 다음 중 그늘재배(Shading)에 대한 설명으로 옳지 않은 것은?

① 그늘재배를 위해 심어 주는 나무를 셰이드 트리라고 한다.
② 품질 좋은 커피를 얻을 수 있으나 나무의 마디 사이가 길어져서 수확량이 감소할 수도 있다.
③ 커피열매가 천천히 성장하므로 좋은 품질의 커피를 얻을 수 있지만 커피녹병이 더 많이 발생할 수도 있다.
❹ **다른 재배방식과 비교하여 수확량이 월등히 뛰어나다.**

02 커피의 3대 원종에 대해 설명하고 있는 것으로 잘못된 것은?

① 로부스타종은 무덥고 습도가 높은 열대지역의 저지대에서도 잘 자란다.
❷ **로부스타는 향과 맛이 뛰어나며 아라비카종에 비해 카페인 함량도 절반 수준이다.**
③ 리베리카종은 나무의 키가 5~10m 정도로 큰 편으로 재배가 곤란하고 과육이 두꺼워 가공이 어렵다.
④ 리베리카종은 오늘날 아프리카 서부지역과 아시아의 일부 지역에서만 재배된다.

[해설]
아라비카종이 로부스타에 비해 맛과 향이 뛰어나고 카페인 함량도 적다.

03 다음은 어떤 커피에 대한 설명인가?

> 건식가공 커피를 습한 계절풍에 노출시켜 숙성하여 만드는데, 바디가 강하고 신맛은 약하며 독특한 향을 가지고 있다. 인도의 대표적인 커피가 여기에 해당된다.

① 카투아이(Catuai)
❷ **몬순커피(Monsooned Coffee)**
③ 카티모르(Catimor)
④ 마라고지페(Maragogype)

[해설]
습한 몬순 계절풍에 약 2~3주 노출시켜 몬순커피라는 이름이 붙었다.

04 다음 중 커피체리(Coffee Cherry)에 대한 설명으로 옳은 것은?

① 일반적으로 정상적인 체리 안에는 생두가 1개 들어 있다.
❷ **커피체리는 과육, 점액질, 파치먼트, 은피, 생두의 구조로 이루어져 있다.**
③ 아라비카종은 커피꽃이 지고 9~11개월이 지나면 열매가 맺혀서 수확을 할 수 있다.
④ 커피체리에서 단맛이 나는 과육 부분을 파치먼트(Parchment)라고 한다.

[해설]
① 정상적인 체리 안에는 생두가 2개 있다.
③ 열매가 익는 데 아라비카종은 6~9개월, 로부스타종은 9~11개월이 걸린다.
④ 커피체리에서 단맛이 나는 육질 부분을 펄프(Pulp)라고 한다.

05 커피체리 속에는 일반적으로 두 개의 생두가 자라며, 마주 보는 면은 구조상 평평한 형태를 보인다. 이러한 생두를 무엇이라 하는가?

① 페어 빈 ② 브레이스 빈
③ 투썸 빈 ✔ **플랫 빈**

06 다음 내용 중 사실과 다른 것은?

① 로부스타종은 동남아시아와 서아프리카 여러 나라에서 주로 생산한다.
② 북위 25도와 남위 25도 사이 지역은 커피 재배에 적합하여 커피 벨트 혹은 커피 존이라고 한다.
✔ **커피나무는 꼭두서니과 코페아(Coffea)종에 속하며, 아라비카종의 원산지는 에티오피아의 모카 지역으로 알려져 있다.**
④ 콜롬비아 마일드 및 양질의 아라비카종은 브라질과 콜롬비아를 비롯한 중남미 여러 나라에서 주로 생산하고 있다.

> **해설**
> 커피나무는 꼭두서니과 코페아속에 속하며, 아라비카종의 원산지는 에티오피아의 고원지대이다.

07 커피 재배에 대한 설명 중 옳은 것은?

① 아라비카종은 주로 직파를 이용한다.
② 커피를 심은 지 1개월이 지나면 이식을 할 수 있다.
✔ **커피를 심어 묘목을 키우는 곳을 모판이라고 한다.**
④ 커피나무는 심고 1년 정도 지나면 수확이 가능하다.

> **해설**
> 아라비카종은 직파보다는 주로 묘포(모판)에서 묘목을 키우고, 어느 정도 자라면 재배지에 이식하는 방법이 가장 널리 이용되며, 심고 3년 정도 지나야 수확이 가능하다.

08 커피 원두를 분쇄하는 이유에 대해 바르게 설명하고 있는 것은?

✔ **커피의 고형성분이 물에 쉽게 용해되게 하기 위해서이다.**
② 커피 입자를 잘게 부수면 커피 향이 더 진해지기 때문이다.
③ 커피를 추출하는 도구를 보호하기 위해서이다.
④ 조금이라도 더 부드러운 커피 맛을 내기 위해서이다.

> **해설**
> 커피 입자를 잘게 부숴 표면적을 넓힘으로써 커피의 고형성분이 물에 쉽게 용해되게 하기 위해서이다.

09 건식법(Dry Processing)을 이용한 커피 가공의 내용 중 틀린 것은?

① 건조과정 중 발효를 방지하기 위하여 매일 여러 번 섞어 주어야 한다.
✔ **건조에 소요되는 일수는 과실의 숙도에 상관없이 일정하다.**
③ 수확한 과실을 건조장에서 넓게 펴고, 수분 함량을 11~13%로 균일하게 건조시킨다.
④ 가장 전통적인 가공방식이며 브라질, 에티오피아에서 주로 이용된다.

> **해설**
> 건식법 : 체리를 수확한 후 펄프를 제거하지 않고 그대로 건조시키는 방법으로 물이 부족하고 햇빛이 좋은 지역에서 주로 이용하는 전통적인 방법이다.

10 습식법(Wet Processing)을 이용한 커피 가공의 내용 중 틀리게 설명한 것은?

① 저장성을 유지하기 위하여 생두의 수분을 10~12% 이하로 건조한다.
② 발효조에서 12~36시간 정도 발효시키면 pH가 3~4의 범위로 저하한다.
✔ **수확한 과실을 침수시키면 완숙과는 수면으로 뜨고, 미숙과는 침전한다.**
④ 콜롬비아 등 물이 풍부한 중남미 지역에서 주로 이용된다.

해설
습식법에서는 수확한 커피를 무거운 체리(완숙과)와 가벼운 체리(미숙과)로 분리한다. 물이 담긴 수조에 넣어 물 위에 뜨는 것은 제거한다.

11 다음 ( ) 안에 들어갈 말을 차례대로 바르게 나열한 것은?

> 탈곡은 생두를 감싸고 있는 파치먼트 껍질을 제거하거나 마른 체리에서 체리 껍질을 제거하는 과정이다. 워시드 커피의 파치먼트 껍질을 벗겨 내는 것을 ( )이라 하고, 내추럴 커피의 체리 껍질을 벗겨내는 것을 ( )이라 한다.

① 헐링 – 왁싱
✔ **헐링 – 허스킹**
③ 폴리싱 – 허스킹
④ 폴리싱 – 헐링

해설
탈곡은 생두를 감싸고 있는 파치먼트 껍질을 제거하거나 마른 체리에서 체리 껍질을 제거하는 과정이다. 워시드 커피의 파치먼트 껍질을 벗겨 내는 것을 헐링(Hulling)이라 하고, 내추럴 커피의 체리 껍질을 벗겨내는 것을 허스킹(Husking)이라 한다.

12 다음 중 커피 수확방법에 대해 바르게 설명하고 있는 것은?

① 기계에 의한 수확은 주로 베트남에서 이루어진다.
② 커피체리의 수확은 정오를 중심으로 한낮에 이루어진다.
✔ **커피 생산국 중 북반구에 위치한 나라의 수확시기는 9~3월, 남반구에 위치한 나라는 4~8월 사이이다.**
④ 숙성을 위해 완전히 익지 않은 녹색 커피체리를 수확하는 것이 좋다.

13 다음 중 전체 커피 향기를 총칭하여 부르는 용어는?

✔ **Bouquet**　　② Body
③ Perfume　　④ Flavor

해설
전체 커피 향기를 총칭하여 부케(Bouquet)라고 한다.

14 습식법에 대해 바르게 설명하고 있는 것은?

① 대량 생산이 필요한 로부스타 가공 시 많이 사용한다.
② 과육이 생두로 스며들어 단맛이 좋고 바디감이 좋은 커피를 얻을 수 있다.
③ 건식법에 비해 품질이 떨어지기 때문에 많이 사용하지 않는다.
✔ **미생물에 의해 아세트산이 생성되어 pH가 3.8~4까지 내려간다.**

해설
① 중남미 지역에서 아라비카 커피를 생산할 때 주로 이용된다.
② 신맛과 좋은 향이 특징이다.
③ 건식법보다 비용이 많이 들지만 좋은 품질의 커피를 얻을 수 있다.

15 향미가 풍부한 커피를 생산하기 위한 방법으로 가장 적합한 것은?

① 친환경 농법인 유기농법으로 재배한다.
② 건조시간은 길면 길수록 좋으므로 생두의 수분이 완전히 제거되도록 장기간 건조시킨다.
✔ **완전히 익은 붉은색의 체리를 선별·수확한다.**
④ 수확 후 커피체리의 껍질을 제거하는 펄핑 과정을 반드시 거쳐야 한다.

해설
커피열매는 초기에 녹색이었다가 익으면 빨갛게 변한다.

---

16 SCA에 따른 결점두(Defect Bean)에 대한 설명 중 옳지 않은 것은?

① Fungus Damaged - 곰팡이가 발생한 경우
② Foreign Matter - 이물질을 제거하지 못한 경우
✔ **Sour Bean - 산미가 강한 경우**
④ Parchment - 불완전한 탈곡

해설
Sour Bean : 너무 익은 체리, 땅에 떨어진 체리 수확, 과발효나 정제과정에서 오염된 물을 사용했을 경우 발생

---

17 SCA에 의한 결점두 분류법 중 미성숙한 상태에서 수확할 경우 발생되는 결점두는?

① Floater   ② Withered Bean
✔ **Immature/Unripe** ④ Shell

해설
• Floater : 잘못된 보관이나 건조에 의해 발생
• Withered Bean : 발육기간 동안 수분 부족으로 인해 발생
• Immature/Unripe : 미성숙한 상태에서 수확할 경우 발생
• Shell : 유전적인 원인으로 발생
• Sour Bean : 너무 익은 체리, 땅에 떨어진 체리 수확, 과발효나 정제과정에서 오염된 물을 사용했을 경우 발생

---

18 생두를 수확한 때부터 현 시점까지의 경과시간으로 분류하는 방법에 해당되지 않는 것은?

① 뉴 크롭(New Crop)
✔ **롱 크롭(Long Crop)**
③ 패스트 크롭(Past Crop)
④ 올드 크롭(Old Crop)

해설
생두의 분류
• 뉴 크롭(New Crop) : 수확 후~1년 이내
• 패스트 크롭(Past Crop) : 수확 후 1~2년
• 올드 크롭(Old Crop) : 수확 후 2년 이상

---

19 다음 설명에 해당되는 커피 산지는?

> • 커피나무가 발견된 옛 카파 지역이 있다.
> • 생두 300g 중 결점두 수에 따라 G1, G2 등으로 등급을 나눈다.
> • 커피 가공은 수세식과 자연 건조식을 병행한다.
> • 대표적인 커피로 하라, 시다모, 예가체프 등이 있다.

① 탄자니아   ② 케냐
③ 예멘   ✔ **에티오피아**

---

20 브라질 생두의 맛(Taste)에 의한 분류에서 가장 우수한 등급은?

① Rio   ✔ **Strictly Soft**
③ Soft   ④ Softish

해설
브라질 생두의 맛(Taste)에 의한 분류
Strictly Soft > Soft > Softish > Hard > Hardish > Rioy > Rio

21 다음 생두를 평가하는 방법 중 잘못된 것은?

① 생두는 짙은 청록색일수록 품질이 좋다.

② 고지대에서 생산될수록 밀도가 높고 맛과 향이 더 좋다고 평가한다.

✔ **실버스킨 제거 여부는 가장 중요한 평가요소의 하나이다.**

④ 국가에 따라 생두 300g 중 결점두 수로 등급이 정해지기도 한다.

22 전 세계 커피 생산에 대한 설명 중 틀린 것은?

① 전 세계 커피 생산량은 60kg 백(Bag)으로 환산하여 약 1억 4천만 백 정도이다.

② 남아메리카가 전체의 약 50% 정도의 생산량을 차지한다.

③ 아시아/태평양 지역이 두 번째로 커피를 많이 생산하고 그 다음이 중앙아메리카와 아프리카 순이다.

✔ **베트남이 세계 최대 커피생산국으로 커피 생산의 약 30%를 차지하고 있다.**

해설
세계 1위 커피생산국은 브라질이다.

23 에티오피아 커피와 관련이 없는 것은?

✔ **코나(Kona)**

② 시다모(Sidamo)

③ 예가체프(Yirgacheffe)

④ 아리차(Aricha)

해설
코나는 하와이에서 생산되는 커피다.

24 영토는 작지만 양질의 커피를 생산하며 대표적인 커피로는 '타라주(Tarrazu)'가 있는 커피 생산국가는?

① 멕시코

✔ **코스타리카**

③ 온두라스

④ 파나마

해설
코스타리카
• 나라는 작지만 커피 재배의 최적의 조건인 화산암이 잘 발달되어 품질을 인정받고 있다.
• 대표 커피 타라주(Tarrazu)는 감귤류, 베리류 등 과일류의 상큼한 산미와 초콜릿, 향신료 계열의 향미가 잘 조화되어 부드럽고 깔끔하다.

25 다음 중 커피가 전혀 생산되지 않는 나라는?

✔ **터키** ② 호주

③ 중국 ④ 대만

해설
호주는 북부 지역에서, 중국은 윈난성 지역에서 커피가 생산되고 있다. 대만은 서부 산악지역에서 커피가 생산된다.

26 다음 중 댐퍼(Damper)의 기능에 대해 잘못 설명하고 있는 것은?

① 드럼 내부의 열량과 향을 조절한다.

② 드럼 내부 공기의 흐름을 조절한다.

③ 실버스킨을 배출한다.

✔ **흡열과 발열반응을 조절한다.**

해설
댐퍼는 드럼 내부의 열량과 향, 공기 흐름을 조절하는 장치로 실버스킨 배출기능이 있다.
④ 흡열과 발열반응은 열에 대한 생두의 반응이다.

27 다음은 SCA의 스페셜티 커피 기준이다. ( ) 안에 들어갈 내용이 순서대로 나열된 것은?

生두 ( )g 중, 결점두 ( )개 이하인 커피

① 300, 5
② 350, 10
☑ 350, 5
④ 300, 10

28 커피에 향기가 거의 없을 때 부르는 명칭은?

① Full
☑ Flat
③ Rounded
④ Rich

<u>해설</u>
향기의 강도
• Rich : 풍부하면서 강한 향기
• Full : 풍부하지만 강도가 약한 향기
• Rounded : 풍부하지도 않고 강하지도 않은 향기
• Flat : 향기가 없을 때

29 다음 ( ) 안에 들어갈 말이 순서대로 바르게 짝지어진 것은?

( )과 짠맛은 온도가 높아지면 상대적으로 약해지지만 ( )은 온도의 영향을 거의 받지 않는다.

☑ 단맛 – 신맛
② 쓴맛 – 신맛
③ 신맛 – 단맛
④ 쓴맛 – 단맛

<u>해설</u>
단맛과 짠맛은 온도가 높으면 약하게 느껴지지만 신맛은 온도의 영향을 거의 받지 않는다.

30 생두의 크기는 스크린 사이즈로 표시된다. 스크린 사이즈 1은 1/64인치로 약 0.4mm이다. 이때 스크린 사이즈 18의 크기는 얼마인가?

① 약 3.2mm
② 약 6.2mm
☑ 약 7.2mm
④ 약 8.2mm

<u>해설</u>
1인치는 2.54cm이다.

31 다음 ( ) 안에 들어갈 알맞은 말은?

탄수화물은 커피 성분 중 가장 많은 비중을 차지한다. 탄수화물 중 가장 많은 다당류는 대부분 불용성으로 세포벽을 이루는 셀룰로스(Cellulose)와 ( )(을)를 구성한다.

① 지방산(Fatty Acid)
② 스테롤(Sterol)
③ 토코페롤(Tocopherol)
☑ 헤미셀룰로스(Hemicellulose)

<u>해설</u>
다당류에 해당되는 것은 셀룰로스와 헤미셀룰로스이다.

32 커피의 유기산 성분 중 가장 많은 비중을 차지하고 있는 것으로, 분해되면 퀸산(Quinic Acid)과 카페산(Caffeic Acid)으로 바뀌는 것은?

① 아세트산
② 트라이고넬린
☑ 클로로겐산
④ 시트르산

<u>해설</u>
클로로겐산(Chlorogenic Acid)은 유기산 중 가장 많은 성분이다. 폴리페놀 형태의 페놀화합물에 속하며 로스팅에 따라 클로로겐산의 양은 감소하는데, 분해되면 퀸산과 카페산으로 바뀌며 둘 다 떫은맛을 낸다. 일반적으로 아라비카보다 로부스타에 더 많이 함유되어 있다.

33 다음에서 설명하는 것은 무엇인가?

> 원두 중량의 0.05% 미만인 700~2,500ppm 으로 매우 적은 양이나 800여 가지 이상으로 가스 방출과 함께 증발, 산화되어 상온에서 2주가 지나면 커피 향기를 잃어버린다.

① 카페인
✔ **휘발성 화합물**
③ 지질
④ 탄수화물

해설
휘발성 화합물은 아라비카가 로부스타보다 더 많이 함유하고 있다.

34 다음 중 커피의 갈변반응과 관련이 없는 것은?

✔ **질소 반응**
② 메일라드 반응
③ 클로로겐산의 갈변
④ 캐러멜화

해설
커피의 갈변반응에는 캐러멜화, 메일라드 반응, 클로로겐산에 의한 갈변이 있다.

35 다음 중 원두에 12~16% 정도 함유되어 있고 커피의 향미에 가장 많은 영향을 주는 성분은?

① 클로로겐산
② 카페인
✔ **지방**
④ 수분

해설
지방은 커피의 맛과 향에 가장 많은 영향을 미친다.

36 다음 중 로스팅에 따른 성분 변화 내용이 잘못된 것은?

① 수분은 로스팅 시 가장 많이 손실되는 성분이다.
② 자당은 원두에 갈색과 향을 형성하는 데 큰 영향을 미친다.
③ 유기산은 커피의 신맛을 결정하는 성분으로 아로마와 커피 추출액의 쓴맛에도 관여한다.
✔ **단백질은 당과 반응하여 캐러멜화 반응을 일으킨다.**

해설
단백질 중 유리아미노산은 로스팅이 진행되면서 소실되고 단당류와 반응하여 멜라노이딘과 향기 성분으로 변한다.

37 다음 중 커피의 향기 성분에 대한 설명으로 잘못된 것은?

① 커피의 향기 성분은 생두의 품종이나 재배 환경에 의해 달라진다.
② 커피의 향기 성분은 배전 강도에 따라 달라진다.
③ 향이 다양하고 부드러우면서 복합적인 밸런스가 좋은 커피가 인기가 좋다.
✔ **향기 성분은 이탈리안 로스팅 단계에서 최고치가 된다.**

해설
로스팅이 너무 강하면 향기 성분이 급격히 감소한다.

38 다음 중 커피 플레이버(Flavor)의 관능평가에 해당되지 않는 것은?

① 미각(Gustation)
② 촉각(Mouthfeel)
③ 후각(Olfaction)
✔ **시각(Visual)**

해설
커피의 관능평가는 후각, 미각, 촉각의 세 단계로 나뉜다.

39 다음 중 커피 향의 강도를 나타내는 용어가 아닌 것은?

① **Sweet** ✔

② Flat

③ Full

④ Rounded

해설

커피 향의 강도는 향을 이루는 유기화합물의 풍부함과 세기의 척도로 분류하며 Rich, Full, Rounded, Flat의 네 가지로 구분한다.

40 다음 중 커피에 신맛을 부여하는 물질이 아닌 것은?

① **카페인** ✔

② 클로로겐산

③ 옥살산

④ 유기산

해설

커피에 신맛을 부여하는 물질은 클로로겐산, 유기산(옥살산, 말산, 시트르산, 타타르산)이다.

41 다음 중 커피의 쓴맛 성분이 아닌 것은?

① 카페인

② 퀸산

③ 페놀화합물

④ **말산** ✔

해설

커피의 쓴맛을 내는 물질은 카페인, 트라이고넬린, 카페산, 퀸산, 페놀화합물이다.

42 커피 추출에 사용되는 물의 설명으로 적절한 것은?

① 철분을 다량 함유한 물은 커피의 좋은 향기를 만든다.

② 연수를 사용하면 가용성분이 더 많이 추출된다.

③ **50~100ppm의 무기물이 함유된 물이 추출에 적당하다.** ✔

④ 추출 온도가 높을수록 더 좋은 맛과 향을 내는 가용성분이 많이 추출된다.

해설

① 커피 추출에 사용하는 물은 철분이 많지 않은 연수를 사용하는 것이 좋다.

② 연수를 사용한다고 해서 가용성분이 더 많이 추출되는 것은 아니다.

④ 추출 온도가 높으면 쓴맛 위주의 성분이 추출되어 전체적인 맛과 향이 떨어진다.

43 다음 중 커피 용어에 대해 잘못 설명하고 있는 것은?

① Aroma – 커피 표면에서 증발되는 향으로 후각으로 느껴지는 전체적인 향을 말한다.

② Flavor – 커피를 머금었을 때 코와 입에서 느껴지는 향과 맛을 말한다.

③ **Aftertaste – 커피를 머금었을 때 입안에서 느껴지는 촉감을 말한다.** ✔

④ Nose – 마실 때 느껴지는 단맛, 쓴맛, 짠맛 등의 향기를 말한다.

해설

Aftertaste : 커피를 마시고 난 후 지속적으로 맴도는 여운을 말한다.

44 다음 커피의 향기 성분 중에서 휘발성이 강한 순서부터 바르게 나열된 것은?

① Chocolaty > Fruity > Turpeny > Carbony
② Fruity > Caramelly > Herby > Nutty
③ Flowery > Carbony > Spicy > Caramelly
☑ **Flowery > Nutty > Chocolaty > Spicy**

해설
커피의 향기 성분 중 휘발성이 강한 순서
• Flowery > Nutty > Chocolaty > Spicy
• 휘발성은 효소작용 > 갈변반응 > 건류반응 순으로 강도
  를 나타낼 수 있다.

45 다음 중 커피의 향미를 평가하는 순서로 바르게 짝지어진 것은?

☑ **향기 → 맛 → 촉감**
② 바디 → 향기 → 촉감
③ 바디 → 맛 → 향기
④ 촉감 → 향기 → 맛

해설
커피의 향미는 향기 → 맛 → 촉감 순으로 평가한다.

46 다음 중 커피 향기에 대한 설명으로 틀린 것은?

① 향기를 판별할 때는 개인의 경험이나 훈련에 의해 쌓인 기억에 의존한다.
② 향기는 휘발성이어서 기체 상태로 느낄 수 있다.
☑ **분자량이 적을수록 날카롭고 거칠게 느껴진다.**
④ 커피의 기본적인 맛은 신맛, 단맛, 쓴맛으로 3가지다.

해설
③ 분자량이 많을수록 날카롭고 거칠게 느껴진다.

47 그라인더의 부속품에 해당되지 않는 것은?

① 모터   ② 도저
③ 호퍼   ☑ **솔레노이드 밸브**

해설
솔레노이드 밸브는 에스프레소 머신의 부품이다.

48 생두를 로스팅하면 당의 캐러멜화 반응에 의해 갈색으로 변하는데, 여기에 반응하지 않고 남은 당에 의해 느껴지는 맛은?

☑ **단맛**   ② 신맛
③ 짠맛   ④ 쓴맛

해설
당에 의해 생성되는 맛은 무조건 단맛이다.

49 카페의 기물 세척방법 중 가장 좋은 방법은?

☑ **사용한 기물은 그때그때 즉시 세척한다.**
② 기물들을 모두 모아 한 번에 세척한다.
③ 영업을 종료하는 시간에 세척해서 하루 한 번으로 끝낸다.
④ 어느 정도 깨끗한 기물은 재사용해도 된다.

해설
사용 즉시 세척하는 것을 원칙으로 한다.

50 바리스타의 근무 자세로 잘못된 것은?

① 모든 손님을 공평하게 접대하며 항상 손님의 입장에서 생각하고 근무한다.
② 손님이 없는 시간에도 항상 올바른 자세를 유지한다.
③ 자주 오는 손님의 경우 취향에 맞게 서비스를 제공한다.
☑ **손님 간 대화를 하고 있는 경우에 적극적으로 손님의 대화에 참여한다.**

해설
손님 간의 대화에 끼어들지 않는 것이 올바른 자세다.

최종모의고사

제 **10** 회

01 커피의 역사적 사실을 설명한 것으로 잘못된 것은?

① 오스만 제국은 셀림 1세 때 이집트를 정복하면서 커피를 알게 되었고, 1517년 당시 오스만 제국의 수도였던 콘스탄티노플에 커피가 알려졌다.

② 유럽의 커피 문화는 17~19세기에 급속도로 확산되었고 이 시기에 카페는 여론을 모으고 전파하는 역할을 하였다.

③ 네덜란드는 예멘의 모카에서 커피를 밀반출하여 스리랑카와 인도네시아의 자바 지역에 커피를 재배하였다.

✔ **비발디(Vivaldi)는 '커피 칸타타'라는 성악곡을 작곡하였다.**

해설

1732년 바흐(Bach)가 작곡한 커피 칸타타는 커피 성악곡으로 커피에 심하게 빠진 딸과 그것을 말리는 아버지의 대화체로 이루어져 있다.

02 다음 중 시기적으로 가장 먼저 개점한 커피하우스는 어디인가?

① 더 킹스암스

✔ **카페 드 프로코프**

③ 로이드 커피하우스

④ 카페 플로리안

해설

② 카페 드 프로코프 : 1686년

① 더 킹스암스 : 1696년

③ 로이드 커피하우스 : 1688년

④ 카페 플로리안 : 1720년

03 커피 품종에 대한 설명으로 잘못된 것은?

① 에티오피아 고원의 삼림지대에서 발견된 아라비카종은 대체로 열대, 아열대의 고지대에서 재배된다.

② 카네포라종은 1862년에 아프리카 우간다에서 처음 발견되었고, 그 뒤 1898년 콩고에서 재발견되어 세상에 알려지게 되었다.

③ 리베리카종은 아프리카 리베리아가 원산지이다.

✔ **재배조건이 까다롭고 질병에 취약한 품종은 카네포라종이다.**

해설

카네포라(로부스타)종은 병충해에 강하다.

04 다음 중 커피에 대한 설명으로 틀린 것은?

① 커피나무는 쌍떡잎식물로 꼭두서니과 코페아속에 속한다.

② 커피체리는 안쪽부터 생두 – 실버스킨 – 파치먼트 – 과육 – 겉껍질 순으로 이루어져 있다.

③ 커피나무가 심은 후 안정적인 수확이 가능한 시기는 5년부터이다.

✔ **커피열매는 주황색에서 녹색으로 다시 빨간색이나 노란색으로 익어간다.**

해설

커피열매는 서서히 익으면서 녹색에서 붉은색으로 변화한다. 무르익은 커피열매는 체리와 비슷하게 생겼다 하여 커피체리라고도 한다.

05 커피 가공방식에 대한 설명 중 올바른 것은?

① 펄프드 내추럴 방법은 수확 후 그대로 햇볕에 건조시킨 후 다시 물로 세척하고 탈곡하여 생두를 얻는 방법이다.

② 내추럴 방식으로 가공된 커피는 결점두의 발생률이 낮다.

③ 세미 워시드와 워시드 가공방식의 차이는 커피체리의 외피를 그대로 또는 제거해서 건조하는지의 여부에 따른다.

✔ **워시드 방식으로 가공된 커피는 보다 깔끔하고 깨끗한 산미를 보인다.**

> **해설**
> ④ 워시드 방법은 균일한 커피 생산이 가능하며 커피의 신맛과 좋은 향이 특징이다.
> ① 펄프드 내추럴법은 물에 가볍게 씻고 체리의 껍질을 제거한 후 파치먼트를 그대로 건조시켜 커피의 점액질이 생두에 흡수되게 하는 방법이다.
> ③ 세미 워시드법은 건식법과 습식법이 합쳐진 형태이다.

06 다음 중 커피를 식물학적으로 설명한 것으로 적절한 것은?

① 커피의 원산지는 가이아나에서 브라질로 옮겨 심어진 후 생산량이 증대했다.

② 유기질이 풍부한 화산성 토지나 배수가 잘되지 않는 토양이 재배에 적합하다.

③ 커피나무의 잎 뒷면은 짙은 녹색을 띠며 광택이 난다.

✔ **로부스타종의 카페인 함량이 아라비카종보다 많다.**

> **해설**
> 카페인은 로부스타종(1.7~4%)이 아라비카종(0.8~1.4%)보다 더 많이 함유되어 있다.

07 다음 중 SCA에서 분류한 커피 향기의 종류에서 효소 작용군에 해당되는 것이 아닌 것은?

① Fruity ✔ **Chocolaty**

③ Flowery ④ Herbal

> **해설**
> Chocolaty는 갈변화 반응군에 해당된다.

08 다음은 아라비카와 로부스타를 비교 정리한 표이다. 보기 중 틀린 부분은 어디인가?

	구분	아라비카	로부스타
㉠	원산지	에티오피아	콩고
㉡	분류등록	1753년	1895년
㉢	염색체 수	22개(2배체)	44개(4배체)
㉣	번식	자가수분	타가수분

① ㉠ ② ㉡

✔ ㉢ ④ ㉣

> **해설**
> 염색체 수는 아라비카종 44개(4배체), 로부스타종 22개(2배체)이다.

09 다음 중 커피열매에 대한 설명으로 잘못된 것은?

① 실버스킨은 생두를 감싸고 있는 얇은 반투명 껍질을 말한다.

② 커피열매는 형태학적으로 분류하면 핵과에 속한다.

✔ **점액질은 생두와 실버스킨 사이에 존재하는 과육이다.**

④ 커피체리는 과육, 점액질, 파치먼트, 은피, 생두의 구조로 이루어져 있다.

> **해설**
> 점액질은 파치먼트 밖을 에워싸고 있다.

10 다음 ( ) 안에 들어갈 말이 순서대로 짝지어 진 것은?

> 생두의 표면을 감싸고 있는 얇은 껍질을 ( )(이)라 하고 생두의 가운데 파인 홈 을 ( )(이)라고 부른다.

① 펄프, 파치먼트
② 실버스킨, 펄프
✔ 실버스킨, 센터 컷
④ 파치먼트, 센터 컷

해설
생두를 감싸고 있는 은색의 얇은 막을 실버스킨이라 하고, 생두 가운데 나 있는 S자 형태의 홈을 센터 컷이라 한다.

---

11 그늘재배에 대한 설명으로 잘못된 것은?

① 커피나무에 강한 햇볕과 열을 차단해 주기 위해 다른 나무를 커피나무 주위에 함께 심 어 재배하는 방식을 말한다.
✔ 그늘재배 방식으로 생산된 커피를 선 커피 (Sun Coffee)라고 부른다.
③ 그늘재배를 위해 심는 나무를 셰이드 트리 (Shade Tree)라고 한다.
④ 셰이딩은 수분 증발을 막아주고 일교차를 완 화시켜 준다.

해설
햇살 아래에서 그대로 재배하는 방식으로 만들어진 커피를 선 그로운 커피(Sun Grown Coffee)라고 하고, 그늘재배 방식으로 만들어진 커피를 셰이드 그로운 커피(Shade Grown Coffee)라고 한다.

---

12 다음 중 생두의 크기로 커피 등급이 분류되는 나라가 아닌 것은?

① 하와이
② 콜롬비아
✔ 온두라스
④ 탄자니아

해설
과테말라, 엘살바도르, 코스타리카, 온두라스, 멕시코 등 은 생산고도에 의해 분류한다.

---

13 다음 중 커피 품종에 대한 설명이 잘못 연결된 것은?

① 문도노보 – 버번과 티피카의 자연 교배종
② 카투아이 – 문도노보와 카투라의 교배종
③ 마라고지페 – 아라비카와 리베리카의 교배종
✔ 카투라 – 티피카의 돌연변이종

해설
티피카의 돌연변이종은 버번(Bourbon)이다.

---

14 다음 설명 중 틀린 것은?

① 너셔리(Nursery) – 묘목을 기르는 시설
✔ 스크린 사이즈(Screen Size) – 커피를 수확 하여 체리 상태로 측정한 크기
③ 노크 박스(Knock Box) – 에스프레소 추출 후 발생한 케이크를 버리는 통
④ 패킹 매트(Packing Mat) – 탬핑작업 시 포 터필터 밑에 까는 매트

해설
스크린 사이즈는 커피의 크기를 분류하는 단위로 크기에 따라 구멍이 뚫려 있는 도구이다.

15 커피 생산국가와 대표적인 커피 생산지역이 잘못 연결된 것은?

① 멕시코 – 치아파스(Chiapas)

② 자메이카 – 블루마운틴(Blue Mountain)

③ 브라질 – 미나스제라이스(Minas Gerais)

☑ **온두라스 – 마타리(Mattari)**

<u>해설</u>
마타리(Mattari)는 예멘이다.

16 다음 중 도징(Dosing)에 대해 바르게 설명하고 있는 것은?

① 분쇄된 커피를 포터필터에 채우고 다지는 행위를 말한다.

☑ **커피 그라인더에 적절한 굵기의 커피를 분쇄한 다음 배출 레버의 작동으로 일정한 양의 분쇄 커피가 배출되도록 하는 동작을 말한다.**

③ 호퍼에 원두를 담아 그라인딩을 준비하는 동작을 말한다.

④ 그라인더를 작동시켜 원두를 갈아내는 동작을 말한다.

<u>해설</u>
에스프레소 추출과정
• 도징 : 그라인더에서 원두를 포터필터에 담는 것
• 레벨링 : 포터필터에 담긴 원두를 정돈하는 작업
• 탬핑(패킹) : 정돈된 원두를 눌러 압축을 시켜 주는 것
• 태핑 : 탬핑 후 탬퍼가 누른 테두리에 남는 원두를 정리하는 것(최근에는 하지 않음)

17 다음은 커피 생산국 중 어느 나라를 설명한 것인가?

생두의 재배고도에 의해 커피 등급을 분류하는 대표적인 나라로, 주로 태평양 연안지역에서 커피를 생산하고 있으며 우기와 건기가 명확해 수확이 용이하다. 주요 산지로 안티구아(Antigua), 코반(Coban) 등이 있다.

① 동티모르   ☑ **과테말라**

③ 예멘   ④ 엘살바도르

18 다음 중 생두를 로스팅할 때 가장 많이 변화(감소)되는 성분은?

☑ **수분**   ② 지방

③ 향미 성분   ④ 과당

<u>해설</u>
로스팅 시 생두 안에 있던 수분이 가장 많이 감소한다.

19 다음 중 로스팅에 대한 설명으로 틀린 것은?

① 로스팅은 생두를 볶는 일련의 과정을 지칭하며, 방식에 따라 직화식, 반열풍식, 열풍식으로 크게 나눌 수 있다.

② 열에 의해 조직이 파괴되면서 생두의 화학적, 물리적 변화가 생긴다.

③ 로스팅 머신의 열원은 가스(LPG), 전기, 화목(숯) 등이 있다.

☑ **강도별 8단계 분류의 순서는 시나몬 – 라이트 – 하이 – 시티 – 미디엄 – 풀시티 – 이탈리아 – 프렌치 순이다.**

<u>해설</u>
로스팅 강도 : 라이트(Light) – 시나몬(Cinnamon) – 미디엄(Medium) – 하이(High) – 시티(City) – 풀시티(Full City) – 프렌치(French) – 이탈리안(Italian) 순으로 강하다.

20 다음 중 댐퍼(Damper)의 역할과 가장 거리가 먼 것은?

① 실버스킨을 드럼통 외부로 배출하는 역할을 한다.

② 드럼 내부 공기의 흐름을 조절하는 역할을 한다.

☑ **드럼 내부의 수분을 일정하게 유지시키는 역할을 한다.**

④ 드럼 내부의 열량을 조절하는 역할을 한다.

<u>해설</u>
댐퍼의 기능 : 배기기능, 드럼 내 산소 공급, 드럼 내 온도·열량 조절

21 로스팅 단계에서 원두의 부피가 가장 커지는 단계는?

① Light Roast
② Full City Roast
③ Medium Roast
✔④ Italian Roast

부피는 로스팅 단계가 강할수록 커진다.

22 다음 생두 가공방법의 설명에서 (   ) 안에 들어갈 내용이 순서대로 바르게 짝지어진 것은?

> 파치먼트 상태로 가공되는 방식을 (   )이라 하고, 체리 상태로 가공되는 방식을 (   )이라 한다.

① 건식법 – 습식법
② 건식법 – 내추럴법
③ 습식법 – 세미 워시드법
✔④ 습식법 – 건식법

• 습식법 : 점액질을 제거하는 발효과정을 거치며 파치먼트 상태로 건조시킨다.
• 건식법 : 수확한 후 펄프를 제거하지 않고 체리를 그대로 건조시키는 방법이다.

23 다음 중 생두를 로스팅할 때 발생되는 현상이 아닌 것은?

① 부피가 증가한다.
② 수분의 증발과 감소가 발생한다.
③ 질량이 감소한다.
✔④ 밀도가 증가한다.

생두를 로스팅하면 무게와 밀도는 감소한다.

24 다음 중 로스팅에 따른 맛의 변화를 바르게 설명하고 있는 것은?

① Light Roast일수록 쓴맛이 강하다.
② Light Roast일수록 신맛이 약하다.
③ Dark Roast일수록 신맛이 강하다.
✔④ Dark Roast일수록 쓴맛이 강하다.

다크 로스트일수록 쓴맛이 강해지고 라이트 로스트일수록 신맛이 강해진다.

25 저온-장시간 로스팅된 커피의 특징에 대한 설명 중 틀린 것은?

① 가용성 성분이 적게 추출된다.
② 신맛이 약하고 뒷맛이 텁텁하다.
✔③ 230~250℃의 온도에서 로스팅한다.
④ 15~20분 정도로 긴 시간 동안 로스팅한다.

③은 고온-단시간 로스팅의 설명이다.

26 다음은 로스팅 단계를 도표로 분류한 것이다. ㉠, ㉡에 들어갈 단어로 올바른 것은?

타일 넘버	SCA 단계별 명칭	로스팅 단계	명도(L값)
#95	Very Light	Light	30.2
#85	㉠	Cinnamon	27.3
#75	Moderately Light	㉡	24.2
#65	Light Medium	High	21.5

✔① ㉠ Light, ㉡ Medium
② ㉠ Light, ㉡ Full City
③ ㉠ Medium, ㉡ City
④ ㉠ Medium, ㉡ Full City

27 다음 중 커피를 블렌딩할 때 고려해야 할 사항이 아닌 것은?

① 로스팅 단계를 파악하고 특징별로 분류해야 한다.

② 생두를 특성별로 분류해야 한다.

③ 사용하는 생두의 안정적인 재고 확보와 관리에 신경써야 한다.

✅ **생두는 품질이 뛰어난 상품의 품종만 사용한다.**

> **해설**
> 단가를 맞추거나 낮추기 위해 저렴한 생두(로부스타종)를 블렌딩하기도 한다.

28 블렌딩 방식 중 고온-단시간 로스팅된 커피의 특징으로 틀린 것은?

① 신맛이 강하고 뒷맛이 깨끗한 커피가 된다.

② 저온-장시간 로스팅된 커피보다 가용성 성분이 10~20% 더 추출된다.

③ 상대적으로 팽창이 커 밀도가 낮다.

✅ **한 잔당 커피 사용량을 10~20% 더 쓰게 되어 비경제적이다.**

> **해설**
> 고온-단시간 로스팅이 한 잔당 커피를 10~20% 덜 쓰게 되어 경제적이다.

29 다음 중 특성이 서로 다른 커피를 혼합하여 새로운 맛과 향을 가진 커피로 만드는 작업은?

✅ **블렌딩(Blending)**

② 스트레이트(Straight)

③ 에이징(Aging)

④ 컴바인(Combine)

> **해설**
> 블렌딩은 서로 다른 커피를 혼합하여 새로운 특성의 커피를 만드는 것이다.

30 다음 중 특성이 다른 커피를 각각 로스팅한 후 혼합하는 블렌딩 방법은?

① Blending Before Roasting

✅ **Blending After Roasting**

③ Blending With Roasting

④ Blending Ahead Roasting

> **해설**
> • 단종배전(Blending After Roasting) : 각각의 커피콩을 로스팅한 후 섞는 방법
> • 혼합배전(Blending Before Roasting) : 기호에 따라 미리 정해 놓은 생두를 혼합하여 동시에 로스팅하는 방법

31 다음 중 로스팅 방식에 따른 분류가 아닌 것은?

① 직화식   ② 열풍식

③ 원적외선   ✅ **수세식**

> **해설**
> 로스팅 방식은 직화식, 열풍식, 반열풍식, 원적외선, 마이크로파, 고압을 이용한 방법 등이 있다. 수세식은 커피가공법이다.

32 로스팅이 진행되는 과정에서 샘플러(Sampler)를 통해 확인할 수 없는 것은?

① 커피콩의 향기 변화과정

② 원두 색의 변화과정

✅ **맛과 성분이 변화하는 과정**

④ 원두 모양이 변화하는 과정

> **해설**
> 맛과 성분은 추출을 통해서만 확인할 수 있다.

33 커피 샘플의 향과 맛의 특성을 체계적으로 평가하는 것을 무엇이라 하는가?

① Cup   ② Cupper

✔ Cupping   ④ Coaster

해설

커피 샘플의 맛과 향의 특성을 체계적으로 평가하는 것을 커핑(Cupping)이라고 하며, 이런 작업을 전문적으로 수행하는 사람을 커퍼(Cupper)라고 한다.

34 생두에 있는 당 성분이 고온으로 로스팅될 때 열분해 또는 산화과정을 거쳐 변화하는 것은?

① 말산반응   ✔ 캐러멜화 반응

③ 메일라드 반응   ④ 순간반응

해설

생두의 자당이 가열되면서 열분해 또는 산화과정을 거쳐 캐러멜화한다.

35 다음 중 로스팅 방법에 대한 설명으로 알맞은 것은?

① 저온 로스팅 – 저온에서 짧은 시간에 로스팅하는 방법

② 혼합 로스팅 – 생두를 단종별로 로스팅한 후 섞는 방법

③ 더블 로스팅 – 단 한 번의 로스팅으로 끝내는 방법

✔ 고온 로스팅 – 고온으로 짧은 시간에 로스팅하는 방법

해설

① 저온 로스팅은 저온으로 긴 시간에 걸쳐 로스팅하는 방법이다.
② 혼합 로스팅은 생두를 섞어 한 번에 로스팅하는 방법을 말한다.
③ 더블 로스팅은 두 번에 걸쳐서 로스팅하는 방법이다.

36 다음 중 원두 변질의 주요 원인 성분은?

✔ 커피 오일

② 커피의 카페인

③ 커피의 향기

④ 커피의 결점두

37 수망 로스팅에 대한 설명으로 옳지 않은 것은?

① 로스팅 전에 결점두를 최대한 제거한다.

✔ 원하는 단계에 도달했을 때 로스팅을 멈추고 서서히 냉각시킨다.

③ 생두에 열을 골고루 잘 전달하기 위해 상하좌우로 흔들어 준다.

④ 원하는 포인트가 오기 전에 화력을 조절하고 포인트에 도달하면 불을 꺼 준다.

해설

② 복사열에 의한 로스팅이 계속 진행될 수 있으므로 냉각은 신속하게 해야 한다.

38 커피 추출 시 발생되는 현상에 대해 잘못 설명하고 있는 것은?

✔ 커피 입자 안에 스며든 물은 가용성 성분을 용해시킨 후 다시 커피 입자 안으로 집어 넣는다.

② 갓 볶은 커피일수록 추출 중 더 많은 이산화탄소를 방출한다.

③ 커피 추출은 난류의 원리를 이용한다.

④ 커피 입자 밖으로 용출된 성분을 물을 이용해 뽑아내는 과정을 거친다.

해설

① 물이 분쇄된 입자 속으로 스며들어 가용성 성분을 용해하고, 용해된 성분들은 커피 입자 밖으로 용출되는 과정을 거친다.

39 로스팅이 진행되는 과정 중 고온의 열로 인한 건열반응으로 생성되며 원두 안에 든 가스의 대부분을 차지하는 것은?

① 질소　　　　② 산소
✓ 이산화탄소　④ 일산화탄소

해설
로스팅이 끝나면 생두 1g당 2~5mL의 가스가 발생하며 그중 87%는 이산화탄소다. 이산화탄소는 향기 성분이 공기 중의 산소와 접촉하는 것을 막아준다.

40 다음 커피의 성분 중 갈변반응을 통해 원두가 갈색을 띠게 하고, 플레이버와 아로마 물질을 형성하게 만드는 물질은 무엇인가?

① 지방　　　　② 카페인
③ 탄수화물　　✓ 자당

해설
당류 중 가장 많은 자당(Sucrose)은 갈변반응을 통해 원두가 갈색을 띠게 하고, 플레이버와 아로마 물질을 형성하며 로스팅 후 대부분 소실된다.

41 커피의 맛과 향을 내는 아로마와 깊은 관계가 있으면서 로부스타보다 아라비카에 더 많이 들어 있는 성분은?

① 카페인　　　② 지방산
✓ 지질　　　　④ 탄수화물

해설
지질은 생두 내부뿐만 아니라 표면에도 왁스 형태로 소량 존재하며 열에 안정적이어서 로스팅에 따라 큰 변화를 보이지 않는다. 전체 성분 중 지질은 아라비카 15.5% 정도, 로부스타는 9.1% 정도 함유되어 있다.

42 볶은 원두를 신선하게 보존하는 데 있어 고려해야 할 사항이 아닌 것은?

① 온도
✓ 생두의 원산지
③ 수분과의 접촉
④ 산소와의 접촉

해설
원두가 산소, 열기, 습기, 빛 등과 결합되면 산패가 일어난다.

43 커피를 마실 때 느껴지는 향기와 맛의 복합적인 느낌을 나타내는 용어는?

① Body　　　② Finish
✓ Flavor　　④ Mouthfeel

해설
커피의 향기와 맛의 복합적인 느낌을 플레이버(Flavor, 향미)라고 한다.

44 커피의 무기질 성분 중 가장 높은 비율을 차지하는 것은?

✓ 칼륨(K)　　② 인(P)
③ 나트륨(Na)　④ 칼슘(Ca)

해설
커피에 함유되어 있는 무기질 중 칼륨이 약 40%로 가장 많고, 그 밖에 인(P), 칼슘(Ca), 망가니즈(Mn), 나트륨(Na) 등이 존재한다.

45 다음 중 커피의 바디감과 직접적인 관련이 없는 성분은?

① 지질　　　　② 미세섬유
③ 오일　　　　✓ 카페인

해설
카페인은 바디감과 관련이 없다.

46 카페에서 많이 사용하는 잔 받침(Coaster)에 대해 잘못 설명하고 있는 것은?

① 유리로 만든 컵의 밑받침이다.
② 브랜드의 로고 등을 넣어 인쇄물로서의 광고 효과도 있다.
☑ 냅킨 대신으로 많이 사용되고 있다.
④ 많이 훼손되지 않으면 재사용도 가능하다.

해설
잔 받침(코스터)은 딱딱한 재질이라 냅킨 대용으로 사용할 수 없다.

47 로스팅 과정에서 변화하는 생두의 반응에 대해 잘못 설명하고 있는 것은?

① 수분은 13% 내외에서 1~5% 정도로 감소한다.
② 생두의 당분은 로스팅 과정에서 점점 증가한다.
③ 생두의 섬유소는 로스팅 과정에서 점점 감소한다.
☑ 로스팅 시 발생하는 대부분의 가스는 질소와 일산화탄소이다.

해설
로스팅 시 발생하는 가스의 87% 정도는 이산화탄소이다.

48 스페셜티커피협회(SCA)에서 제시하는 커핑 시 적정한 물과 커피의 비율로 올바른 것은?

① 120mL – 7g
② 120mL – 7.5g
③ 140mL – 8.0g
☑ 150mL – 8.25g

해설
커핑 시 물 150mL(약 5oz)당 커피 8.25g의 비율로 하며, 샘플당 5컵을 준비한다. 물과 커피의 양은 같은 비율에 따라 양 조절이 가능하다.

49 카페의 매출 증대를 위한 마케팅 방법 중 하나인 '해피아워(Happy Hour)'에 대해 바르게 설명한 것은?

① 종사원 휴식의 시간
② 영업 준비시간
☑ 가격 할인 시간대
④ 특별 세트메뉴 행사

해설
해피아워는 일정한 시간을 정해 놓고 가격을 할인해 주는 것을 말한다.

50 다리(Stem)가 있는 유리잔에서 다리의 기본적인 용도는 무엇인가?

① 잔을 씻을 때 편리하게 하기 위해
② 장식으로 사용하기 위해
③ 보관을 간편하게 하기 위해
☑ 유리잔이 놓인 테이블과 손의 열이 음료에 전달되는 것을 방지하기 위해

해설
열이 전달되는 것을 방지하기 위해 다리를 만든다.

제 11 회 최종모의고사

01 커피의 생육 조건에 대한 내용 중 맞는 것은?

① 커피는 열대나 아열대에서 자라는 식물이므로 일조량이 많을수록 좋다.

② 아라비카종보다 로부스타종의 재배 환경이 더 까다롭다.

☑ **커피나무의 경제적인 수명은 약 20~30년이다.**

④ 커피는 겨울이 있는 북반구 지역에서도 재배가 가능하다.

> **해설**
> 커피나무의 수명은 50~70년 정도이지만 경제적인 수명은 20~30년이다.

02 아라비카종과 로부스타종을 비교 설명한 내용으로 적절하지 않은 것은?

① 아라비카는 고지대에서, 로부스타는 저지대에서 주로 재배된다.

☑ **아라비카종은 성장속도가 빠르고, 로부스타종은 병충해에 약하다.**

③ 아라비카종과 로부스타종 모두 꽃잎은 흰색이다.

④ 아라비카 최대 생산국은 브라질이며 로부스타 최대 생산국은 베트남이다.

> **해설**
> 아라비카는 성장속도는 느리지만 맛과 향이 우수하며, 로부스타는 병충해에 강하다.

03 생두의 가공방법 중 하나인 건식법에 대해 바르게 설명하고 있는 것은?

① 물이 풍부한 나라에서 주로 사용하는 가공법이다.

☑ **비가 많고 습도가 높은 커피 생산국에서는 건조과정 중 발효의 위험성이 높아 사용하지 않는다.**

③ 건식법을 사용하는 대표적인 나라는 남미의 콜롬비아이다.

④ 체리를 수확한 후 과육을 제거하는 펄핑과정을 거친다.

> **해설**
> ① 전통적인 가공법으로 물이 부족하거나 햇빛이 좋은 지역에서 주로 이용하는 방법이다.
> ③ 브라질, 에티오피아, 인도네시아에서 사용한다.
> ④ 수확한 후 펄프를 제거하지 않고 체리를 그대로 건조시키는 방법으로 펄핑과정을 거치지 않는다.

04 다음 중 생두에 대해 잘못 설명하고 있는 것은?

① 생두는 짙은 청록색일수록 품질이 좋다.

② 생두의 수분 함량이 8% 이하이면 수확된 지 오래된 커피로 볼 수 있다.

③ 생두는 오래될수록 품질이 떨어진다.

☑ **생두의 단단한 정도는 밀도로 표시할 수 있는데 저지대의 온난한 기후에서 자란 커피일수록 밀도가 높다.**

> **해설**
> 고지대에서 생산된 커피일수록 생두의 밀도가 높고 깊은 맛과 향을 지닌다.

05 아라비카와 로부스타 모두 경작하며 영국 황실에서 즐겨마시는 킬리만자로(Kilimanjaro)로 유명한 나라는?

☑ **탄자니아**   ② 케냐

③ 인도   ④ 베트남

06 다음 중 커피 품질 등급을 나누는 기준이 다른 나라는?

① 과테말라   ☑ **콜롬비아**

③ 엘살바도르   ④ 멕시코

해설
콜롬비아, 하와이, 탄자니아, 케냐는 생두 사이즈에 의해 분류하며, 과테말라, 엘살바도르, 코스타리카, 온두라스, 멕시코 등은 생산고도에 의해 분류한다.

07 다음 중 타라주(Tarrazu)에 대한 설명으로 옳은 것은?

☑ **강한 신맛과 감칠맛, 향미가 균형 있게 조화를 이루는 부드러운 커피이다.**

② 내추럴 커피의 대표 상품이다.

③ 엘살바도르의 화산지대에서 재배되는 커피의 일종이다.

④ 커피의 품질이 균일한 제품에 붙는 등급의 일종이다.

해설
타라주(Tarrazu)는 코스타리카의 대표 커피로 강한 신맛과 감칠맛, 와인의 향미가 균형을 잘 이룬 것이 특징이다.

08 이탈리아의 비알레티(Bialetti)에 의해 탄생하였으며 가정에서 손쉽게 에스프레소를 즐길 수 있게 고안된 커피도구는?

① 콜드브루   ② 사이펀

☑ **모카포트**   ④ 케멕스

해설
모카포트는 불 위에 올려놓고 추출하므로 'Stove-top espresso maker'라고도 한다.

09 커피가 가지고 있는 알칼로이드 성분 중 카페인의 약 25% 정도의 쓴맛을 내며, 열에 불안정해 로스팅에 따라 급속히 감소하는 성분은?

① 페놀류   ☑ **트라이고넬린**

③ 말산   ④ 카페인

해설
트라이고넬린은 카페인의 약 25% 정도의 쓴맛을 낸다. 열에 불안정하기 때문에 로스팅에 따라 급속히 감소한다.

10 다음 중 커피의 색상과 관계가 없는 것은?

☑ **카페인**   ② 캐러멜

③ 멜라노이딘   ④ 클로로겐산

해설
②, ③, ④는 커피의 갈변반응과 관련이 있다.

11 다음 중 커피나무에서 카페인을 함유하고 있는 것으로 바르게 짝지어진 것은?

① 나뭇잎 – 나무줄기

② 나무껍질 – 나무줄기

③ 나무뿌리 – 생두

☑ **나뭇잎 – 생두**

해설
카페인은 생두와 나뭇잎에만 존재한다.

12 커피 향의 강도를 나타내는 용어 중에서 풍부하지만 강도가 약한 향기를 나타내는 것은?

① Rich　　　　　② Strong
✔ **Full**　　　　　④ Flat

> **해설**
> 향기의 강도
> • Rich : 풍부하면서 강한 향기
> • Full : 풍부하지만 강도가 약한 향기
> • Rounded : 풍부하지도 않고 강하지도 않은 향기
> • Flat : 향기가 없을 때

13 스페셜티커피협회(SCA)에서 제시하는 커핑의 샘플 준비 중 로스팅 정도는 SCA 로스트 타일 기준 얼마 정도가 되어야 하는가?

① #25　　　　　✔ **#55**
③ #35　　　　　④ #95

> **해설**
> 로스팅 정도는 라이트에서 라이트 미디엄 사이가 되도록 하며, 이는 로스트 타일 #55에 해당하는 수치다.

14 다음 중 피베리(Peaberry)에 대한 설명으로 틀린 것은?

① 스크린 사이즈 13 이하로 분류한다.
✔ **결점두로 취급되어 거래되지 않는 생두다.**
③ 커피체리 하나에 한 개만 들어 있는 동그란 생두를 말한다.
④ 커피나무의 가지 끝에 매달린 커피체리에 주로 발생하는 경향이 있다.

> **해설**
> 피베리는 하나의 체리 안에 두 개가 아닌 한 개가 들어 있는 커피콩으로, 전체 생산량의 5~10% 정도로 희귀해 별도로 구분하여 높은 가격에 거래된다.

15 다음 생두의 등급에 관한 용어 중 품질 정보와 가장 거리가 먼 것은?

✔ **품종**　　　　　② 재배고도
③ 결점두 수　　　　④ 크기

> **해설**
> 생두는 크기, 재배고도, 결점두에 의해 분류된다.

16 비옥한 화산지대와 이상적인 기후조건을 갖추고 있어 생산 규모는 작지만 뛰어난 품질의 커피를 생산하고 있으며 산타아나(Santa Ana)가 최대 재배지역인 나라는?

✔ **엘살바도르**　　② 파나마
③ 도미니카　　　　④ 멕시코

17 커피의 맛을 감별하기 위한 기본적인 미각이 아닌 것은?

✔ **쓴맛**　　　　　② 단맛
③ 신맛　　　　　④ 짠맛

> **해설**
> 쓴맛은 단맛, 신맛, 짠맛의 강도를 왜곡시킨다.

18 디카페인 커피에 대한 설명으로 틀린 것은?

✔ **카페인이 100% 제거된 커피이다.**
② 가공과정 중 향미 손실이 발생한다.
③ 가공 중 생두조직에 손상을 입힐 수 있다.
④ 물, 이산화탄소를 이용하여 카페인을 제거한다.

> **해설**
> 디카페인 처리를 한다고 해서 카페인을 100% 제거할 수 있는 것은 아니다.

19 커피에 추출된 성분의 비율을 무엇이라 하는가?

① 성분 수율
② 실제 비율
✓ **추출 수율**
④ 가용 수율

해설
커피의 가용성분 중 실제로 커피에 추출된 성분의 비율을 추출 수율이라고 한다.

20 커피 추출에 사용되는 물에 대한 설명으로 옳지 않은 것은?

① 신선하고 냄새가 나지 않는 물이 좋다.
② 로스팅 강도에 따라 물의 온도를 다르게 하는 것이 좋다.
③ 불순물이 적거나 없어야 한다.
✓ **200ppm 이상의 미네랄이 함유되어 있는 물이 좋다.**

해설
50~100ppm의 무기물이 함유된 물이 추출에 적당하다.

21 다음 중 페이퍼 드립과 상관없는 도구는?

✓ **포터필터**
② 드리퍼
③ 페이퍼 필터
④ 드립포트

해설
포터필터는 에스프레소용 추출도구다.

22 커피를 추출하는 물과 커피의 비율에 대해 잘못 설명하고 있는 것은?

✓ **SCA에 따르면 추출 수율이 28~33%이고 농도가 1.15~1.35%일 때 커피가 가장 맛있다.**
② 92~96℃의 뜨거운 물 1L로 52~65g의 신선한 커피를 사용하여 추출한다.
③ 커피에 사용되는 물은 깨끗해야 한다.
④ 일반적으로 50~100ppm의 무기물이 함유된 물이 추출에 적당하다.

해설
SCA의 기준에 따르면 추출 수율이 18~22%이고 농도가 1.15~1.35%일 때 커피가 가장 맛있는 상태이다.

23 향미가 좋은 커피를 마시기 위한 설명으로 잘못된 것은?

① 홀빈 상태의 커피를 추출하기 바로 직전에 분쇄해 사용한다.
✓ **한 번에 많은 양을 구매하여 소분해서 햇볕이 잘 드는 곳에 보관한다.**
③ 추출된 커피는 가급적 식기 전에 마신다.
④ 커피는 산소를 차단하고 볕이 들지 않는 서늘한 곳에 보관한다.

해설
한 번에 많은 양을 구매하지 않고 일주일 정도의 소비 분량만 구매한다.

24 가장 오래된 추출방법으로 커피 입자를 에스프레소보다 가늘게 분쇄한 후 체즈베로 커피를 달여서 추출하는 방식은?

① 미국식 커피   ② 이탈리아식 커피
③ 프랑스식 커피   ✓ **터키식 커피**

해설
터키식 커피는 여과를 하지 않으므로 커피 입자를 에스프레소보다 더 가늘게 분쇄한다.

25 잘 추출된 에스프레소의 맛에 대해 잘못 설명하고 있는 것은?

✔ 지속적으로 길게 느껴지는 강렬한 쓴맛
② 부드러운 크레마
③ 깊고 중후한 바디감
④ 단맛과 신맛이 어우러진 균형 잡힌 맛

해설
기분 나쁘게 강렬한 쓴맛은 잘 추출된 맛이 아니다.

26 다음 중 에스프레소 머신의 종류와 설명이 잘못된 것은?

✔ 수동식 머신 – 모터의 힘에 의해 피스톤을 작동하여 추출하는 방식
② 반자동 머신 – 별도의 그라인더를 통해 분쇄를 한 후 탬핑을 하여 추출하는 방식
③ 자동 머신 – 탬핑작업을 하여 추출을 하나 메모리칩이 장착되어 있어 물량을 자동으로 세팅할 수 있는 방식
④ 완전자동 머신 – 그라인더가 내장되어 있어 별도의 탬핑작업 없이 메뉴 버튼의 작동으로만 추출하는 방식

해설
수동식 머신은 사람의 힘에 의해 피스톤을 작동시킨다.

27 다음 중 커피의 산패에 대해 바르게 설명하고 있는 것은?

① 부패와 산패는 같은 뜻이다.
② 습도와 결합하여 커피가 썩는 것을 말한다.
③ 산소가 결합되어야 좋은 맛과 향을 낸다는 의미이다.
✔ 공기 중의 산소와 결합되어 산화되는 것이다.

해설
산패는 공기 중의 산소와 결합되어 맛과 향이 변화하는 것을 말한다.

28 에스프레소 추출 전 물 흘리기를 하는 이유가 아닌 것은?

① 물의 온도를 조절하기 위해서다.
✔ 뜸 들이기를 하기 위해서이다.
③ 그룹헤드의 이물질을 제거하기 위해서다.
④ 추출 온도를 점검하기 위해서다.

해설
에스프레소 추출 전 물 흘리기를 하는 이유
• 물의 온도를 조절하기 위해
• 그룹헤드의 이물질을 제거하기 위해
• 추출 온도를 점검하기 위해

29 원두의 품질을 유지시키기 위한 포장 기술에 해당되지 않는 것은?

① 가스치환 포장　　✔ 탈취형 포장
③ 진공포장　　④ 밸브포장

해설
커피의 향기 성분 보존을 위해 탈취형 포장을 하면 안된다.

30 커피의 맛에 대해 잘못 설명하고 있는 것은?

① 단맛은 온도가 낮아지면 상대적으로 강해진다.

② 쓴맛을 내는 성분은 카페인, 트라이고넬린, 퀸산 등이다.

③ 로스팅을 강하게 하면 새로운 쓴맛 성분이 생성되므로 쓴맛이 점차 강해진다.

④ **신맛은 주로 혀의 맨 앞쪽 끝부분에서 느껴지는 경우가 많다.**

해설
신맛은 혀의 측면에서 주로 느껴진다.

31 다음 중 알코올이 들어간 카페 메뉴는?

① 카페모카(Cafe Mocha)

② **카페 코레토(Cafe Corretto)**

③ 카페 프레도(Cafe Freddo)

④ 카푸치노(Cappuccino)

해설
카페 코레토는 코냑 등의 알코올이 들어간 에스프레소 메뉴이다.

32 다음 중 우유의 영양적 가치를 설명한 것으로 잘못된 것은?

① 유당이 풍부하게 함유되어 있다.

② 지방, 단백질 등이 풍부하게 함유되어 있어 영양가가 높다.

③ 유당이 함유되어 있어 우유에 감미를 부여한다.

④ **함유된 칼슘의 양이 적다.**

해설
우유는 칼슘의 보고라 불릴 만큼 칼슘이 풍부하게 함유되어 있다.

33 카페 메뉴를 만드는 커피 크림으로 가장 적합한 것은?

① **균질 크림**

② 비균질 크림

③ 활성 크림

④ 비활성 크림

해설
우유 지방구를 기계적 처리에 의해 작은 지방구로 파괴하여 우유에 균일하게 분산되는 것을 '균질'이라 한다. 유지방을 균질화해서 유지방이 부상하고 크림 라인이 형성되는 것을 방지한다.

34 다음 중 커핑 시 커피의 향을 인식하는 순서대로 바르게 나열한 것은?

① Aftertaste → Nose → Fragrance → Aroma

② Fragrance → Nose → Aroma → Aftertaste

③ Nose → Fragrance → Aroma → Aftertaste

④ **Fragrance → Aroma → Nose → Aftertaste**

해설
커핑 시 Fragrance → Aroma → Nose → Aftertaste 순으로 평가한다.

35 다음 중 분쇄된 커피 입자에서 나는 복합적인 향기를 무엇이라 하는가?

① Aftertaste

② **Fragrance**

③ Aroma

④ Body

해설
프래그런스(Fragrance)는 분쇄된 입자에서 나는 향기(Dry Aroma)를 말하며 주로 꽃향기가 난다.

36 다음 중 로스팅에 대한 설명으로 올바르지 못한 것은?

① 로스팅 전에 머신을 확인하고 점검사항을 체크한다.

② 로스팅 프로파일을 수립하고 투입 온도를 결정한다.

③ 생두의 종류, 특성, 투입량 등을 미리 점검한다.

☑ **로스팅 머신의 예열은 최대한 짧은 시간에 강한 화력으로 마치는 것이 좋다.**

해설
로스팅 머신의 예열은 약한 화력으로 천천히 하는 것이 좋다.

37 다음 중 원두의 산패가 진행됨에 따라 증가하는 성분은?

☑ **유리지방산**　　② 지질

③ 철분　　　　　　④ 트라이고넬린

해설
원두가 산패되면 유리지방산이 점차 증가한다.

38 다음 중 입안에 풍부하면서도 강한 향기를 지칭하는 말은?

① Cool　　　　　　☑ **Rich**

③ Shape　　　　　④ Flat

해설
풍부하면서도 강한 향기(Full & Strong)를 Rich라 한다.

39 다음 ( ) 안에 들어갈 말로 알맞은 것은?

> SCA 커핑 시 분쇄는 홀빈 상태에서 무게를 측정하여 입자가 US 기준 메시(Mesh) ( )을 ( )% 정도 통과할 크기로 한다.

① 10 – 50

② 15 – 60

☑ **20 – 75**

④ 30 – 85

해설
메시 20을 75% 통과할 크기로 해 준다. 분쇄한 후 향이 소실되지 않도록 컵에 뚜껑을 씌워 놓는다.

40 좋은 생두의 조건에 대해 바르게 설명하고 있는 것은?

☑ **생두는 크기가 크고, 밀도가 높고, 색은 밝은 청록색이며, 수분 함량이 13% 정도인 것이 좋다.**

② 생두는 크기가 작고, 밀도가 낮고, 색은 밝은 청록색이며, 수분 함량이 13% 정도인 것이 좋다.

③ 생두는 크기가 크고, 밀도가 높고, 색은 밝은 연노란색이며, 수분 함량이 15% 정도인 것이 좋다.

④ 생두는 크기가 크고, 밀도가 낮고, 색은 밝은 청록색이며, 수분 함량이 15% 정도인 것이 좋다.

41 카페에서 식기(글라스류)를 세척할 때 가장 위생적으로 세척할 수 있는 순서는?

　　✔ 식기세정제 → 더운물 → 찬물
　　② 찬물 → 식기세정제 → 더운물
　　③ 식기세정제 → 찬물 → 더운물
　　④ 찬물 → 더운물 → 식기세정제

해설
식기 세척 순서
• 도자기류 : 식기세정제 → 찬물 → 더운물
• 유리 글라스류 : 식기세정제 → 더운물 → 찬물

42 커피의 쓴맛에 대한 설명으로 틀린 것은?

　　① 카페인에 의해 생성되는 쓴맛은 10%를 넘지 않는다.
　　② 퀸산, 페놀화합물이 쓴맛의 주성분이다.
　　✔ 카페인을 제거한 디카페인 커피는 쓴맛이 나지 않는다.
　　④ 로스팅이 점차 진행될수록 쓴맛이 강해진다.

해설
카페인을 제거했더라도 트라이고넬린, 카페산, 퀸산, 페놀화합물 등에 의하여 쓴맛이 난다.

43 에스프레소 머신 가동 시 포터필터의 보관방법으로 적절한 것은?

　　① 에스프레소 머신의 워머에 보관한다.
　　✔ 그룹헤드에 장착한 상태로 보관한다.
　　③ 분리해서 테이블 위에 올려놓는다.
　　④ 물기 제거를 위해 설거지 통에 보관한다.

해설
온도 유지를 위해 그룹헤드에 장착해 두어야 한다.

44 다음 중 식중독 예방의 3대 원칙에 해당되지 않는 것은?

　　① 청결의 원칙
　　② 신속의 원칙
　　✔ 상온보관의 원칙
　　④ 냉각 또는 가열의 원칙

해설
식중독 예방의 3대 원칙
• 청결의 원칙 : 식품은 위생적으로 취급하여 세균오염을 방지하여야 하며 손을 자주 씻어 청결을 유지하는 것이 중요하다.
• 신속의 원칙 : 세균 증식을 방지하기 위하여 식품은 오랫동안 보관하지 않도록 하며 조리된 음식은 가능한 바로 섭취하는 것이 안전하다.
• 냉각 또는 가열의 원칙 : 조리된 음식은 5℃ 이하 또는 60℃ 이상에서 보관해야 하며 가열 조리가 필요한 식품은 중심부 온도가 75℃ 이상 되도록 조리해야 한다.

45 먼저 구입한 물건을 항상 선반 앞쪽에 진열하고 먼저 사용하는 방법은?

　　① 선입후출법
　　② 후입선출법
　　✔ 선입선출법
　　④ 후입후출법

해설
선입선출법(First In First Out) : 먼저 구입한 물건을 항상 앞쪽에 두고 먼저 사용하는 방법이다. 부패 또는 변질이 우려되는 식품을 먼저 구입한 것부터 사용할 수 있다.

46 다음 ( ) 안에 들어갈 말이 순서대로 짝지어진 것은?

> 커피 음료를 주문 받을 때에는 고객의 ( )에서 받고, 식음료 제공은 고객의 ( )에서 한다.

① 앞 – 왼쪽
② 앞 – 오른쪽
③ 오른쪽 – 왼쪽
✔ **왼쪽 – 오른쪽**

해설
주문은 고객의 왼쪽에서 받고, 식음료 제공은 오른쪽에서 한다.

47 카페에서 고객이 입장할 경우 좌석 안내 요령으로 부적절한 것은?

① 예약 손님일 경우 예약 테이블로 안내한다.
② 테이블이 없을 경우 웨이팅 룸에서 대기하도록 정중하게 말씀드린다.
③ 젊은 남녀 고객은 벽 쪽의 조용한 테이블로 안내한다.
✔ **남녀를 불문하고 혼자 방문한 고객은 어둡고 한적한 곳으로 안내한다.**

해설
1인 고객은 전망이 좋은 곳으로 안내하는 것이 좋다.

48 지진이 발생했을 때의 대처 요령으로 가장 적절한 것은?

① 충격에 의해 무너질 수 있으므로 기둥에서 멀리 떨어진다.
✔ **지진으로 인한 정전 발생 시 당황하지 말고 위험한 행동은 삼가며 상황이 진정되면 밖으로 대피한다.**
③ 지진이 발생하면 바로 탈출을 시도해야 한다.
④ 지진이 발생해도 엘리베이터는 큰 문제가 없으므로 재빨리 엘리베이터로 대피한다.

해설
충격에 대비해 기둥 및 손잡이 등의 고정물을 꽉 잡고 지진이 발생하면 벽면 혹은 책장 아래로 몸을 숨겨서 머리를 보호하고 상황이 안정되면 피신한다. 엘리베이터는 더 큰 사고를 초래할 수 있으므로 사용을 삼간다.

49 카페에서 매월 월말에 실시하는 인벤토리(Inventory) 조사는 어떤 조사인가?

✔ **재고량 조사**
② 매출액 조사
③ 고정비 조사
④ 순수익 조사

해설
재고량 조사를 인벤토리 조사라 부른다.

50 메르스(MERS) 증상이 의심될 때 자가 격리기간은 며칠인가?

① 5일　　　　② 9일
③ 10일　　　✔ **14일**

해설
자가 격리기간은 증상이 발생한 환자와 접촉한 날로부터 14일이다.

제 **12** 회 최종모의고사

01 커피 생산에 대해 바르게 설명하고 있는 것은?

① 지역별로는 중앙아메리카가 생산량이 가장 많다.

② 아라비카 커피는 전체 생산량의 40% 정도를 차지한다.

③ 콜롬비아가 세계 커피 생산 1위로 전체 커피 생산의 약 40%를 차지한다.

☑ **베트남은 브라질에 이어 커피 생산 2위이며 대부분 로부스타 커피를 생산한다.**

해설
① 남아메리카가 생산량이 가장 많다.
② 아라비카 커피는 전체 생산량의 60%를 차지한다.
③ 브라질이 커피 생산량 1위로 전체 생산량의 30%를 차지한다.

02 다음 중 커피하우스와 관련한 역사적 사실로 옳지 않은 것은?

① 1671년 프랑스 최초의 커피하우스가 마르세유에 문을 열었다.

② 1691년 미국 최초로 보스턴에 거트리지 커피하우스가 개장했다.

☑ **1686년 파리에 최초의 커피하우스 로이드 커피하우스가 개장하였다.**

④ 1679년 독일 최초의 커피하우스가 함부르크에 문을 열었다.

해설
1686년 파리에 최초의 커피하우스 카페 드 프로코프가 개장하였다.

03 원산지 에티오피아에서 커피가 전파되어 인류 최초로 경작을 시작한 나라는 어디인가?

① 인도   ☑ **예멘**

③ 네덜란드   ④ 인도네시아

04 다음 중 생두를 감싸고 있는 실버스킨에 가장 많이 함유되어 있는 물질은?

☑ **식이섬유질**   ② 지방산

③ 퀸산   ④ 아미노산

해설
실버스킨의 60% 정도가 식이섬유질이며 그중 수용성 섬유질은 약 14%이다.

05 다음 중 아라비카 주요 품종이 서로 잘못 연결된 것은?

① 티피카(Typica) – 현존하는 품종들의 모태가 되는 품종

② 버번(Bourbon) – 티피카의 돌연변이종으로 생두가 작고 둥근 편

☑ **문도노보(Mundo Novo) – 티피카의 돌연변이품종**

④ 카투라(Caturra) – 브라질에서 발견된 버번의 변이 품종

해설
문도노보(Mundo Novo) : 1931년 브라질에서 발견되었으며, 레드 버번(Red Bourbon)과 티피카(Typica) 계열의 수마트라(Sumatra)의 자연 교배종이다. 신맛과 쓴맛의 밸런스가 좋으며 맛이 재래종과 비슷하다.

06 커피체리의 과육을 제거하는 펄핑(Pulping)과정에서 사용되는 펄퍼의 종류가 아닌 것은?

① 디스크 펄퍼(Disc Pulper)
② 드럼 펄퍼(Drum Pulper)
③ 스크린 펄퍼(Screen Pulper)
✔ **로터리 펄퍼(Rotary Pulper)**

07 나폴레옹이 즐겨 마셨던 커피 메뉴로 브랜디가 들어간 음료는?

✔ **카페로열(Cafe Royal)**
② 카페오레(Cafe au Lait)
③ 카페 프레도(Cafe Freddo)
④ 카푸치노(Cappuccino)

> **해설**
> 카페로열은 '커피의 황제'로 불리며 브랜디를 이용하여 환상적인 분위기 연출이 가능하다.

08 다음 중 더블 에스프레소(Double Espresso)를 뜻하는 용어는?

① 트리플(Triple)
② 솔로(Solo)
✔ **도피오(Doppio)**
④ 룽고(Lungo)

> **해설**
> 도피오는 통상 Two Shot이나 Double Shot이라고도 한다.

09 다음 중 아라비카종의 특징에 대한 설명으로 맞는 것은?

① 과육이 두꺼워 가공이 어렵다.
② 품질은 일반적으로 로부스타종에 비해 떨어지는 것으로 평가되고 있다.
③ 아프리카 서부지역과 말레이시아, 필리핀 등 아시아 일부 지역에서만 재배된다.
✔ **나무의 성질이 예민해 생산지의 기후환경과 토양 조건에 따라 독특한 개성을 지닌다.**

10 커피체리를 가공하는 방식에 대한 설명으로 적절한 것은?

① 습식법은 커피체리를 물로 씻은 다음 건조시킨 후 파치먼트를 제거하는 방식이다.
② 일반적으로 습식법으로 가공한 커피는 결점두들이 섞여 있을 가능성이 높다.
✔ **커피체리를 가공하는 방식은 습식법, 건식법, 펄프드 내추럴, 세미 워시드 등이 있다.**
④ 건식법은 파치먼트를 제거한 후 씨앗을 다시 세척한 다음 건조시키는 방식이다.

11 SCA 결점두 분류 중 결점두가 커피 품질에 미치는 영향에 따라 프라이머리 디펙트(Primary Defect)와 세컨더리 디펙트(Secondary Defect) 그룹으로 분류하는데 다음 중 프라이머리 디펙트에 해당되지 않는 것은?

① Full Black
② Full Sour
✔ **Parchment**
④ Dried Cherry/Pods

> **해설**
> • Primary Defect : Full Black, Full Sour, Dried Cherry/Pods, Fungus Damaged, Severe Insect Damaged, Foreign Matter
> • Secondary Defect : Partial Black, Partial Sour, Parchment, Floater, Immature/Unripe, Withered, Shell, Broken/Chipped/Cut, Hull/Husk, Slight Insect Damaged

12 다음 중 로부스타종보다 아라비카종에 더 많이 함유되어 있는 성분은?

① 클로로겐산　　② 카페인

③ 트라이고넬린　✔ **지질과 과당**

해설
카페인과 클로로겐산은 로부스타종이 더 많다.

13 스트리핑(Stripping) 수확방식에 대한 설명으로 옳지 않은 것은?

① 나뭇잎, 나뭇가지 등의 이물질이 섞일 가능성이 높으므로 수확 후 한 번 더 걸러내야 한다.

✔ **주로 워시드(Washed) 방식으로 생산하는 지역에서 주로 이용하는 방식이다.**

③ 한 번에 수확해야 하므로 수확시기를 결정하는 것이 품질 결정에 중요하다.

④ 피킹(Picking)방식에 비해 인건비 부담이 적다.

해설
② 건식법으로 가공하는 국가에서 생산하는 방법이다.

14 커피의 분쇄입자에 대해 잘못 설명하고 있는 것은?

① 터키식 커피는 분쇄를 매우 미세하게 한다.

✔ **분쇄된 입자가 굵을수록 고형성분이 더 많이 추출된다.**

③ 프렌치 프레스는 페이퍼 필터 커피에 비해 분쇄입자가 굵다.

④ 분쇄입자에 따라 커피의 맛이 달라진다.

해설
분쇄입자가 굵을수록 고형성분이 덜 추출된다.

15 다음 커피 메뉴 중 에스프레소 샷이 들어가지 않는 것은?

① 카페모카(Cafe Mocha)

✔ **카페오레(Cafe au Lait)**

③ 카페 프레도(Cafe Freddo)

④ 카푸치노(Cappuccino)

해설
카페오레는 프렌치 로스트한 커피를 드립으로 추출하여 만든 음료다.

16 다음 중 페이퍼 드립 추출에 대한 설명으로 잘못된 것은?

① 독일의 멜리타 벤츠 여사가 페이퍼 필터를 최초로 만들었다.

✔ **드리퍼의 리브가 짧을수록 추출시간이 빨라진다.**

③ 드립포트는 스파웃의 모양을 고려해서 선택한다.

④ 융 드립이 페이퍼 드립보다 지용성 물질이 많이 통과된다.

해설
드리퍼의 리브가 길고 많을수록 추출시간이 빨라진다.

17 다음 중 카페모카에 첨가되지 않는 재료는?

① 에스프레소

✔ **럼주**

③ 초코 소스

④ 우유

18 다음 중 커피의 갈색색소 형성에 대한 설명으로 틀린 것은?

① 자당의 갈변반응을 통해 원두가 갈색을 띠게 된다.

✔ **불포화 지방산의 자동 산화반응이다.**

③ 열에 의한 비효소적 갈변반응으로 캐러멜화와 메일라드 반응이 원인이다.

④ 클로로겐산류의 중합 및 회합반응이다.

해설

갈색색소 형성은 메일라드 반응, 자당의 캐러멜화, 클로로겐산류의 중합 및 회합반응과 관련이 있다.

19 다음 (   ) 안에 들어갈 단어로 알맞은 것은?

> 로스팅 단계에서 두 번의 크랙이 발생하는데 1차 크랙은 생두 세포 내부의 (   )이(가) 열과 압력에 의해 기화하면서 나타나는 내부 압력에 의해 발생한다.

① 산소

② 이산화탄소

✔ **수분**

④ 일산화탄소

해설

1차 크랙(1st Crack)
• 생두의 센터 컷이 갈라지면서 팝콘을 튀길 때 나는 소리와 같이 '탁탁' 터지는 팽창음이 나는 시점을 말한다.
• 생두 세포 내부에 있는 수분이 열과 압력에 의해 증발(기화)하면서 나타나는 내부 압력에 의해 발생한다.
• 생두의 조직이 팽창하고 가스 성분들이 분출되면 부피가 약 2배가량 팽창한다.

20 다음 중 건류(Dry Distillation)반응에 의해 생성되는 향기의 종류가 아닌 것은?

✔ **Flowery**　　　② Turpeny

③ Spicy　　　　　④ Carbony

해설

건류반응에 의해 생성되는 향기의 종류에는 송진향(Turpeny), 향신료향(Spicy), 탄향(Carbony) 세 가지가 있다.

21 각종 포유동물의 유지방의 지방산 조성이 잘못 짝지어진 것은?

① 우유/산양유 – 휘발성 단사슬지방산(Short Chain Fatty Acids)

② 모유 – 긴사슬불포화지방산(VLCFA)

③ 우유/산양유 – 부르티산(Butyric Acids), 카프로산(Caproic Acid)

✔ **모유 – 휘발성 단사슬지방산(Short Chain Fatty Acids)**

해설

모유는 리놀레산(Linoleic Acids)과 같은 긴사슬불포화지방산(VLCFA)이나 포화지방산에서도 라우르산(Lauric Acid)의 함량이 높다.

22 크레마에 대해 잘못 설명하고 있는 것은?

① 커피의 지방성분, 탄산가스, 향 성분이 결합하여 생성된 미세한 거품이다.

② 크레마 색상이 밝은 연노란색을 띠면 과소 추출에 해당된다.

③ 에스프레소 추출시간이 짧으면 크레마 거품이 빨리 사라진다.

✔ **크레마 색상이 어두운 적갈색을 띤 커피라면 신맛, 단맛이 균형 잡힌 커피다.**

해설

크레마 색상은 밝은 갈색이나 붉은빛이 도는 황금색을 띠어야 한다.

23 커피 플레이버(Flavor)에 대한 설명으로 가장 올바른 것은?

① 커피를 다른 커피와 구별할 수 있게 해 주는 주관적인 수단이다.

② 스페셜티 커피의 특정한 맛과 결합한 커피의 맛을 말한다.

③ 커피의 향기를 미각으로 평가하여 부르는 말이다.

✔ **커피 품질을 결정하는 중요한 요소로 맛과 향기에 대한 종합적인 느낌을 말한다.**

해설
플레이버는 후각, 미각, 촉각의 세 단계로 나뉜다.

24 커피를 마셨을 때 풍부하지도 않고 강하지도 않은 향기를 지칭하는 용어는?

① Heavy　　　　② Rich

✔ **Rounded**　　④ Smoky

해설
향기의 강도
• Rich : 풍부하면서 강한 향기
• Full : 풍부하지만 강도가 약한 향기
• Rounded : 풍부하지도 않고 강하지도 않은 향기
• Flat : 향기가 없을 때

25 원두 저장 중 수분의 영향에 대한 설명으로 적절한 것은?

① 원두가 수분을 흡수하면 맛 성분의 산화가 촉진된다.

✔ **상온에서는 상대습도가 낮더라도 3~4주 후부터 산패가 일어난다.**

③ 상온에서 저장할 경우 상대습도 50%일 때 3~4일 후부터 산패가 일어난다.

④ 원두에 흡착하는 수분은 커피의 탄산가스를 방출시켜 맛 성분의 산화를 촉진한다.

26 드리퍼 내부에 있는 리브(Rib)의 역할을 바르게 설명한 것은?

✔ **커피가루 사이에 있는 공기를 원활히 배출시키는 역할을 한다.**

② 필터의 조직을 더 단단하게 만든다.

③ 접촉면을 증가시켜 물이 빠지는 시간을 길게 하는 역할을 한다.

④ 리브가 적을수록 유속이 빨라진다.

해설
리브는 공기를 원활히 배출하게 하는 역할을 하며 길이가 길고 촘촘할수록 배출이 잘된다.

27 에스프레소 머신 중 바리스타의 기술에 대한 의존도가 가장 낮은 것은?

① 반자동 머신

② 수동머신

③ 자동머신

✔ **슈퍼 오토매틱 머신**

해설
완전자동 머신이 바리스타의 기술 의존도가 가장 낮다.

28 에스프레소 머신과 연결해 물을 공급해 주는 연수기 청소에 사용되는 재료는?

① 세탁세제　　　　② 베이킹파우더

③ 설탕　　　　✔ **소금**

해설
연수기 필터는 소금에 담가 청소한다.

29 원활한 에스프레소 추출을 위해 바리스타가 숙지해야 할 내용이 아닌 것은?

① 에스프레소 머신의 보일러 압력과 펌프압력이 정상 범위에 있는지 확인한다.

② 그라인더의 분쇄입자가 적정한 추출시간에 맞게 맞추어져 있는지 확인한다.

③ 포터필터는 사용 후 항상 그룹헤드에 장착해 두어야 한다.

☑ 메인 보일러의 물 온도가 높으면 열수를 많이 빼 주어 과다 추출이 이루어지도록 한다.

해설
열수를 많이 빼 주면 물의 온도가 낮아져 과소 추출이 일어날 수 있다.

30 커피 분쇄에 영향을 미치는 요소가 아닌 것은?

① 로스팅 정도   ② 습도

☑ 커피의 산지   ④ 발열

해설
커피의 산지는 큰 영향이 없다.

31 커피가 인체에 미치는 영향을 잘못 설명하고 있는 것은?

☑ 심장박동수를 감소시키고, 차분한 진정효과를 낸다.

② 중추신경계를 자극하여 정신을 맑게 한다.

③ 이뇨 역할을 하여 소변을 자주 보게 한다.

④ 위액의 분비를 촉진시킨다.

해설
커피를 마시면 심장박동수가 증가하고 신체가 활성화된다.

32 SCA에서 정한 스페셜티 등급(Specialty Grade) 기준에 해당되지 않는 것은?

☑ 프라이머리 디펙트는 한 개까지 허용된다.

② 디펙트 점수가 5 이내여야 한다.

③ 퀘이커는 한 개도 허용되지 않는다.

④ 커핑 점수는 80점 이상이어야 한다.

해설
스페셜티 그레이드(Specialty Grade)라 함은 생두 350g 중 결점두 5개 이하이며 원두 100g에 퀘이커(Quaker)가 0개 이내인 커피를 말한다.

33 다음 중 커피 추출 시 주의사항으로 적절한 것은?

☑ 추출 방법에 따라 분쇄도를 달리하며, 매일 분쇄도를 체크한다.

② 원두 구입 시 원가 절감을 위하여 대량씩 구입하며, 큰 포장을 많이 이용한다.

③ 손님이 많이 몰릴 경우를 대비하여 미리 원두를 갈아 둔다.

④ 원두의 변질을 막기 위해 항상 냉장고에 넣어 두었다가 사용한다.

34 생두의 크기를 뜻하는 스크린 사이즈 18번과 거리가 먼 것은?

① A

② Large Bean

☑ SHG

④ Supremo

35 향의 생성 원인에서 효소작용(Enzymatic by-products)에 의해 생성되는 향기의 종류가 아닌 것은?

① Herby   ☑ **Smoky**
③ Fruity   ④ Flowery

해설
효소작용에 의해 생성되는 향은 꽃 향기(Flowery), 과일 향기(Fruity), 허브 향기(Herby) 세 가지다.

36 메일라드 반응에 대해 바르게 설명하고 있는 것은?

☑ **아미노산이 환원당, 다당류 등과 작용하여 갈색의 중합체인 멜라노이딘을 만드는 반응이다.**
② 카페인 성분이 고온으로 가열되면서 열분해 또는 산화과정을 거쳐 캐러멜화되는 것이다.
③ 가용성 성분이 분해되는 현상이다.
④ 당을 고온으로 가열할 때 생두에 있는 자당이 변화하는 반응이다.

해설
멜라노이딘의 반응으로 생두가 점점 갈색으로 변한다.

37 다음 중 카페의 경영과 직접적인 영향이 없는 법규는?

① 소방기본법   ☑ **관광진흥법**
③ 식품위생법   ④ 학교보건법

해설
소방기본법, 식품위생법, 학교보건법은 안전과 보건, 학교의 보건과 위생을 도모하기 위한 법률들로 카페 운영에 직간접적인 영향을 미친다.

38 원두를 신선하게 보존하기 위한 포장방법 중 잘못된 것은?

① 탈산소제 포장   ☑ **공기주입 포장**
③ 질소가압 포장   ④ 진공포장

해설
원두 포장법 : 탈산소제 포장, 진공포장, 질소가압 포장
② 공기는 커피의 신선도를 저해하는 산패 촉진 인자이다.

39 다음 중 커피 포장 재료가 갖추어야 할 조건이 아닌 것은?

☑ **빛을 보존하는 기능이 있어야 한다.**
② 습도를 방지해야 한다.
③ 산소가 침투하지 않도록 해야 한다.
④ 향기가 보존되는 장치가 있어야 한다.

해설
빛이 침투되지 않도록 해야 한다.

40 카페의 고객을 맞이하기 위한 인사 예절법과 거리가 먼 것은?

① 항상 얼굴에 미소를 지으며 인사한다.
② 고객과 눈 맞춤(Eye Contact)을 하며 인사한다.
③ 밝은 목소리 톤인 솔(Sol) 톤으로 인사를 한다.
☑ **허리를 숙이지 않고 목례만 가볍게 한다.**

해설
허리를 숙여 정중하게 인사한다.

41 카페에서 하루 영업에 필요한 식재료 양만큼만 준비해 두는 것을 무엇이라 부르는가?

① 스톡 사이즈(Stock Sizes)
② 웰 스톡(Well Stock)
③ ✓ **파 스톡(Par Stock)**
④ 스톡 리저브(Stock Reserve)

> **해설**
> 파 스톡(Par Stock)이란 물품 공급을 원활하게 하고 신속한 서비스를 도모하기 위한 목적으로 일정 수량의 식료재고를 저장고에서 인출해서 영업장의 진열대나 기타의 장소에 보관하고 필요할 때 사용하는 재고를 지칭한다. 즉, 저장되어 있는 적정 재고량을 말한다.

42 커피를 서비스하는 원칙에 대해 잘못 설명하고 있는 것은?

① 커피스푼의 손잡이는 고객을 기준으로 오른쪽으로 향하도록 서비스한다.
② ✓ **서빙을 하는 서비스 쟁반(Service Tray)은 고객 테이블에 올려놓고 안전하게 서비스한다.**
③ 커피는 고객의 오른쪽에서 오른손으로 서비스한다.
④ 커피 서비스 시 여성 우선의 원칙을 지켜야 한다.

> **해설**
> 서비스 쟁반은 한 손으로 받치면서 안전하게 서비스하여야 한다.

43 다음 중 우유를 가열할 때 발생되는 이상취의 원인이 되는 물질은?

① 이산화탄소   ② 수소
③ 젖산   ④ ✓ **황화수소**

> **해설**
> 우유를 가열하면 단백질 성분에 의해 황화수소가 발생되고 휘발되면서 가열취와 이상취를 만든다.

44 커피 추출기구의 특성을 설명한 것으로 옳지 않은 것은?

① ✓ **융 드립 – 다른 드립 추출법에 비해 바디가 약하고 깔끔한 커피를 추출할 수 있다.**
② 페이퍼 필터 드립 – 1908년 독일의 멜리타 부인이 발명하였다.
③ 케멕스 – 독일 출신의 화학자 슐룸봄에 의해 탄생하였다.
④ 체즈베 – 터키식 추출기구로 여과를 하지 않으며 가늘게 분쇄한 커피를 물, 설탕과 함께 넣고 끓인다.

> **해설**
> 융 드립은 바디가 강하며 진하면서도 부드러운 맛을 낸다.

45 에스프레소의 관능평가에 대한 설명으로 적절하지 않은 것은?

① ✓ **신맛, 쓴맛, 짠맛 중 쓴맛이 강렬하게 도는 것이 좋다.**
② 부드러운 감촉이 있어야 한다.
③ 크레마는 지속력과 복원력이 높을수록 좋게 평가한다.
④ 바디가 강할수록 좋은 에스프레소다.

> **해설**
> 신맛, 쓴맛, 단맛이 균형 잡혀 있어야 한다.

46 다음 중 경구감염병이 아닌 것은?

① 이질
② 장티푸스
③ 콜레라
④ ✓ **두통**

47 자연에 존재하는 천연당류 중 가장 감미도가 높은 당은?

① 엿기름
② 포도당
✔ **과당**
④ 사과당

해설

설탕의 감미도가 100이라면 과당은 173 정도로 천연식품 중 가장 달다.

48 다음 중 식음료 보관방법에 대한 설명으로 잘못된 것은?

① 냉동고의 온도는 −18℃ 이하로 유지한다.
✔ **차가운 음료는 13℃ 이하에 보관한다.**
③ 유제품은 냉장 보관하고 제조일로부터 5일 이내에 사용한다.
④ 뜨거운 음료는 60℃ 이상으로 보관한다.

해설

차가운 음료 특히 유제품은 4℃ 또는 더 낮게 보관한다.

49 화재가 발생하였을 경우 조치해야 할 사항으로 잘못된 것은?

① 우왕좌왕하지 말고 소방관의 안내에 따라 질서 있고 신속하게 대피하여야 한다.
② 화재가 발생한 곳의 반대 방향으로 대피하여야 한다.
③ 최초 발견자는 비상벨을 눌러 상황을 전파한다.
✔ **유독가스가 바닥에 깔릴 수 있으므로 대피 시 옷이나 수건 등으로 호흡기를 막고 높은 자세로 대피한다.**

해설

대피 시 옷이나 수건 등으로 호흡기를 막고 최대한 낮은 자세로 비상등을 보며 대피해야 한다.

50 중동호흡기증후군(MERS)에 대비한 일반적인 감염 예방수칙이 아닌 것은?

① 호흡기 증상이 있는 경우 즉시 병원을 방문한다.
② 기침, 재채기 시에는 휴지로 입과 코를 막고 한다.
✔ **비누 사용을 금지하고 알코올 손소독제를 사용하여 손을 씻는다.**
④ 발열이나 호흡기 증상이 있는 사람과 접촉을 피한다.

해설

비누로 충분히 손을 씻고 비누가 없으면 알코올 손세정제를 사용한다.

제 **13** 회 최종모의고사

01 커피를 수확하는 방법에 대한 설명으로 틀린 것은?

① 핸드 피킹으로 수확한 체리가 스트리핑보다 품질이 더 좋다.

② 스트리핑은 핸드 피킹보다 수확 비용이 더 저렴하다.

③ 핸드 피킹은 워시드 커피나 아라비카 커피를 생산할 때 사용된다.

✔ **핸드 피킹은 스트리핑보다 나무에 손상을 더 입힌다.**

해설
스트리핑 방식은 체리가 어느 정도 익었을 때 나뭇가지 전체를 손으로 훑어내려 한 번에 수확하는 방법으로 나무에 손상을 줄 수 있다.

02 다음 중 커피 재배를 잘하기 위해 시행한 일 중 잘못된 것은?

① 강한 바람을 막기 위한 방풍림 조성

② 커피 수확이 쉽도록 높은 곳의 가지를 잘라주는 가지치기

③ 강한 햇볕과 열을 차단하기 위한 셰이드 트리 조성

✔ **한낮의 열기를 식혀 주기 위해 햇볕이 강한 시간에 물 주기**

해설
햇볕이 강한 시간에 물 주는 것은 삼간다.

03 다음은 아라비카의 주요 품종에 대한 설명이다. 올바르게 설명된 것은?

✔ **티피카(Typica) – 아라비카 원종에 가장 가까운 품종으로 콩은 긴 편이고 좋은 향과 신맛을 가지고 있으나 녹병에 취약하고 격년 생산으로 생산성이 낮다.**

② 버번(Burbon) – 문도노보와 카투라의 인공 교배종으로 나무의 키가 작고 생산성이 높다.

③ 문도노보(Mundo Novo) – 부르봉 섬에서 발견된 돌연변이종으로 콩은 작고 둥근 편이며 수확량은 티피카보다 20~30% 많다.

④ 카투라(Caturra) – 버번과 티피카의 자연 교배종으로 1950년 브라질에서 재배되기 시작하였다. 환경 적응력이 좋으나 나무의 키가 큰 단점을 가지고 있다.

해설
② 버번(Burbon) : 아프리카 동부 레위니옹 섬에서 발견된 티피카의 돌연변이종으로 생두는 작고 둥근 편이다.

③ 문도노보(Mundo Novo) : 버번과 티피카의 자연 교배종으로 1950년 브라질에서 재배되기 시작하였다.

④ 카투라(Caturra) : 1937년 브라질에서 발견된 버번의 변이종으로 녹병에 강해 비교적 생산성이 높다.

04 에스프레소 추출 시 생성되는 크레마(Crema)는 어떤 추출요소 때문인가?

① 회전력   ② 원심력

③ 중력   ✔ **압력**

해설
9~10bar로 가해지는 압력 때문에 크레마가 생성된다.

05 다음 중 커피나무의 생육조건에 대한 설명으로 맞는 것은?

✔ 생두의 밀도가 높을수록 깊은 맛과 향을 지닌다.

② 일교차가 클수록 커피열매의 밀도는 낮고 향미가 강한 커피를 생산할 수 있다.

③ 저지대에서 재배하는 커피나무일수록 생산량이 적다.

④ 커피 벨트는 경도를 중심으로 한 남북위 25도 사이이다.

해설
고지대에서 재배된 커피일수록 생두의 밀도가 높고 깊은 맛과 향을 지닌다.

06 다음 중 습식법을 이용한 생두 가공방법을 틀리게 설명하고 있는 것은?

① 수확 – 과육 제거 – 점액질 제거 – 세척 – 건조과정으로 진행된다.

✔ 단맛과 강한 바디감을 주는 커피를 생산하는 가공법이다.

③ 물이 풍부한 중남미 지역에서 주로 이용되며 많은 양의 물을 사용하므로 환경오염 문제를 야기하기도 한다.

④ 익지 않은 체리는 버리고 완숙과만 사용하기에 품질이 높고 균일한 커피 생산이 가능하다.

해설
습식법은 균일한 커피 생산이 가능하고, 신맛과 좋은 향이 특징이다.

07 다음 ( )에 알맞은 말로 짝지어진 것은?

건조 중인 커피의 수분 함유율이 20%가 되면 ( ) 건조기나 ( ) 건조기를 이용하여 이를 12%대로 낮춘다. 기계 건조는 내추럴 커피보다 워시드 커피에 더 많이 사용된다.

① 라운드 – 파워   ② 라운드 – 타워
③ 로터리 – 파워   ✔ 로터리 – 타워

해설
건조 중인 커피의 수분 함유율이 20%가 되면 로터리(Rotary) 건조기나 타워(Tower) 건조기를 이용하여 이를 12%대로 낮춘다. 기계 건조는 내추럴 커피보다 워시드 커피에 더 많이 사용된다.

08 다음 중 생두와 원두에 함유된 화학 성분을 설명한 것으로 옳지 않은 것은?

① 생두에 함유된 지방은 로부스타종보다 아라비카종이 더 많다.

② 신맛은 온도의 영향을 거의 받지 않는다.

③ 원두의 지방산은 대부분이 불포화 지방산이다.

✔ 생두보다 원두의 아미노산 함량이 두 배 더 많다.

해설
생두와 원두의 아미노산의 함량은 크게 차이나지 않는다.

09 다음 중 필터를 사용하지 않는 추출방식은?

① 사이펀
② 에스프레소
③ 핸드드립
✔ 터키식 커피

해설
터키식 커피는 달임방식으로 추출한다.

10 커피 생두에 대한 내용으로 옳지 않은 것은?

① 밀도가 높을수록 향미가 풍부하다.

✔ **수확한 지 1년이 지난 생두는 숙성되어 가치가 더 올라간다.**

③ 생두의 적정 수분 함유량은 10~13%이다.

④ 결점두 수는 생두의 품질을 평가하는 데 매우 중요하다.

11 핸드드립 추출에 대해 바르게 설명하고 있는 것은?

① 추출하는 물의 온도는 로스팅 정도와 무관하다.

② 오랜 시간 천천히 추출할수록 맛이 더 좋은 커피가 추출된다.

③ 사용되는 드리퍼의 종류와 상관없이 맛은 일정하다.

✔ **원두의 분쇄도가 굵을수록 커피 맛이 연해진다.**

해설
로스팅 정도가 강할수록 물의 온도는 낮게, 적정한 시간 동안 추출해야 맛이 좋다. 드리퍼의 종류에 따라 맛의 차이가 크다.

12 독일의 화학자 슐룸봄(Schlumbohm)에 의해 탄생한 커피 추출도구는?

① 체즈베(Cezve)

② 이브릭(Ibrik)

③ 사이펀(Syphon)

✔ **케멕스 커피메이커(Chemex Coffee Maker)**

해설
케멕스 커피메이커는 드리퍼와 서버가 하나로 연결된 일체형으로, 리브가 없어 이 역할을 하는 공기 통로를 설치하였다. 물 빠짐이 페이퍼 드립에 비해 좋지 않다.

13 다음 중 실키 폼(Silky Foam)이 가장 많이 들어가는 것은?

① 카페모카(Cafe Mocha)

② 카페오레(Cafe au Lait)

③ 카페 프레도(Cafe Freddo)

✔ **카푸치노(Cappuccino)**

해설
카푸치노는 에스프레소에 우유와 거품이 조화를 이루어 만들어진 메뉴로 실키 폼이 생명이다.

14 스팀 피처의 용도를 잘못 설명하고 있는 것은?

① 밑부분은 둥글고 윗부분은 좁은 것

② 우유의 온도 측정이 가능하도록 스테인리스로 만든 것

✔ **우유의 온도가 빨리 전이되도록 플라스틱으로 만든 것**

④ 거품이 잘 부어지는 것

15 순수한 물과 비교했을 때의 에스프레소의 물리적 특성을 설명한 것으로 틀린 것은?

✔ **에스프레소의 밀도는 감소한다.**

② 전기전도도는 증가한다.

③ 표면장력은 감소한다.

④ 점도는 증가한다.

해설
pH는 감소하고 밀도는 증가한다.

16 다음 중 차가운 음료에 해당되는 것은?

① 카페모카(Cafe Mocha)

② 카페오레(Cafe au Lait)

✔ **카페 프레도(Cafe Freddo)**

④ 카푸치노(Cappuccino)

해설
프레도(Freddo)는 차갑다는 의미의 이탈리아어다.

17 유리, 금속, 합성수지 등으로 제작되었으며, 금속 필터로 여과하여 미세한 침전물이 섞이는 추출도구는?

✔ **프렌치 프레스**

② 융 드립

③ 케멕스 커피메이커

④ 에스프레소 머신

해설
프렌치 프레스(French Press)
• 커피의 향미 성분과 오일 성분이 컵 안에 남게 되어 바디가 강한 커피를 추출할 수 있다.
• 미세한 커피 침전물까지 추출액에 섞일 수 있어 깔끔하지 않고 텁텁한 맛이 날 수 있다.

18 커피의 평가 용어에 대해 바르게 설명한 것을 모두 고른 것은?

> ㉠ Aroma – 추출된 커피에서 나는 향기
> ㉡ Fragrance – 볶은 원두의 분쇄 향기
> ㉢ Nose – 마시고 난 다음 입 뒤쪽에서 느껴지는 향기
> ㉣ Aftertaste – 마실 때 느껴지는 향기

✔ ㉠, ㉡　　　② ㉡, ㉢

③ ㉢, ㉣　　　④ ㉠, ㉣

해설
㉢ Nose : 마실 때 느껴지는 향기
㉣ Aftertaste : 마시고 난 다음 입 뒤쪽에서 느껴지는 향기

19 SCA 기준으로 볼 때 결점두(Defect Bean)가 아닌 것은?

① Parchment　　② Insect Damages

✔ **Peaberry**　　④ Black Bean

해설
① Parchment : 불완전한 탈곡으로 발생
② Insect Damages : 해충이 생두에 파고 들어가 알을 낳은 경우 발생
④ Black Bean : 너무 늦게 수확되거나 건조과정에서 흙에 오염되어 발생

20 다음 중 커피의 향기 강도를 강한 것부터 약한 것으로 바르게 나열한 것은?

✔ **Rich > Full > Rounded > Flat**

② Rounded > Rich > Full > Flat

③ Full > Rounded > Rich > Flat

④ Full > Flat > Rounded > Rich

해설
커피의 향기 강도를 강한 것부터 나열하면
Rich > Full > Rounded > Flat 순이다.

21 SCA 분류법 중 Specialty Grade의 등급 기준에 해당하지 않는 것은 무엇인가?

① 결점두는 350g의 생두 내에 5점 이하이다 (1차적인 결점수는 허용하지 않음).

② 수분 함량은 10~13% 이내여야 한다.

③ 미성숙 열매(Quaker)는 허용되지 않는다.

✔ **Body, Flavor, Aroma, Acidity의 4가지 특징을 모두 충족해야 한다.**

해설
Body, Flavor, Aroma, Acidity 중 최소한 한 가지 특성을 가지고 있으면 된다.

22 단백질과 인지질의 혼합물로 우유 지방구 표면에 흡착되어 지방구의 주위에 안정한 박막을 형성하고 있는 것은?

① 카세인
② 비단백태질소화합물
③ 유청단백질
✓ **리포단백질**

해설
리포단백질은 우유의 유탁질을 안정화시키고 유화제와 같은 역할을 한다.

23 에스프레소 위에 우유거품을 2~3스푼 올려 에스프레소 잔에 제공하는 메뉴는?

✓ **에스프레소 마끼아또(Espresso Macchiato)**
② 카페라떼(Cafe Latte)
③ 카푸치노(Cappuccino)
④ 카페 콘 파냐(Cafe con Panna)

해설
마끼아또는 점, 얼룩을 의미하며 에스프레소 위에 우유거품을 올린 메뉴를 말한다.

24 그라인더의 부품인 호퍼를 매일 닦아 주어야 하는 이유는?

① 칼날과 직접 접촉하기 때문
✓ **커피 오일이 묻기 때문**
③ 습기가 자주 끼기 때문
④ 칼날에서 튕겨져 나오는 원두가 붙기 때문

해설
호퍼는 생두를 담아 놓는 통으로, 커피에서 나오는 오일로 인해 이물질이 끼거나 변색되기 쉬우므로 매일 닦아 주어야 한다.

25 에스프레소 추출과정에 대한 설명으로 잘못된 것은?

① 탬핑은 1, 2차로 나누어 할 수도 있지만 한 번만 하기도 한다.
✓ **열수를 미리 흘려주는 행위는 반드시 탬핑 후 추출 직전에만 해야 한다.**
③ 필터 바스켓 가장자리에 묻은 커피 찌꺼기는 손으로 쓸어 노크 박스에 버린다.
④ 커피 서빙이 끝난 후 포터필터를 분리하여 노크 박스에 커피 찌꺼기를 버린다.

해설
② 반드시 탬핑 후에만 하는 것이 아니라 그 이전에 해도 된다.

26 에스프레소 과다 추출의 원인이 아닌 것은?

① 추출시간이 너무 길었다.
✓ **필터 바스켓의 구멍이 너무 큰 것을 사용하였다.**
③ 기준보다 많은 양의 원두를 사용하였다.
④ 물의 온도가 기준보다 높았다.

해설
필터 바스켓의 구멍이 크면 과소 추출이 일어난다.

27 다음 중 탬핑(Tamping)에 대해 바르게 설명하고 있는 것은?

☑ 에스프레소 추출 시 커피 케이크의 균일한 밀도 유지를 통해 물이 일정하게 통과할 수 있도록 해 주는 작업을 말한다.

② 필터 바스켓 안에 담긴 분쇄 커피를 레벨링 하는 것을 말한다.

③ 필터홀더의 가장자리에 묻은 커피가루를 털어 주는 행위를 말한다.

④ 포터필터를 그룹헤드에 맞춰 끼우는 행위를 말한다.

해설
탬핑은 정돈된 원두를 눌러 압축시켜 주는 것이다.

28 로스팅 과정에서 맛의 변화에 대해 잘못 설명하고 있는 것은?

☑ 강배전으로 진행될수록 떫은맛이 증가한다.

② 신맛은 약배전에 강해지다 강배전에 감소한다.

③ 쓴맛은 로스팅이 강하게 진행될수록 증가한다.

④ 아라비카의 신맛이 로부스타보다 강하다.

해설
떫은맛은 로스팅이 진행될수록 감소한다.

29 다음 중 갈변반응에 의해 생성되는 향기의 종류가 아닌 것은?

① Nutty　　② Caramelly
☑ Herb　　④ Chocolaty

해설
갈변반응에 의해 생성되는 향기의 종류는 고소한 향 (Nutty), 캐러멜 향(Caramelly), 초콜릿 향(Chocolaty) 세 가지다.

30 다음 커피 추출법 중 드립식 추출 도구가 아닌 것은?

① 페이퍼 필터　　② 드립포트
③ 서버　　☑ 셰이커

해설
드립식 추출도구는 드리퍼, 여과지, 드립포트, 서버 등이다.

31 다음은 로스팅 단계를 도표로 분류한 것이다. ㉠, ㉡에 들어갈 단어로 올바른 것은?

타일 넘버	SCA 단계별 명칭	로스팅 단계	명도(L값)
#55	Medium	City	18.5
#45	Moderately Dark	Full City	16.8
#35	㉠	French	15.5
#25	Very Dark	㉡	14.2

① ㉠ Light, ㉡ Italian
② ㉠ Light, ㉡ High
☑ ㉠ Dark, ㉡ Italian
④ ㉠ Dark, ㉡ High

32 에스프레소 추출의 특징에 대해 잘못 설명하고 있는 것은?

① 커피 케이크(Coffee Cake)에 고압의 물이 통과되면서 향미 성분이 용해된다.

② 분쇄 입도와 압축 정도에 따라 공극률이 변하며 추출속도가 조절된다.

☑ 중력의 원리를 이용해 추출하는 방법이다.

④ 미세한 섬유소와 불용성 커피 오일이 유화 상태로 함께 추출된다.

해설
중력이 아니라 9bar의 압력으로 추출되는 원리다.

33 국내 우유업계에서 가장 많이 사용하는 우유 살균법은?

☑ **초고온순간 살균법**
② 초저온 멸균법
③ 초고온 멸균법
④ 초고온장시간 살균법

해설
초고온순간 살균법으로 3~5초 동안 살균한다.

34 디카페인 커피에 대해 바르게 설명하고 있는 것은?

① 1819년 독일의 로셀리우스가 최초로 커피에서 카페인을 분리하였다.
② 유해물질의 잔류문제가 없고 카페인의 선택적 추출이 가능한 방법은 용매 추출법이다.
③ 생두에 물을 통과시켜 카페인을 제거하는 방법은 초임계 추출법이다.
☑ **디카페인 처리를 한다고 해서 카페인을 100% 제거할 수 있는 것은 아니다.**

해설
① 최초로 카페인을 분리한 사람은 독일의 룽게이다.
② 유해물질의 잔류문제가 없고 카페인의 선택적 추출이 가능한 방법은 초임계 추출법이다.
③ 생두에 물을 통과시켜 카페인을 제거하는 방법은 물 추출법이다.

35 우유의 단백질 성분인 카세인에 대해 잘못 설명하고 있는 것은?

① 칼슘과 결합하여 칼슘카세이네이트가 된다.
☑ **인체에서는 전혀 생성되지 않는 물질이다.**
③ 우유의 단백질 중 80%를 차지한다.
④ 인산칼슘 등의 염류와 복합체를 형성하여 거대 분자의 집합제의 형태로서 콜로이드상으로 분산되어 있다.

해설
모유에도 카세인이 약 1% 정도 들어 있다.

36 다음 중 무균질 우유에 대해 바르게 설명하고 있는 것은?

① 세균을 완전히 사멸시킨 우유를 말한다.
☑ **지방구의 크기를 작게 분쇄시키지는 않은 우유를 말한다.**
③ 우유의 유당을 분해한 것을 말한다.
④ 저온 살균법으로 처리한 우유를 말한다.

해설
① 멸균우유는 세균을 완전히 사멸시킨 우유이다.

37 다음 중 에스프레소 메뉴에 대해 잘못 설명하고 있는 것은?

① 에스프레소 – 데미타세 잔에 제공되며 양은 25~30mL 정도이다.
② 도피오 – 더블 에스프레소를 뜻하는 말로 더블 샷이라고도 한다.
☑ **리스트레토 – 일반적인 에스프레소보다 양이 많은 것이다.**
④ 아메리카노 – 에스프레소에 뜨거운 물을 추가하여 희석한 것이다.

해설
리스트레토는 추출시간을 짧게 하여 양이 적고 진한 에스프레소를 추출하는 것이다. 양이 많은 것은 룽고이다.

38 원두 구입 시 가장 먼저 고려해야 할 사항으로 적절한 것은?

① 제조 회사와 품종
② 커피의 품종과 가격
③ 커피 봉투의 디자인과 신선도
✔ 커피의 품종에 따른 로스팅 날짜와 신선도

39 우유 전체 질소량의 약 5%를 차지하고 있는 질소화합물은?

✔ 비단백태질소화합물
② 콜로이드상
③ 리포단백질
④ 펩타이드

해설
비단백태질소화합물은 단백질 이외의 질소화합물이다.

40 다음 중 커피의 신맛을 결정하는 유기산 성분에 해당하지 않는 것은?

✔ 트라이고넬린(Trigonelline)
② 시트르산(Citric Acid)
③ 말산(Malic Acid)
④ 타타르산(Tartaric Acid)

해설
신맛을 내는 성분은 시트르산, 말산, 아세트산, 타타르산 등이 있다. 트라이고넬린의 쓴맛은 카페인의 4분의 1 정도다.

41 워시드 커피와 내추럴 커피에 대한 설명으로 잘못된 것은?

① 물을 사용하지 않는다 하여 내추럴 커피를 다른 말로 언워시드 커피(Unwashed Coffee)라고도 한다.
② 내추럴 커피의 생두는 실버스킨이 노란빛을 띤다.
③ 일반적으로 워시드 커피가 신맛이 더 좋다고 알려져 있다.
✔ 워시드 커피는 내추럴 커피에 비해 단맛과 바디가 더 강하다.

42 다음 중 원두 보관방법으로 올바른 것은?

① 원두는 항상 냉동 보관하는 것이 좋다.
② 냉동 보관된 원두는 추출 시 바로 사용해야 한다.
③ 원두는 냉동보다 냉장 보관하는 것이 좋다.
✔ 원두를 밀봉하거나 또는 진공용기를 사용하여 공기와의 접촉을 최소화한다.

해설
원두는 냉장고에 넣지 않는 것이 좋다.

43 커피의 산패에 대한 설명 중 바른 것은?

① 멜라노이딘이 형성되면서 진행되는 과정이다.

② 분쇄 후 일정 시간이 경과하여 안정된 이후 추출하는 것이 좋다.

☑ **커피가 공기 중에 산소와 결합하여 맛과 향이 변화하는 것을 말한다.**

④ 다크 로스트된 원두는 라이트 로스트된 원두보다 서서히 산화된다.

해설
커피를 강하게 로스팅할수록 조직이 더욱 다공질되어 공기와 접촉하는 표면적이 넓어지게 된다. 또한 세포벽의 파괴로 탄산가스의 방출이 빠르게 되고 커피에 배어 나온 오일이 급격히 산화되어 산패가 가속화된다.

44 다음 중 투명 플라스틱 드리퍼의 특성에 대해 잘못 설명하고 있는 것은?

① 동이나 도자기 드리퍼에 비해 보온성이 좋지 않다.

② 드립할 때 물의 흐름을 관찰할 수 있다.

☑ **다루기가 불편하고 파손의 위험이 크다.**

④ 오래 사용하면 형태의 변형이 올 수 있다.

해설
③ 파손의 위험이 큰 것은 아니다.
드리퍼의 재질별 특징
• 플라스틱 드리퍼 : 가격이 저렴하고 커피를 내릴 때 커피의 물줄기 조절이 쉽다. 보온성이 떨어진다.
• 도자기 드리퍼 : 가격이 저렴하고 보온성이 좋다. 묵직한 무게감과 예열이 필요하다.
• 동 드리퍼 : 보온성과 열전도율이 좋으나 가격이 비싸고 관리가 까다롭다.
• 융 드리퍼 : 오일 성분을 페이퍼만큼까지 흡착하지 않고 투과시켜 깊이 있는 바디감과 부드러운 쓴 맛이 좋다. 추출 방식이 어렵고 관리가 까다롭다.
• 페이퍼 드립 : 커피오일 성분을 종이가 흡수하여 깔끔한 커피 맛을 만든다.

45 다음 중 식음료 취급사항에 대해 잘못 설명하고 있는 것은?

☑ **뜨거운 음료와 음식은 최대한 뜨겁게 해야 한다.**

② 차가운 음료는 4℃ 정도로 보관해 준다.

③ 식음료를 만들기 전에 손을 청결히 한다.

④ 작업 공간에는 깨끗한 행주나 물수건을 준비해 둔다.

해설
뜨거운 음료는 60℃ 또는 더 높게 보관한다.

46 다음 중 해썹(HACCP)에 대해 잘못 설명하고 있는 것은?

① 식품의 원재료부터 제조, 가공, 보존, 유통, 조리 단계를 거쳐 최종 소비자가 섭취하기 전까지의 과정을 포함한다.

② 각 단계에서 발생할 우려가 있는 위해요소를 규명한다.

③ 위해요소를 중점적으로 관리하기 위한 중요 관리점을 결정한다.

☑ **수동적이고 비효율적인 방법이지만 인증 획득을 위해 시행하는 경향이 있다.**

해설
해썹(HACCP)은 자율적이며 체계적이고 효율적인 관리로 식품의 안전성을 확보하기 위한 과학적인 위생관리체계이다.

47 다음 중 카페에서 실시하는 영업 준비 작업이 아닌 것은?

☑ **일일 영업명세서 작성**

② 일일 보급물품 수령

③ 시설 및 장비 작동 점검

④ 식음료 가니시(Garnish) 점검 및 준비

해설
일일 영업명세서는 영업 마감 시에 실시한다.

48 카페에서 음료를 주문 받는 요령에 대해 잘못 설명하고 있는 것은?

✔ ① 음식은 미리 조리해야 하므로 커피 주문 전에 먼저 주문을 받는다.

② 서빙은 시계 방향으로 여성 고객부터 먼저 받을 수 있도록 한다.

③ 판매하는 메뉴 내용을 완전히 숙지하여 자신이 판매를 리드해 나간다.

④ 주문이 끝나면 주문 내용을 복창, 확인하여야 한다.

`해설`
커피 주문을 먼저 받고 음식 주문을 받는다.

49 전기로 인한 화재가 발생했을 때 대응하는 방법으로 잘못된 것은?

① 상황을 전파하고 즉시 119에 신고한다.

✔ ② 가까운 곳의 물을 이용하여 화재를 진압한다.

③ 사고자를 화재와 전기로부터 안전한 장소로 구출한다.

④ 사고자에게 인공호흡 등 응급처치를 실시한다.

`해설`
전기화재는 정전의 위험으로 인해 물로 진압하지 않고 분말소화기를 사용하여 화재를 진압한다.

50 다음은 어떤 감염병에 대한 설명인가?

> 일부는 무증상이거나 가벼운 폐렴 증세를 나타내는 경우도 있다. 주증상은 발열, 기침, 호흡곤란으로 그 외에도 두통, 오한, 인후통, 콧물, 근육통, 식욕부진, 오심, 구토, 복통, 설사 등이 나타난다. 잠복기는 5일이다.

✔ ① MERS-CoV

② MARS-CoV

③ MIRS-CoV

④ MORS-CoV

`해설`
중동호흡기증후군 코로나바이러스(Middle East Respiratory Syndrome Coronavirus)에 대한 설명이다.

최종모의고사

제 **14** 회

01 커피의 전파에 대한 설명 중 잘못된 것은?

① 커피 재배는 이슬람 제국에 의해 독점되고 통제되었다.

② **1600년경 이슬람 승려 바바 부단이 성지순례를 다녀와서 카리브해의 마르티니크 섬에 이식했다.**

③ 1679년 독일 최초의 커피하우스가 함부르크에 문을 열었다.

④ 1706년 자바의 커피나무를 암스테르담 식물원에 이식하여 재배에 성공하였다.

해설
1600년경 이슬람 승려 바바 부단이 아라비아에서 몰래 가져온 커피 씨앗이 인도 남부 마이소르(Mysore) 지역에서 재배되었다.

02 다음 중 커피가 전파된 순서대로 바르게 나열한 것은?

> 가. 교황 클레멘스 8세가 커피에 세례를 주었다.
> 나. 미국 최초로 보스턴에 '거트리지 커피하우스'가 개장했다.
> 다. 독일 최초의 커피하우스가 함부르크에 문을 열었다.
> 라. 파스콰 로제에 의해 런던 최초의 커피하우스가 문을 열었다.

① 가 – 나 – 다 – 라
② 가 – 다 – 나 – 라
③ 가 – 라 – 나 – 다
④ **가 – 라 – 다 – 나**

해설
가(1605년) → 라(1652년) → 다(1679년) → 나(1691년)

03 커피나무의 성장 조건을 설명한 것으로 틀린 것은?

① 커피나무는 기온이 높으면 녹병이 잘 번성하고, 광합성 작용이 둔화된다.

② −2℃ 이하에서 약 6시간 이상 노출 시 치명적인 피해를 입을 수 있다.

③ 커피의 생육에 가장 치명적인 영향을 끼치는 것은 서리이다.

④ **열매를 맺을 때까지는 건기, 열매를 맺고 나서는 우기가 계속되어야 품질이 좋다.**

해설
커피나무는 열대성 기후의 강우량이 많은 곳에서 재배된다. 열매를 맺을 때까지는 우기, 열매를 맺고 나서는 건기가 계속되어야 품질이 좋다.

04 커피의 재배 지형 중 토양에 대한 설명으로 바르지 않은 것은?

① 약산성(pH 5~6)이 적합하다.

② 화산지역의 토양은 미네랄이 풍부하여 커피나무의 성장에 좋은 영향을 준다.

③ **표토층의 깊이는 2m 이하로, 진흙질 토양이 적합하다.**

④ 기계화가 용이한 평지나 약간 경사진 언덕이 좋다.

해설
표토층의 깊이는 2m 이상으로 깊고 투과성이 좋아야 한다.

05 다음 설명과 역사적 연관성이 없는 것은?

> 1723년 루이 14세의 정원에서 노르망디 출신의 젊은 군인 클리외(Clieu)가 커피 묘목 몇 그루를 구해와 자신이 근무하던 카리브해의 마르티니크 섬에 이식하였다.

① 중남미 최초 티피카(Typica)종이 되었다.
② 인도네시아 자바 섬에 이식하여 재배하였고, 이것이 자바커피의 시작이다.
③ 프랑스령 기아나로 옮겨져 번성하였다.
④ 중남미 지역인 기아나, 아이티, 산토도밍고 등으로 전파되었다.

해설
1696년 인도 마이소르의 커피 묘목을 네덜란드 동인도회사의 감독관이었던 니콜라스 위트슨이 네덜란드로 가져와 온실재배에 성공하였고, 이것이 자바커피의 시작이 되었다.

06 커피의 3대 원종 중 아라비카(Arabica)에 관한 설명으로 잘못된 것은?

① 높은 지역(800~2,000m)에서 재배되어 밀도가 높기 때문에 품질이 우수하다.
② '커피나무의 귀족'이라고도 불리며, 염색체 수는 44개(4배체)이다.
③ 1753년 스웨덴 식물학자 칼 폰 린네(Carl von Linne)에 의해 처음으로 학계에 등록되었다.
④ 주요 생산국가로는 베트남, 콩고, 미얀마, 인도네시아 등이 있다.

해설
아라비카의 주요 생산국가로 브라질, 콜롬비아, 자메이카, 멕시코, 과테말라, 케냐, 인도, 탄자니아, 코스타리카 등을 들 수 있다.

07 다음 중 셰이드 그로운 커피(Shade Grown Coffee)에 대한 설명으로 바르지 않은 것은?

① 수분 공급과 농약, 비료주기 등 많은 관리가 필요하다.
② 커피나무의 일조시간을 줄여 줌으로써 밀도 높은 커피를 생산한다.
③ 전통적인 농작법으로 자연을 크게 훼손시키지 않는다.
④ 커피녹병이 더 많이 발생할 수도 있다.

해설
셰이딩(Shading)은 병충해와 토양 침식을 막고 잡초의 성장을 억제하며 토양을 비옥하게 해 주는 효과도 있어 화학비료 및 제초제 사용량을 줄일 수 있다.

08 선 그로운 커피(Sun Grown Coffee)를 설명한 것으로 적절하지 않은 것은?

① 브라질에서 널리 재배하는 방식이다.
② 성장이 빠르며, 수분 공급과 농약, 비료주기 등 많은 관리가 필요하다.
③ 대규모 농장의 대량 수확(기계수확) 시 유리하다.
④ 그늘재배 방식보다 품질이 우수하다.

해설
그늘재배 방식보다 품질이 떨어진다.

09 생두를 가공할 때 습식법에서 주로 거치는 공정은 무엇인가?

① 선별   ② 분류
③ 건조   ✔ **발효**

> **해설**
> 점액질을 제거하는 발효과정을 거치며 파치먼트 상태로 건조시킨다.

10 다음 중 지속가능 커피에 포함되지 않는 것은?

① 공정무역 커피(Fair Trade Coffee)
✔ **셰이드 그로운 커피(Shade Grown Coffee)**
③ 유기농 커피(Organic Coffee)
④ 버드 프렌들리 커피(Bird-friendly Coffee)

> **해설**
> ② 셰이드 그로운 커피는 그늘막 경작법을 활용한 커피이다.
> 지속가능 커피(Sustainable Coffee)란 커피 재배 농가의 삶의 질을 개선하고 토양과 수질 그리고 생물의 다양성을 보호하며, 장기적인 관점에서 안정적으로 생산 가능한 커피를 말한다.

11 다음 중 식품위생법에 따라 영업허가를 받아야 하는 업종이 아닌 것은?

✔ **일반음식점**
② 단란주점
③ 유흥주점
④ 식품조사처리

> **해설**
> 일반음식점영업은 영업신고를 하여야 하는 업종이다(식품위생법 시행령 제25조제1항).

12 다음 ( ) 안에 들어갈 단어로 순서대로 바르게 나열한 것은?

> 생두는 커피콩을 말하며 ( )이라고 한다. 열매는 ( ) – 주황색 – ( ) 혹은 노란색 순으로 익어간다.

① Whole Bean – 빨간색 – 녹색
② Whole Bean – 녹색 – 빨간색
③ Green Bean – 빨간색 – 녹색
✔ **Green Bean – 녹색 – 빨간색**

> **해설**
> 생두는 커피콩을 말하며, 그린빈(Green Bean)이나 그린커피(Green Coffee)라고 한다. 열매는 녹색 – 주황색 – 빨간색 혹은 노란색 순으로 익어간다.

13 다음 중 피베리(Peaberry)에 대한 설명으로 잘못된 것은?

① 납작한 일반 생두와는 달리 둥근 모양을 하고 있다.
② 커피나무 가지 끝에서 많이 발견된다.
✔ **일반 체리보다 크기가 크다.**
④ '달팽이 모양의 콩'이라는 뜻으로, 스페인어로 카라콜(Caracol), 카라콜리(Caracoli)라고 한다.

> **해설**
> 피베리(Peaberry)는 불리한 환경적 조건, 불완전한 수정, 유전적 결함으로 발생하며 일반 체리보다 크기가 작다.

14 다음 중 커피열매의 성숙단계에서 나타나는 현상은?

① 카페인 생합성에 관여하는 유전자들의 발현 양상
② 엽록소 증가
☑ **색소 합성**
④ 에스터, 알데하이드, 케톤 등 방향물질 감소

해설
성숙단계가 되면 엽록소 감소, 색소 합성, 페놀릭 합성물 감소, 아로마의 주성분인 방향물질 증가(에스터, 알데하이드, 케톤 등) 등이 일어난다.

15 커피의 등급 분류 기준이 틀리게 적용된 것은?

① 코스타리카 – SHB
② 콜롬비아 – Supremo
③ 브라질 – No.2~No.6
☑ **케냐 – G1~G8**

해설
케냐의 등급체계는 AA, AB이다.

16 몬순커피(Monsooned Coffee)에 대한 설명으로 잘못된 것은?

① 인도의 대표적인 커피로, 가장 대표적인 몬순커피는 말라바르(Malabar) AA가 있다.
☑ **몬순 계절풍에 최소 1년 이상 노출시켜야 몬순커피라는 이름을 붙일 수 있다.**
③ 바디(Body)가 강하고 신맛은 약하다.
④ 건식가공 커피를 습한 계절풍에 노출시켜 독특한 향을 가지고 있다.

해설
습한 몬순 계절풍에 약 2~3주 노출시킨다.

17 곰팡이 세균으로 수확량이 감소하고 나무가 괴멸하며, 현재 알려진 커피나무 질병 중 가장 피해가 큰 것으로 알려진 이것은 무엇인가?

① Coffee Berry Disease
☑ **Coffee Leaf Rust**
③ Coffee Ringspot Virus
④ Coffee Wilt Disease

해설
커피녹병(Coffee Leaf Rust) : 곰팡이에 의한 질병으로 커피나무 질병 중 가장 피해가 크다. 바람을 타고 날아간 균이 커피나무 잎에 달라붙어 뒷면의 기공으로 침투 후 감염시킨다. 잠복기에는 육안으로 확인이 불가능하며 잎이 서서히 마르고 나무가 죽게 되는 시점에야 확인이 가능하다.

18 우유를 40℃ 이상으로 가열할 때 만들어지는 얇은 피막의 주성분은?

☑ **베타-락토글로불린**
② 지방
③ 카세인
④ 알파-락트알부민

해설
베타-락토글로불린은 우유를 40℃ 이상으로 가열할 때 생성되는 표면의 얇은 피막의 주성분이다. 우유를 가열하면 단백질 성분에 의해 황화수소가 발생되고 휘발되면서 가열취와 이상취를 만든다.

19 다음 중 커피에 대한 설명으로 잘못된 것은?

① 커피 가공과정 중 발생되는 부산물인 펄프 (Pulp)는 퇴비로 재활용된다.

② 커피나무는 열매를 맺기 시작하면 5년 정도 지나야 안정된 수확이 가능하며, 경제성 있게 수확할 수 있는 기간은 20~30년 정도이다.

✔ **건식법을 사용하는 대표적인 생산국가는 콜롬비아이다.**

④ 커피 품종 중 문도노보(Mundo Novo)는 버번과 티피카의 자연 교배종이다.

해설
건식법을 사용하는 대표적인 나라는 브라질, 에티오피아, 인도네시아이다.

20 커피 품종 개량의 목적으로 잘못된 것은?

✔ **커피의 생산량을 제한하고 제한된 생산성을 유지하기 위함에 있다.**

② 종래에는 3년 이후 수확하던 것을 1~2년에 수확이 가능하도록 하기 위함이다.

③ 가뭄과 서리에 강한 높은 환경적응력을 지닌 품종을 만들기 위함이다.

④ 맛과 향이 뛰어난 품종을 만들기 위함이다.

해설
커피 품종 개량은 생산성을 높이기 위함이다.

21 다음 중 식품위생법의 목적에 해당하지 않는 것은?

① 식품으로 인한 위생상의 위해 방지

② 국민 건강의 보호·증진에 이바지함

③ 식품영양의 질적 향상 도모

✔ **식품보건 및 감염병 예방관리**

해설
목적(식품위생법 제1조)
이 법은 식품으로 인하여 생기는 위생상의 위해를 방지하고 식품영양의 질적 향상을 도모하며 식품에 관한 올바른 정보를 제공함으로써 국민 건강의 보호·증진에 이바지함을 목적으로 한다.

22 영업허가 절차에 대한 설명 중 잘못된 것은?

① 커피 전문점은 휴게음식점에 속한다.

② 30평 미만은 신고로만 가능하고 이상은 허가를 받아야 한다.

③ 주류 판매나 음주행위를 위한 사업 운영은 일반음식점으로 영업신고를 하는 것이 좋다.

✔ **사업자 등록은 영업개시 1달 이내에 해야 과태료가 부과되지 않는다.**

해설
사업자 등록은 영업개시 20일 이내에 해야 한다.

23 다음 중 바리스타의 모습으로 적절하지 않은 것은?

① 커피는 항상 신선한 것을 사용한다.

② 영업 종료 후에 부패성이 있는 쓰레기는 즉시 치운다.

✔ 메뉴 품목은 물품 재고가 많이 남아 있는 메뉴로만 준비해야 한다.

④ 영업장의 환기 및 기물 등의 위생 및 청결 유지관리에 힘써야 한다.

해설
많은 재고가 남지 않도록 메뉴 품목에 대한 수요 및 공급의 가능성을 분석한다. 식자재는 선입선출(FIFO ; First In First Out)을 기본으로 관리한다.

24 다음 생두의 가공방법에 대한 설명으로 잘못된 것은?

① 건식법은 습식법에 비해 건조에 소요되는 시간이 더 길다.

② 습식법은 일정한 설비와 물이 풍부한 상태에서 가능한 가공법이다.

✔ 생두의 수분 함량을 20% 이하로 낮추는 과정을 말한다.

④ 습식법으로 건조하면 건식법으로 가공한 생두에 비해 보관기간이 더 짧은 단점이 있다.

해설
생두(파치먼트)의 수분 함량을 13% 이하로 낮추는 과정이다.

25 커피의 스크린 사이즈(Screen Size) 등급기준 분류 중 크기가 큰 순서대로 나열한 것은?

① Extra Large Bean > Very Large Bean > Bold Bean > Small Bean

✔ Very Large Bean > Extra Large Bean > Bold Bean > Medium Bean

③ Extra Large Bean > Very Large Bean > Medium Bean > Small Bean

④ Very Large Bean > Extra Large Bean > Medium Bean > Bold Bean

26 다음 중 생두의 등급(Grading)을 분류하는 조건에 해당하지 않는 것은?

✔ 커피(생두)의 수확시기

② 생두의 수분 함유율

③ 생두의 크기

④ 생두의 밀도

27 다음 중 '스크린 사이즈(Screen Size)'에 대한 설명으로 틀린 것은?

① 스크린 사이즈 1은 1/64인치로 약 0.4mm 이다.

② 망의 구멍 크기는 숫자가 높을수록 크다.

✔ 스크린 사이즈로 분류하는 나라는 코스타리카, 멕시코, 온두라스 등이 있다.

④ 스크린 사이즈는 8~20등급이며, 총 13단계로 분류된다.

해설
스크린 사이즈(Screen Size)로 분류하는 나라는 콜롬비아, 케냐, 탄자니아 등이 있다.

28 다음에서 설명하는 커피 생산 국가는 어디인가?

> • 나라는 작지만 커피 재배 최적의 조건인 화산암이 발달되어 품질을 인정받고 있다.
> • 유기농법으로 생두는 작지만 제품의 입자는 매우 균일하며 맛과 향은 최고급이다.
> • 대표적인 커피로 '타라주(Tarrazu)'가 있다.

① Costa Rica ✔
② Jamaica
③ Brazil
④ Mexico

29 다음 중 디카페인 커피 제조 공정에 해당하지 않는 것은?

① 물 추출법
② 용매 추출법
③ 증류 추출법 ✔
④ 초임계 추출법

해설
디카페인 추출법 : 용매 추출법(Traditional Process), 물 추출법(Water Process), 초임계 이산화탄소 추출법(CO₂ Water Process) 등

30 식재료의 보관할 때 냉장·냉동고의 적절한 온도 범위는 무엇인가?

① 냉장고는 5℃ 이하, 냉동고는 −5℃ 이하
② 냉장고는 5℃ 이하, 냉동고는 −18℃ 이하 ✔
③ 냉장고는 8℃ 이하, 냉동고는 −5℃ 이하
④ 냉장고는 8℃ 이하, 냉동고는 −18℃ 이하

해설
냉장·냉동고는 주 1회 이상 청소와 소독을 하며, 식품별로 분류, 보관하여 교차오염을 예방해야 한다. 식재료 보관 시 냉장고는 5℃ 이하, 냉동고는 −18℃ 이하의 온도를 유지한다.

31 로스팅 후 퀘이커(Quaker)에 대한 설명으로 적절하지 않은 것은?

① 퀘이커는 커피의 미성숙으로 인해 생두 내 당이 부족하여 메일라드(Maillard)가 적절히 진행되지 못한 결과이다.
② 익지 않은 상태에서 수확한 생두가 로스팅 후 나타나는 현상이다.
③ 체리 수확 시 생기는 결점두에 해당한다.
④ 생두 가공과정에서 반드시 분류해야 한다. ✔

해설
퀘이커(Quaker)는 생두 단계에서 육안으로는 판별이 거의 불가능하고 로스팅 후에야 확인이 가능하다.

32 로스팅이 진행되면서 가장 많이 소멸되는 생두의 성분은?

① 수분 ✔
② 단백질
③ 향기
④ 카페인

해설
로스팅 시 생두 안에 있던 수분이 가장 많이 감소한다.

33 생두가 로스팅 과정을 거치면서 가장 많이 발생하는 가스는?

① 일산화탄소
② 이산화탄소 ✔
③ 수소
④ 질소

해설
로스팅이 끝난 뒤 원두 1g당 2~5mL의 가스가 발생하며 그중 87%는 이산화탄소다.

34 다음 중 메일라드(Maillard) 반응에 대한 설명으로 가장 적절한 것은?

① 갈변반응을 통해 향기성분으로 바뀌는 현상이다.

② 생두에 포함되어 있는 아미노산이 자당과 다당류 등과 작용하여 갈색의 멜라노이딘을 만드는 반응이다.

③ 단백질이 소화제 성분으로 변하여 표면에 향기로운 식물성 휘발성 기름을 형성하는 반응이다.

④ 로스팅이 진행됨에 따라 쓴맛이 증가하는 반응이다.

35 커피 로스팅 시 일어나는 물리적 변화로 적절하지 않은 것은?

① 1차 크랙(Crack)이 발생한 다음 2차 크랙(Crack)이 발생한다.

② 원두의 수분 함량이 높아진다.

③ 원두의 부피가 증가한다.

④ 생두의 무게와 밀도가 감소한다.

해설
수분 함량은 12~13%에서 1~5%까지 줄어든다.

36 다량의 커피를 섭취할 때 커피의 폴리페놀 성분으로 인해 체내 흡수에 방해를 받는 영양소는 무엇인가?

① 철분   ② 과당

③ 카페인   ④ 나트륨

해설
폴리페놀 성분은 철분 흡수를 방해한다.

37 커피 생두에 함유되어 있는 성분인 트라이고넬린(Trigonelline)에 대해 잘못 설명하고 있는 것은?

① 카페인의 약 25%의 쓴맛을 나타내는 성분이다.

② 로스팅 과정에서도 열분해되지 않고 거의 남아 있다.

③ 로부스타종, 리베리카종보다 아라비카종에 더 많이 함유되어 있다.

④ 커피뿐만 아니라 홍조류 및 어패류에도 다량 함유되어 있다.

해설
열에 불안정하기 때문에 로스팅에 따라 급속히 감소한다.

38 에스프레소 커피를 제공할 때 사용되는 잔을 무엇이라고 하는가?

① 계량컵   ② 카푸치노 컵

③ 데미타세 컵   ④ 믹싱컵

해설
데미타세(Demitasse) : 에스프레소 전용 잔으로 일반 커피잔의 1/2 크기이며 용량은 60~70mL 정도이다.

39 로스팅 단계에 대한 설명으로 잘못된 것은?

① 생두의 가열 온도와 시간에 의해 로스팅 단계가 결정된다.

② 로스팅 단계는 타일 넘버나 명도(L값)로 표시한다.

③ 로스팅 단계는 원두의 갈색 정도를 표준 샘플과 비교해서 정하기도 한다.

④ 로스팅이 약해질수록 로스팅 단계를 나타내는 L값은 감소한다.

해설
로스팅이 강할수록 원두 표면의 색상이 어두워 명도값(L값)이 감소한다.

40 다음 중 커핑(Cupping) 평가항목으로 적절하지 않은 것은?

① Flavor ✔ **Caramelly**
③ Acidy ④ Fragrance

해설
Caramelly, Fruity, Candy 등은 커피 표현 용어이다.

41 커피를 약한 화력으로 오랫동안 로스팅해서 캐러멜화가 충분히 진행되지 않아 나타나는 향미의 결함은 무엇인가?

① Green ✔ **Baked**
③ Woody ④ Tipped

42 다음은 SCA 커피 커핑 규정에 있어 견본준비에 관한 내용을 설명한 것이다. 잘못된 것은?

① 원두의 맛과 향 등 특성을 평가하여 생두의 등급을 분류한다.
② 샘플 생두 로스팅은 커핑 24시간 이내에 이루어져야 한다.
③ 커핑 시 적합하게 정수한 물 150mL와 커피 8.25g 비율로 침지하여 평가한다.
✔ **물의 양에 맞추어 일정 비율로 커피를 분쇄하여 계량한다.**

해설
물과 커피의 양은 같은 비율에 따라 양 조절이 가능하다.

43 다음 중 생두에 가장 많이 함유되어 있는 성분은?

✔ **탄수화물** ② 카페인
③ 철분 ④ 비타민

해설
탄수화물은 커피 성분 중 가장 많은 비중을 차지한다. 탄수화물 중 가장 많은 다당류는 대부분 불용성으로 세포벽을 이루는 셀룰로스와 헤미셀룰로스를 구성한다.

44 다음 중 생두를 로스팅할 때 발생하는 현상으로 잘못 설명한 것은?

① 생두를 로스팅하면 생두가 가지고 있던 수분이 감소한다.
② 생두를 로스팅하면 생두의 부피가 증가한다.
✔ **생두를 로스팅하면 생두의 무게가 증가한다.**
④ 생두를 로스팅하면 생두의 밀도는 감소한다.

해설
로스팅이 진행되면 생두의 무게는 감소한다.

45 다음 중 카페인에 대한 설명으로 잘못된 것은?

① 커피에 들어 있는 카페인은 약 1~1.5%이며, 냄새가 없고 쓴맛을 가진다.
② 체내에 흡수되면 카테콜아민 등 신경전달물질 분비를 자극해 각성효과와 피로회복 효과가 있다.
✔ **위산 분비를 억제한다.**
④ 숙취 방지와 해소에 좋다.

해설
③ 위산 분비를 촉진한다.

46 다음 중 커피 로스팅 방식으로 사용하지 않는 것은?

✔ **자연건조식** ② 직화식
③ 열풍식 ④ 반열풍식

해설
열전달 방식에 따른 로스팅 방식 : 직화식(전도열), 반열풍식(전도열과 대류열), 열풍식(대류열)

47 다음 중 커피 추출의 3대 원리를 올바른 순서로 나열한 것은?

① 침투 - 분리 - 용해
② 분리 - 침투 - 용해
③ 용해 - 분리 - 침투
✔ **침투 - 용해 - 분리**

해설
커피의 추출 과정 : 침투 → 용해 → 분리

48 다음 에스프레소 추출에 관한 내용을 잘못 설명하고 있는 것은?

① 에스프레소를 추출할 때 분쇄 커피의 입자가 굵거나 커피 양이 기준보다 적으면 과소 추출된다.
✔ **에스프레소를 추출할 때 분쇄 커피의 입자가 가늘거나 기준보다 커피 양이 적으면 과다 추출된다.**
③ 에스프레소를 추출할 때 입자가 가늘거나, 기준보다 커피 양이 많으면 과다 추출된다.
④ 에스프레소를 추출할 때 탬핑의 강도가 약하면 과소 추출이 되고, 강하면 과다 추출된다.

해설
에스프레소 추출의 결과와 원인

과소 추출	과다 추출
• 분쇄입자가 너무 크다. • 기준보다 원두를 적게 사용했다. • 물의 온도가 기준보다 낮다. • 추출시간이 너무 짧았다. • 탬핑의 강도가 약하게 되었다.	• 분쇄입자가 너무 가늘다. • 기준보다 원두를 많이 사용했다. • 물의 온도가 기준보다 높다. • 추출시간이 너무 길었다. • 탬핑의 강도가 강했다.

49 에스프레소와 순수한 물을 비교했을 때의 물리적, 화학적 특성으로 틀린 것은?

① 굴절률이 증가한다.
② 전기전도도는 증가한다.
③ 표면장력은 감소한다.
✔ **밀도가 낮아진다.**

해설
④ 밀도는 증가한다.

50 다음 중 필터 홀더(Filter Holder)를 두껍게 하는 이유로 적당한 것은?

① 에스프레소의 추출을 용이하게 하기 위해
✔ **온도를 유지하기 위해**
③ 균형을 유지하기 위해
④ 잡맛을 제거하기 위해

제 **15** 회

최종모의고사

01 서울 정동에 세워졌으며 1층에는 객실, 주방, 커피숍에서 커피와 서양요리를 제공하였고, 2층은 국빈용 객실로 사용되었던 우리나라 최초의 서양식 호텔은 무엇인가?

① 대불호텔   ② 반도호텔
✔ **손탁호텔**   ④ 조선호텔

해설
• 대불호텔은 1888년 인천에 세워진 우리나라 최초의 호텔이다.
• 손탁호텔은 1902년 러시아식 건물로 세워진 서양식 호텔이다.

02 다음 중 커피의 전파를 올바르게 나열한 것은?

✔ **에티오피아 → 인도 마이소르 → 인도네시아 자바 → 브라질 파라**
② 에티오피아 → 인도 마이소르 → 카리브해의 마르티니크 섬 → 인도네시아 자바
③ 에티오피아 → 카리브해의 마르티니크 섬 → 인도 마이소르 → 브라질 파라
④ 에티오피아 → 브라질 파라 → 인도네시아 자바 → 인도 마이소르

해설
• 1600년경 승려 바바 부단이 커피 씨앗을 몰래 숨겨와 인도 남부 마이소르 지역에 재배하였다.
• 1696년 동인도회사의 감독관 니콜라스 위트슨이 자바 섬에 이식 재배하였다.
• 1723년 클리외가 카리브해의 마르티니크 섬에 이식하였다.
• 1727년 브라질 출신의 포르투갈 장교 팔헤타가 브라질 파라에 재배하였다.

03 다음에서 설명하는 커피 가공방법은 무엇인가?

> • 수확한 후 펄프를 제거하지 않는 방법이다.
> • 생산 단가가 싸고 친환경적인 장점이 있다.
> • 과육이 그대로 생두에 흡수되면서 단맛과 바디가 더 강하다.
> • 브라질, 에티오피아, 인도네시아에서 사용된다.

✔ **건식법(Dry Method)**
② 펄프드 내추럴법(Pulped Natural Processing)
③ 습식법(Wet Method)
④ 세미 워시드법(Semi Washed Processing)

04 다음 커피나무에 대한 설명으로 틀린 것은?

① 커피나무는 기온이 높으면 녹병이 잘 번성하고, −2℃ 이하에서 약 6시간 이상 노출 시 치명적인 피해를 입을 수 있다.
✔ **커피나무 꽃이 피고 지는 개화기간은 15여 일로 온도 상승과 수분 공급에 신경 써야 한다.**
③ 커피나무 꽃가루는 가벼운 편이라 바람에 의한 수분이 90% 이상, 곤충에 의한 수분은 5~10% 정도이다.
④ 화산지역의 토양은 미네랄이 풍부하여 커피나무의 성장에 좋은 영향을 준다.

해설
커피나무의 개화기간은 2~3일 정도로 짧아서 개화 전까지는 충분한 수분이 공급되어야 한다.

05 다음 중 식물학적 커피의 설명으로 틀린 것은?

① 커피나무는 많은 시간 햇볕이 차단되면 커피 녹병이 더 많이 발생할 수 있다.

② 잎은 타원형이고 두꺼우며 잎 표면은 짙은 녹색으로 광택이 있다.

③ 파치먼트(Parchment) 상태로 심은 다음 묘목 상태에서 이식해야 한다.

☑ 선 그로운 커피(Sun Grown Coffee)는 햇살 아래에서 그대로 재배하는 방식으로 그늘재배 방식보다 품질이 우수하다.

해설
선 그로운 커피는 그늘재배 방식보다 품질이 떨어진다.

06 지속가능 커피에 대해 잘못 설명하고 있는 것은?

☑ 경영학적 측면에서 소비자들이 원하는 요구 조건의 생산 조건을 갖춘 커피를 말한다.

② 커피농가에 합리적인 가격을 직접 지불하여 사들이는 공정무역 커피이다.

③ 커피 재배 시 농약이나 화학비료를 전혀 사용하지 않고 재배한 오가닉 커피(Organic Coffee)를 말한다.

④ 친환경적인 유기농법을 사용하는 셰이드 그로운 커피농장에서 생산되는 커피이다.

해설
지속가능 커피 : 커피 재배농가의 삶의 질을 개선하고 토양과 수질 그리고 생물의 다양성을 보호하며, 안정적으로 생산 가능한 커피를 말한다.

07 다음에서 설명하고 있는 커피 품종은 무엇인가?

- 아프리카 동부 레위니옹(Reunion) 섬에서 발견된 티피카의 돌연변이종이다.
- 생두는 둥근 편이며 센터 컷이 S자형이다.
- 새콤한 맛, 달콤한 뒷맛 등 와인과 비슷한 맛을 느낄 수 있다.
- 콜롬비아, 중앙아메리카, 아프리카, 브라질, 케냐, 탄자니아 등에서 주로 재배되고 있다.

① 카투아이(Catuai)

② 마라고지페(Maragogype)

☑ 버번(Bourbon)

④ 문도노보(Mundo Novo)

08 다음 중 커피의 역사를 잘못 설명한 것은?

① 초기의 커피는 예멘 남쪽 모카 항을 통해 유럽으로 수출되었다.

② 교황 클레멘스 8세가 커피에 세례를 주어 가톨릭신자도 마실 수 있도록 공헌하였다.

☑ 1658년 네덜란드령 인도의 실론 섬에 소규모 커피농장을 경영했고 1817년 영국의 식민지가 되면서 오늘날 대규모 커피산지로 유명해졌다.

④ 우리나라에서는 고종황제가 러시아 공사 베베르를 통해 커피를 접하고 즐겨 마시게 되었다.

해설
스리랑카 섬을 영국인들은 '실론(Ceylon)'으로 불렀고, 플랜테이션 농법을 적용해서 대규모 커피산지가 되었다. 그러나 1867년 커피녹병으로 커피농장이 초토화되었고 이에 대용작물로 차를 심었다. 그 후로 홍차 산지로 유명해졌다.

09 에스프레소 머신의 보일러에 대한 설명 중 틀린 것은?

① 열선이 내장되어 있다.

☑ **본체는 스테인리스 재질로 되어 있다.**

③ 내부는 부식 방지를 위해 니켈로 도금되어 있다.

④ 전기로 물을 가열하여 온수와 스팀을 공급하는 중요한 역할을 한다.

해설
② 본체는 동 재질로 되어 있다.

10 증기압을 이용하여 1901년 커피를 추출하는 에스프레소 머신의 특허를 출원한 사람은?

☑ **루이지 베제라(Luigi Bezzera)**

② 가지아(Gaggia)

③ 산타이스(Santais)

④ 페이마(Feima)

해설
1901년 이탈리아의 루이지 베제라(Luigi Bezzera)는 증기압을 이용하여 커피를 추출하는 에스프레소 머신의 특허를 출원하였다.

11 에스프레소 머신과 연결해 물을 공급해 주는 연수기를 청소할 때 사용하는 재료는 무엇인가?

① 퐁퐁

② 설탕

☑ **소금**

④ 베이킹파우더

해설
연수기 필터는 소금에 담가 청소한다.

12 그룹헤드 본체에서 나온 물이 4~6줄기로 갈라져 필터 전체에 골고루 압력이 걸리는 역할을 하는 부품은 무엇인가?

① 보일러(Boiler)

② 그룹헤드(Group Head)

☑ **샤워홀더(Shower Holder)**

④ 샤워 스크린(Shower Screen)

해설
③ 디퓨저(Diffuser)라고도 부른다.

13 에스프레소에 대한 설명 중 가장 적절하지 않은 것은?

① 'Express(빠르다)'의 영어식 표기인 이탈리아어다.

② 깊고 중후한 바디감이 있으며 부드러운 크레마(Crema)가 있다.

③ 추출한 에스프레소의 pH는 5.2 정도이다.

☑ **쓴맛이 특징이다.**

해설
단맛과 신맛이 어우러진 균형 잡힌 맛이 난다.

14 에스프레소 머신의 부품 중 포터필터(Porter Filter)의 필터홀더(Filter Holder)의 재질은 무엇인가?

① 알루미늄　　　② 플라스틱

☑ **동**　　　④ 스테인리스

해설
필터홀더(Filter Holder) : 열을 유지하기 위해 동 재질로 만들어진다. 동은 열을 유지하는 성질은 강하나 공기와 접촉하면 부식되기 때문에 크롬으로 도금한다.

※ 포터필터(Porter Filter)는 필터홀더와 필터고정 스프링, 필터, 추출구 등으로 구성되어 있다.

15 상업적인 피스톤 방식의 머신을 개발했으며 피스톤과 스프링을 이용한 기계를 만들어 9기압보다 더 강력한 압력으로 커피를 추출하여 크레마(Crema)를 발견한 사람은?

① 페이마(Feima)

✔ **가지아(Gaggia)**

③ 산타이스(Santais)

④ 루이지 베제라(Luigi Bezzera)

해설

1946년 가지아(Gaggia)가 상업적인 피스톤 방식의 머신을 개발하였다. 피스톤과 스프링을 이용한 기계를 만들어 9기압보다 더 강력한 압력으로 커피를 추출하여 크레마(Crema)를 발견하였다.

16 에스프레소 머신의 부품 중에서 보일러(Boiler) 내부의 재질은 무엇인가?

① 스테인리스

② 금

✔ **니켈**

④ 알루미늄

해설

부식 방지를 위해 보일러 내부는 니켈로 도금처리한다.

17 에스프레소를 추출할 때 커피 추출물의 양을 감지해 주는 부품은 무엇인가?

① 보일러(Boiler)

② 그룹헤드(Group Head)

③ 가스켓(Gasket)

✔ **플로 미터(Flow Meter)**

해설

플로 미터(Flow Meter)
• 커피 추출물 양을 감지해 주는 부품
• 고장 시 커피 추출물 양이 제대로 조절되지 않음

18 커피를 홀더(Holder)에 담는 과정을 무엇이라 하는가?

① 도징(Dosing)

② 탬핑(Tamping)

③ 태핑(Tapping)

✔ **패킹(Packing)**

해설

도징, 태핑, 탬핑은 패킹과정이다.

19 다음 중 에스프레소 추출 시간에 영향을 주는 요소와 거리가 먼 것은?

① 원두의 양

② 원두의 분쇄도

③ 로스팅 정도

✔ **탬퍼의 무게**

20 에스프레소 추출과정에서 탬핑(Tamping)을 하는 이유는 무엇인가?

✔ **필터홀더 안 커피입자의 고른 밀도와 물이 균일하게 통과되기 위해**

② 균일한 크레마를 얻기 위해

③ 인퓨전의 시간을 연장시키기 위해

④ 빠른 추출을 위해

21 에스프레소가 과다 추출되었을 경우의 원인이 아닌 것은?

① 필터홀더 안의 원두량이 너무 많았다.

② 원두의 분쇄도가 너무 가늘었다.

③ 탬핑의 강도가 너무 강했다.

✔ **추출수의 온도가 너무 낮았다.**

해설

추출수의 온도가 너무 낮을 경우 과소 추출된다.

22 에스프레소가 기준 시간보다 빨리 추출될 때 체크사항이 아닌 것은?

① 태핑 강도 체크
② 탬핑 강도 체크
③ 분쇄입자 체크
④ 패킹과정의 원두량 체크

해설
탬핑을 하는 이유는 커피입자들 사이의 밀도를 균일하게 만들어 줌으로써 물이 고르게 통과할 수 있도록 하기 위해서이다. 탬핑하는 힘의 정도에 따라 커피 맛이 달라진다. 탬핑을 강하게 하면 물의 통과가 어려워 추출시간이 오래 걸리므로 맛이 진해지고, 힘이 약한 경우 맛이 연해진다. 분쇄입자가 굵거나 커피를 적게 받았을 때는 탬핑을 강하게 해 주어야 추출 속도를 늦출 수 있다.

23 다음 중 좋은 에스프레소의 특징이 아닌 것은?

① 부드러운 촉감
② 강렬한 쓴맛
③ 묵직한 바디감
④ 긴 여운

해설
쓴맛이 부드럽게 끝나는 것이 좋다.

24 에스프레소의 관능평가에 대해 잘못 설명하고 있는 것은?

① 바디가 강할수록 좋은 에스프레소이다.
② 크레마가 지속력과 복원력이 높을수록 좋다.
③ 쓴맛이 강해야 좋은 에스프레소이다.
④ 황금색의 크레마가 좋은 에스프레소이다.

해설
신맛, 단맛, 쓴맛이 균형을 이룬 에스프레소가 좋다.

25 물리적·화학적 과정을 거쳐 생두의 다양한 고형성분이 추출될 수 있도록 최적의 상태로 만드는 과정을 무엇이라 부르는가?

① 로스팅(Roasting)
② 패킹(Packing)
③ 폴리싱(Polishing)
④ 핸드 피킹(Hand Picking)

해설
② 패킹(Packing)은 커피를 홀더에 담는 과정이다.
③ 폴리싱(Polishing)은 생두의 실버스킨을 제거해 주는 작업이다.
④ 핸드 피킹(Hand Picking)은 체리를 손으로 수확하는 방법이다.

26 다음 중 로스팅(Roasting)에 대한 설명으로 틀린 것은?

① 생두의 수분 함유량과 밀도의 차이를 분석하여 로스팅 포인트를 찾는다.
② 신맛은 로스팅 초기에는 약하지만 로스팅이 강해지면 신맛 또한 강해진다.
③ 떫은맛은 로스팅이 진행될수록 감소한다.
④ 쓴맛은 로스팅이 강해질수록 증가한다.

해설
신맛은 초기에 강해지다가 로스팅이 강해질수록 감소한다.

27 다음은 생두의 특징에 따른 투입온도 세팅을 설명한 것이다. 틀린 것은?

① 뉴 크롭 > 패스트 크롭 > 올드 크롭 순으로 투입온도가 높다.
② 생두의 가공방법에 따라 투입온도를 결정한다.
③ 조밀도 강 > 조밀도 중 > 조밀도 약 순으로 투입온도가 높다.
④ 200℃를 기준으로 투입온도를 높게 또는 낮게 정한다.

해설
생두의 품질 또는 구현하려는 향미에 따라 고온-단시간 로스팅과 저온-장시간 로스팅 방식을 적용해 볼 수 있다. 생두의 가공방법은 맛과 향에 영향을 준다.

28 로스팅 진행 중 1차 크랙의 원인에 대해 올바르게 설명한 것은?

✔ 생두 세포 내부에 있는 수분이 열과 압력에 의해 증발하면서 나타난다.

② 온도가 약 220℃ 이상 되었을 때 일어난다.

③ 원두의 표면에 오일이 배어 나온다.

④ 짧은 단위로 '탁탁탁' 하는 팽창음이 난다.

해설
②, ③, ④는 2차 크랙에서 나타난다.

29 다음은 로스팅 단계를 분류한 것이다. ( )에 들어갈 단어로 올바른 것은?

타일 넘버	SCA 단계별 명칭	로스팅 단계
#75	Moderately Light	Medium
#65	Light Medium	( )
#55	Medium	City
#45	Moderately Dark	Full City

① Light

② Cinnamon

③ Italian

✔ High

30 로스팅 단계에서 원두의 부피가 가장 커지는 단계는 어디인가?

✔ Italian   ② Full City

③ High   ④ Cinnamon

해설
로스팅 단계가 높을수록 원두의 부피가 커진다.

31 다음 ( ) 안에 들어갈 알맞은 단어는?

로스팅 머신의 용량은 ( )에 투입할 수 있는 생두의 중량을 말한다.

① 포터   ✔ 드럼

③ 수망   ④ 저울

해설
생두를 투입하는 드럼의 크기가 로스팅 머신의 용량이다.

32 로스팅 머신의 부품에서 댐퍼(Damper)의 역할은 무엇인가?

① 생두의 중량을 측정하는 장치

② 생두의 로스팅 단계를 파악하는 장치

✔ 드럼 내부의 공기 흐름과 열량을 조절하는 장치

④ 열을 식혀 주는 장치

해설
댐퍼를 열고 닫음으로써 드럼 내부의 공기 흐름과 열량을 조절한다.

33 다음 중 원두의 산패가 진행될수록 같이 증가하는 성분은?

① 미세섬유

✔ 유리지방산

③ 카페인

④ 단백질

해설
원두가 산패되면 유리지방산이 점차 증가한다.

34 생두를 둘러싸고 있는 실버스킨에 가장 많이 함유되어 있는 성분은 무엇인가?

✔ 식이섬유질　　② 유리지방산
③ 카페인　　　④ 아세트산

> **해설**
> 실버스킨의 60% 정도가 식이섬유질이며 그중 수용성 섬유질은 약 14%이다.

35 다음 중 커피의 바디감과 직접적인 관련이 없는 성분은 무엇인가?

✔ 카페인　　　② 미세섬유
③ 오일　　　　④ 지질

36 다음 중 추출된 커피의 표면에서 맡을 수 있는 향기를 지칭하는 용어는 무엇인가?

① Bouquet
② Spicy
③ Aftertaste
✔ Aroma

> **해설**
> Aroma는 추출된 커피의 표면에서 나는 향기를 말하며 Fruity, Herb가 이에 해당된다.

37 다음 중 향을 맡는 단계에서 분쇄된 커피입자에서 나는 향기를 무엇이라 하는가?

① Aroma
✔ Fragrance
③ Nose
④ Bouquet

38 다음 중 맛의 변화에 대한 설명으로 틀린 것은?

✔ 단맛은 온도가 낮아지면 상대적으로 약해진다.
② 신맛은 온도의 영향을 거의 받지 않는다.
③ 쓴맛은 다른 맛에 비해 강하게 느껴진다.
④ 짠맛은 온도가 낮아지면 상대적으로 강해진다.

> **해설**
> 단맛은 온도가 낮아지면 상대적으로 강해진다.

39 커피 추출방식에서 증기압을 이용해 추출하기 때문에 진공식 추출이라고도 불리는 것은?

① 모카포트
✔ 배큐엄 브루어
③ 에스프레소
④ 콜드브루

> **해설**
> 배큐엄 브루어(Vacuum Brewer)는 알코올램프를 열원으로 사용하는 사이펀(Siphon)을 말한다.

40 커피를 추출할 때 분쇄된 원두에 뜨거운 물을 부으면 표면이 부풀어 오르거나 거품이 생기는 이유는 다음 중 어떤 성분 때문인가?

① 유기산
✔ 탄산가스
③ 지방
④ 카페인

> **해설**
> 이산화탄소에 의해 거품이 생기고 원두 표면이 부풀어 오른다.

41 다음 중 리스트레토(Ristretto)에 대한 설명으로 잘못된 것은?

① 추출시간을 짧게 하여 양이 적고 진한 에스프레소를 추출한다.

② 이탈리아 사람들이 즐겨 마시는 적은 양의 에스프레소이다.

✔ **추출시간은 20~30초 사이이다.**

④ 추출량은 15~20mL 정도이다.

해설
③ 추출시간은 10~15초 정도로 짧다.
※ 20~30초는 에스프레소 추출시간이다.

42 카페 음료 중 카페오레(Cafe au Lait)의 설명으로 잘못된 것은?

① 프렌치 로스트한 원두를 드립으로 추출하여 데운 우유와 함께 전용 볼(Bowl)에 동시에 부어 만든 음료이다.

② 맛이 부드러워 프랑스에서는 주로 아침에 마신다.

✔ **에스프레소에 휘핑크림을 얹어 부드럽게 즐기는 메뉴 중 하나이다.**

④ 이탈리아에서는 카페라떼(Caffe Latte)라고 한다.

해설
카페오레는 드립으로 추출하여 만든 음료이다.
③ 휘핑크림을 얹은 메뉴는 카페 콘 파냐(Cafe con Panna)이다.

43 카페 음료 중 비엔나 커피(Vienna Coffee)에 대한 설명으로 잘못된 것은?

✔ **에스프레소 위에 레몬을 한 조각 올린 메뉴이다.**

② '한 마리 말이 끄는 마차'라는 뜻으로 오스트리아에서는 아인슈페너(Einspanner)라고 부른다.

③ 차가운 생크림의 부드러운 맛이 특징이다.

④ 마차에서 내리기 힘들었던 마부들이 한 손으로 말 고삐를 잡고 다른 한 손으로 설탕과 생크림을 듬뿍 얹어 마신 것이 시초가 되었다.

해설
카페 로마노(Cafe Romano)는 에스프레소 위에 레몬을 한 조각 올린 메뉴로 로마인들이 즐겨 마시는 방식이다.

44 다음에서 설명하고 있는 카페 메뉴는 무엇인가?

• 에스프레소를 시럽과 얼음이 든 셰이커에 넣고 흔들어 만든 아이스커피이다.
• 풍부한 거품으로 부드러움을 동시에 즐길 수 있다.

① 카페 젤라또(Cafe Gelato)

② 밀크티(Milk Tea)

✔ **샤케라토(Shakerato)**

④ 비엔나 커피(Vienna Coffee)

45 다음 중 우유거품을 만들 때 거품을 일게 하고 유지하는 데 가장 중요한 역할을 하는 성분은 무엇인가?

① 유당　　　　　　☑ **단백질**

③ 칼슘　　　　　　④ 칼륨

해설
단백질
- 우유거품을 만들 때 거품 형성에 가장 중요한 역할을 한다.
- 단백질 성분에 의해 우유거품이 생성된다.
- 우유의 단백질에 속하는 성분은 카세인, 베타-락토글로불린(Beta-lactoglobulin), 락토페린 등이다.

46 우유를 40℃ 이상으로 가열할 때 생성되는 표면의 얇은 피막의 주성분으로, 변형되기 쉬운 단백질은 무엇인가?

☑ **베타-락토글로불린**

② 카세인

③ 젖산

④ 유당

47 다음 중 식품의 냉장 온도와 냉동 온도를 바르게 짝지은 것은?

① 냉장 : 15℃ 이하, 냉동 : -20℃ 이하

② 냉장 : 10℃ 이하, 냉동 : -18℃ 이하

③ 냉장 : 7℃ 이하, 냉동 : -20℃ 이하

☑ **냉장 : 5℃ 이하, 냉동 : -18℃ 이하**

48 다음 중 식중독 원인이 되는 병원성 대장균의 예방 3대 원칙에 해당하지 않는 것은?

① 씻고 세척하는 '청결의 원칙'

② 조리된 음식은 가능한 바로 섭취하는 '신속의 원칙'

☑ **생물 상태는 '상온보관의 원칙'**

④ 조리된 음식은 5℃ 이하 또는 60℃ 이상에서 보관하는 '냉각 또는 가열의 원칙'

해설
세균 증식을 방지하기 위하여 오랫동안 보관하지 않도록 하며 냉장이나 가열하는 것이 좋다.

49 식품이 부패했다고 할 때 변질되는 주요 성분은 무엇인가?

① 당질　　　　　　② 비타민

☑ **단백질**　　　　　④ 지방

해설
단백질의 변질에 의해 주로 식품의 변질이 이루어진다.

50 다음 중 해피아워(Happy Hour)의 설명으로 적절한 것은?

① 식재료 보관방법 및 저장시간을 말한다.

☑ **일정한 시간을 정해 놓고 가격을 할인해 주는 것을 말한다.**

③ 재고량을 조사하는 시간을 말한다.

④ 물품 공급을 원활하게 하는 신속한 시간을 말한다.

해설
해피아워(Happy Hour)는 매출 증대를 위한 마케팅 방법 중 하나이다.

참 / 고 / 문 / 헌

- (사)한국관광음식문화협회(2016). **커피바리스타 문제집&커피용어 해설**. 유강.
- (사)한국커피전문가협회(2011). **바리스타가 알고 싶은 커피학**. 교문사.
- 강찬호(2016). **커피백과**. 기문사.
- 교육부(2019). **NCS 학습모듈(커피관리)**. 한국직업능력개발원.
- 김일호, 김종규, 김지웅(2019). **커피의 모든 것**. 백산출판사.
- 류중호(2023). **답만 외우는 바리스타 자격시험 1급 기출예상문제집**. 시대고시기획.
- 박혜정(2010). **고객서비스 실무**. 백산출판사.
- 변광인, 이소영, 조연숙(2008). **에스프레소 이론과 실무**. 백산출판사.
- 서진우(2019). **커피 바이블**. 대왕사.
- 전광수, 이승훈, 서지연, 송주은 외(2008). **기초 커피바리스타**. 형설출판사.
- 최병호, 권정희(2011). **커피 바리스타 경영의 이해**. 기문사.
- 최성일(2011). **커피 트레이닝 바리스타**. 땅에쓰신글씨.
- 학술위원회(2017). **커피바리스타**. 한수.
- 한국외식음료연구회(2013). **14주 완성 커피바리스타**. 신화전산기획.
- 황호림(2018). **이기적 바리스타 2급 자격시험 문제집**. 영진닷컴.

답만 외우는 바리스타 2급 기출예상문제집

개정4판1쇄 발행	2025년 05월 15일 (인쇄 2025년 03월 26일)
초판발행	2020년 05월 06일 (인쇄 2020년 03월 06일)

발행인 박영일 | 책임편집 이해욱 | 편저 류중호

편집진행 윤진영 · 김미애 | 표지디자인 권은경 · 길전홍선 | 편집디자인 정경일 · 이현진

발행처 (주)시대고시기획 | 출판등록 제10-1521호 | 주소 서울시 마포구 큰우물로 75 [도화동 538 성지 B/D] 9F | 전화 1600-3600 | 팩스 02-701-8823 | 홈페이지 www.sdedu.co.kr

ISBN 979-11-383-9162-7(13590)

정가 17,000원

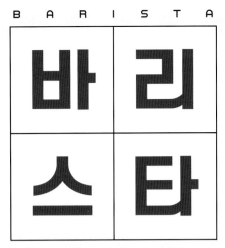

유튜브 무료 동영상과 함께 한권으로 끝내는

조주기능사
필기+실기

* 류중호 / 31,000원
* 필기책 + 실기책으로 분권하여 학습 가능

바텐더는 다양한 음료에 대한 이해를 바탕으로 칵테일을 조주하고 영업장 관리, 고객관리, 음료 서비스 등의 업무를 수행한다. Win-Q 조주기능사 필기+실기 단기합격은 전문 바텐더를 꿈꾸는 많은 이들이 단기간에 합격의 기쁨을 누릴 수 있도록 기획되었다. 유튜브 무료 동영상과 함께 독학으로도 충분히 자격증 취득이 가능하다.

| 핵심이론 +핵심예제 +기출문제 효율적인 3단 구성 학습 | 조주기능사 표준 레시피에 맞춘 실기 과정 상세 정리 | 저자 직강 유튜브 동영상 강의 무료 제공 |

커피 기본 이론부터 에스프레소머신 관리까지

바리스타&카페 창업 안내서

■ 지은이 : 김병희 · 김병호 · 고도현 · 이용권

■ 정　가 : 23,000원

많은 사람들이 '카페나 한번 해볼까' 하는 마음으로 카페 창업에 도전하지만 그중 성공하는 사람은 극히 드물다. 우후죽순처럼 생겨나는 카페의 홍수 속에서도 오랫동안 사랑받는 카페들의 공통점이 있다면 서비스로 이어지는 창업자의 마음가짐과 변하지 않는 커피 맛이다. 이 책은 예비 카페 창업자들이 꼭 알아두어야 할, 또 필요할 때마다 꺼내볼 수 있는 유용한 정보를 담았다. 카페 창업을 어디서부터 어떻게 시작해야할지 막막한 분들이라면 반드시 옆에 두어야 할 책이다.

예비 창업자들을 위한
성공적인 카페 창업의 모든 것!

국내외 다수의 카페 컨설팅 경험이 있는
전문 컨설턴트가 알려주는
카페 창업의 모든 비법 대공개!

창업 성공률을 높이는
카페 창업 필수 지식을 한권으로 완성

• 커피 기본 이론 수록
• 카페 창업자를 위한 실무 정보 수록
• 커피 관련 자격증 정보 및 체크리스트 수록

※ 표지 이미지와 가격은 변경될 수 있습니다.

나는 이렇게 합격했다

자격명: 위험물산업기사
구분: 합격수기
작성자: 배*상

나는 할수있다

69년생 50중반 직장인 입니다. 요즘 자격증을 2개정도는 가지고 입사하는 젊은친구들에게 일을 시키고 지시하는 역할이지만 정작 제자신에게 부족한점 이 많다는것을 느꼈기 때문에 자격증을 따야겠다고 결심했습니다. 처음 시작할때는 과연 되겠냐? 하는 의문과 걱정 이 한가득이었지만 시대에듀 인강 을 우연히 접하게 되었고 잘 차려 진 밥상과 같은 커 리큘럼은 뒤늦게 시 작한 늦깎이 수험 생이었던 저를 합격의 길 로 인도해주었습니다. 직장생활을 하면서 취득했기에 더 욱 기뻤습니다.

감사합니다!

♥

당신의 합격 스토리를 들려주세요.
추첨을 통해 선물을 드립니다.